高等职业教育数学课程改革创新系列

高等数学

——基于Python的实现

官金兰　康永强　岑苑君　主编

谭旭平　肖胜中　姚新钦　赖煜庭　赵艳玲　蒋　芬　郭慧敏　副主编

電子工業出版社
Publishing House of Electronics Industry
北京 · BEIJING

内 容 简 介

本书旨在用通俗易懂的语言介绍一元微积分、线性代数等高等数学基础知识，并通过 Python 展示基础知识的应用. 全书共 7 章，包含 Python 基础、一元函数微分及其应用、一元函数积分及其应用、线性代数初步、数据预处理、Matplotlib 数据可视化及案例实战.

本书可作为职业院校、应用型本科院校“高等数学”课程的教材，也是从事数据处理及数学应用工作者的有益读本.

图书在版编目（CIP）数据

高等数学：基于 Python 的实现 / 官金兰，康永强，岑苑君主编. —北京：电子工业出版社，2020.7

ISBN 978-7-121-38243-7

Ⅰ. ①高…　Ⅱ. ①官…　②康…　③岑…　Ⅲ. ①高等数学—高等学校—教材　Ⅳ. ①O13

中国版本图书馆 CIP 数据核字（2020）第 009180 号

责任编辑：朱怀永
印　　刷：北京捷迅佳彩印刷有限公司
装　　订：北京捷迅佳彩印刷有限公司
出版发行：电子工业出版社
　　　　　北京市海淀区万寿路 173 信箱　邮编 100036
开　　本：787×1092　1/16　印张：16　字数：409 千字
版　　次：2020 年 7 月第 1 版
印　　次：2024 年 1 月第 11次印刷
定　　价：45.80 元

凡所购买电子工业出版社图书有缺损问题，请向购买书店调换. 若书店售缺，请与本社发行部联系，联系及邮购电话：（010）88254888，88258888.

质量投诉请发邮件至 zlts@phei.com.cn，盗版侵权举报请发邮件至 dbqq@phei.com.cn.

本书咨询联系方式：（010）88254608 或 zhy@phei.com.cn.

序 言

数据已经变成世界各国的战略资源，数据科学将成为科技创新的中坚力量.党的“十九大”报告提出建设数字中国，更是把大数据提升到前所未有的高度.当前，各级政府和民间机构，都在大数据领域投入大量的资源.大数据科学的基础理论主要是来自数学和计算机，所涉及的数学基础主要是高等数学和数据分析.在国内已经有不少高等数学教材的成功标杆，如同济大学的《高等数学》.这些优秀的高等数学教材为我国的本科数学教育发挥了非常重要的作用.但是这些教材和现行高职高专数学教材都未能解决高等数学理论与大数据科学理论的衔接问题.

2019 年下半年，官金兰教授发来她主编的这本教材.教材在内容之编排和应用案例之实用方面，令我耳目一新.此教材把高等数学最核心的内容和数据分析的主要理论，分别浓缩到单独的章节里面.更加难能可贵的是，她们基于 Python 展现了如何进行数学推导和数据分析，并提供了详细的源代码.也就是说，通过学习这本教材，高职高专学生可以在短短一个学期，能迅速掌握高等数学、数据分析、Python 编程实现，这三个目前在大数据领域最基础、最核心的关键知识点.

我认真阅读教材的样章，发现：教材在第 2～4 章里采用 Python 的 Sympy 库进行高等数学公式推导.在传统上，从事数学研究的学者，更多采用 Maple 或 Mathematica 软件进行公式推导.尽管这两个数学软件功能更加强大，但并不容易让高职高专的学生在短时间内掌握.而 Sympy 库，作为 Python 这个目前最流行的大数据分析和建模工具的常用第三方库，则能协助学生借由其强大的功能和简洁的语言平坦化他们的学习曲线.关于数据分析方面，本书在第 5 章主要采用了 Pandas 和 Numpy 这两个目前应用非常广泛的库.大致可以理解为：Pandas 为 Python 提供了数据表格计算的工具，而 Numpy 则提供了大量的数据分析工具和手段.就编程效果而言，往往比 C 语言和 Java 等高出很多.在学习过程中，学生可以把更多的时间放在数据分析和建模的思考上，而不是编程本身.

鉴于该书的创新优势，我乐意推荐在高职高专的教学活动中，广泛采用官教授她们这本非常紧凑而且很实用的教材.期望学生能尽快地掌握大数据分析和建模技巧及必要的数学核心基础，更好地投身到我们国家的“数字中国”建设热潮中.

广东省大数据协会常务副会长
广东省电信规划设计院首席科学家
广东工业大学数学客座教授
北京师范大学-香港浸会大学联合国际学院统计学客座教授
博士，教授级高工
李炯城 广州 2019.10

前 言

为了适应高职高专教学的需要，培养和造就更多的实用型、复合型和创造型人才，根据教育部最新制定的《高职教育高等数学课程教学的基本要求》，结合人工智能和大数据技术，在总结已有的高职高专院校高等数学课程教学改革经验的基础上，依据各个专业对数学知识的需求，编写了本书.

本书力求通俗易懂，实用性强，贯彻高职高专院校高等数学课程“以应用为目的，够用为度，精讲多练”的原则，同时响应“成果导向（OBE）”的新一轮教学改革倡议，力求在基础性、实用性和创新性三方面和谐统一. 第一，针对理论性强、难度大的知识点，注意讲清概念，减少理论证明. 注重数学自身知识体系的系统性和逻辑性. 第二，注重学以致用，以成果导向教学. 每个章节均用 Python 对典型的例题进行求解，并配有函数图像，让抽象的数学理论知识变得可视化，符合高职高专学生的特点. 第三，结合全国大学生数学建模竞赛的原题，编写成案例，给出赛题求解的完整过程，让学生感受学习数学的实用性，同时也是对高职高专学生普及数学建模思想，真正达到 OBE 教学. 第四，在强调实用性的同时，也注重高等数学服务于专业的特点，在章节安排上，精心选取知识点.

本书着重强化了一元微积分和线性代数及基础数据分析等内容，各个专业的教学可根据实际需要进行灵活选择. 在编写时注重给学生普及数据分析的知识，也是响应人工智能和大数据时代对数学知识的要求，是高等数学的一个创新. 然而，限于篇幅，本书难以囊括各行各业的实际问题，因此，编写人员在教学过程中应注意补充与专业相关的习题和案例.

本书的内容包括 Python 基础、一元微分及应用、一元积分及应用、线性代数初步、数据预处理、Matplotlib 数据可视化、案例实战等，每章配有习题和 Python 程序源代码，便于学生学以致用，提高数学技能，甚至可以直接参加全国大学生数学建模竞赛. 本书可以作为高职高专院校“高等数学”课程的教材，也可以作为应用型本科的教学参考书.

本书由广东农工商职业技术学院官金兰和顺德职业技术学院康永强、岑苑君担任主编. 第 1 ~ 4 章由康永强和岑苑君编写，第 5 ~ 7 章由官金兰编写. 谭旭平、肖胜中、姚新钦、赵艳玲负责整理书稿和校稿，学生赖煜庭和彭天明在编写过程中验证了本书中的 Python 程序. 广州泰迪智能科技有限公司的董事长张良均先生对本书进行了通篇审查，并提出了宝贵意见.

尽管我们付出了很多努力，但限于水平，加之高职高专院校高等数学课程教学改革中面临的问题还很多，书中还存在诸多不足之处，期望得到专家、同行和读者的批评指正. 在此，也向为本书编写和出版提供帮助的各界同仁和领导表示衷心感谢.

编　者

2019 年 12 月

目 录

第1章 Python 基础

1.1 初识 Python

1.1.1 Python 语言

Python 是一种计算机程序设计语言，也是一种面向对象的动态类型语言，最初被用于编写自动化脚本，随着版本的不断更新和新功能的添加，越来越多地被用于独立的、大型的项目开发.

Python 语言简洁、易读、可扩展. 越来越多的研究机构使用 Python 进行科学计算，很多大学已经采用 Python 来教授程序设计课程，众多开源的科学计算软件包都提供了 Python 的调用接口. Python 专用的科学计算扩展库众多，如 Numpy、Scipy 和 Matplotlib，它们分别为 Python 提供了快速数组处理、数值运算及绘图功能. Python 语言及其众多的扩展库所构成的开发环境十分适合工程技术人员、科研人员处理实验数据、制作图表，甚至开发科学计算应用程序.

1.1.2 Python 语言的发展历史

Python 语言，自 20 世纪 90 年代初诞生至今，已被逐渐广泛应用于系统管理任务的处理和 Web 编程.

1989 年圣诞节期间，荷兰人吉多·范罗苏姆为打发时间，开发了一个新的脚本解释程序——Python.Python（意为蟒蛇）取自英国 20 世纪 70 年代首播的电视喜剧《蒙提·派森的飞行马戏团》(Monty Python's Flying Circus).

吉多从他参加设计的一种教学语言 ABC 的失败中认识到：尽管 ABC 语言非常优美和强大，是专门为非专业程序员设计的，但由于其非开放性，并没有成功. Guido 决心在 Python 中避免这一错误，并取得了相当好的成效. 可以说，Python 是从 ABC 语言发展起来的，主要受到了 Modula-3（另一种相当优美且强大的语言，为小型团体所设计的）的影响，并且结合了 UNIX Shell 和 C 语言用户的习惯，成为最受欢迎的程序设计语言之一.

Python 2 于 2000 年 10 月 16 日发布，稳定版本是 Python 2.7. Python 3 于 2008 年 12 月 3 日发布，不完全兼容 Python 2. 2004 年以后，Python 的使用率呈线性增长.

2011 年 1 月，Python 3 被 TIOBE 编程语言排行榜评为 2010 年度编程语言. 2017 年 5 月，它首次超过 C#语言，跃居编程语言排行榜第四.

1.1.3 Python 语言的特点

1. 简单

Python 是一种代表简单主义思想的语言. Python 语言结构简单，只有 33 个关键字，并且有明确定义的语法规则. 一个良好的 Python 程序，能使使用者专注于解决问题而不是花时间弄明白语言本身.

2. 易学

Python 语言不仅有简洁的语法，有简单的说明文档，而且采用强制缩进的方式使得代码具有较好的可读性.

3. 免费、开源

Python 是自由、开放源码软件之一. 使用者可以自由地发布这个软件的拷贝，阅读和更改它的源代码，并把它的一部分用于新的自由软件中.

4. 具有丰富的库

Python 拥有强大的标准库. Python 语言的核心只包含数字、字符串、列表、字典、文件等常见数据类型和函数. Python 标准库提供了系统管理、网络通信、文本处理、数据库接口、图形系统、XML 处理等功能. Python 标准库接口命名清晰、文档良好，用户很容易学习和使用. 此外，Python 还有许多其他高质量的第三方库（扩展库），使用方式与标准库类似. 它们功能强大，覆盖科学计算、Web 开发、数据库接口、图形系统多个领域，并且大多成熟而稳定，常见的第三方库如 Numpy、Scipy、Sympy、Pandas、Matplotlib 和 Python 图像库等.

5. 速度快

Python 的底层是用 C 语言写的，很多标准库和第三方库也都是用 C 语言编写的，运行速度快.

6. 互动性

用户可以从终端输入执行代码并获得结果，也可以互动地测试和调试代码.

7. 面向对象

Python 既支持面向过程的编程也支持面向对象的编程.

8. 可移植

由于其开源的特点，Python 已经被移植到许多平台上（经过修改使它能够工作在不同平台上）. 这些平台包括 Linux、Windows、Windows CE，以及 Google 基于 Linux 开发的 Android 平台等.

9. 可扩展

如果需要一段运行很快的关键代码，或者是编写一些不愿开放的算法，则可以使用 C 语言或 C++语言完成那部分程序，然后从 Python 程序中调用.

10. 可嵌入

Python 可以嵌入在 C/C++程序中，为用户提供“脚本”功能.

11. 支持数据库

Python 提供与主流数据库对接的接口.

1.2 搭建 Python 环境

1.2.1 在 Windows 平台安装 Python

在 Windows 平台安装 Python 的具体过程如下：

①访问 Python 官网（https://www.python.org），如图 1-1 所示.

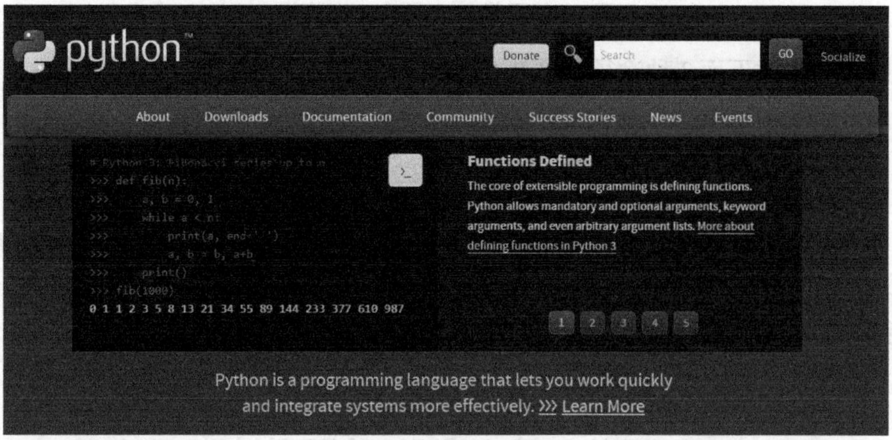

图 1-1 Python 官网

②选择“Downloads”菜单下的“Windows”选项，如图 1-2 所示.

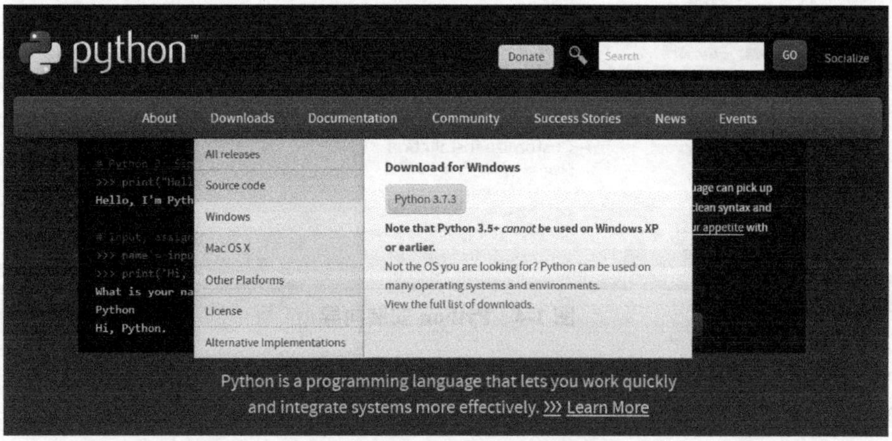

图 1-2 选择“Windows”选项

③下载 Python3.7.3 安装包，如图 1-3 所示.

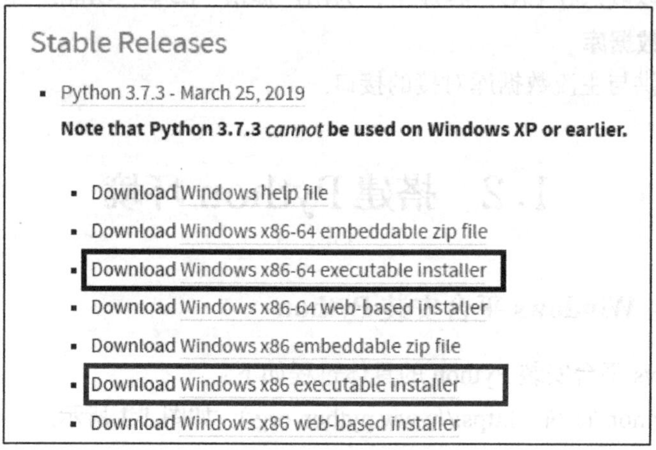

图 1-3　下载 Python3.7.3 安装包

用户可通过下面 3 种途径获取 Python：

- web-based installer 是需要通过联网完成安装的；
- executable installer 是可执行文件（*.exe）方式安装；
- embeddable zip file 嵌入式版本，可以集成到其他应用中.

其中，“x86”适合 32 位 Windows 系统，“x86-64”适合 64 位 Windows 系统.

④下载完成后，双击运行所下载的文件，系统弹出 Python 安装向导窗口，如图 1-4 所示. 单击“Customize installation”进入下一步.

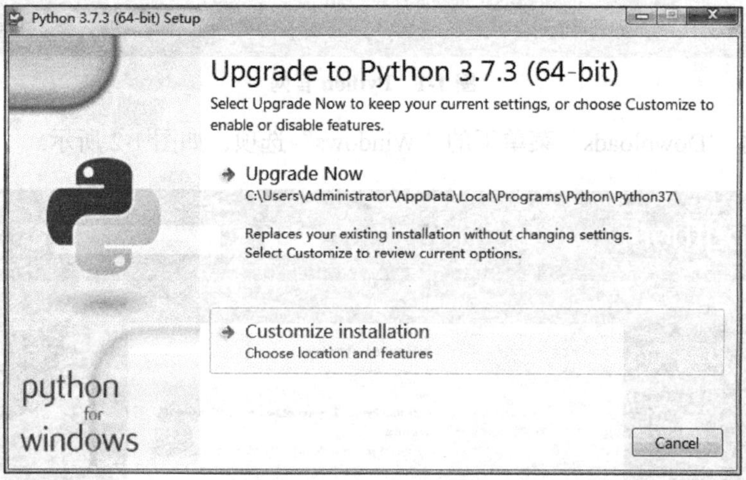

图 1-4　Python 安装向导

⑤在图 1-5 所示的界面中，保持默认选项，单击“Next”按钮. 在弹出的界面中可以修改安装路径，如图 1-6 所示. 单击“Install”按钮，开始安装. 安装完成后，会弹出安装成功提示界面，如图 1-7 所示.

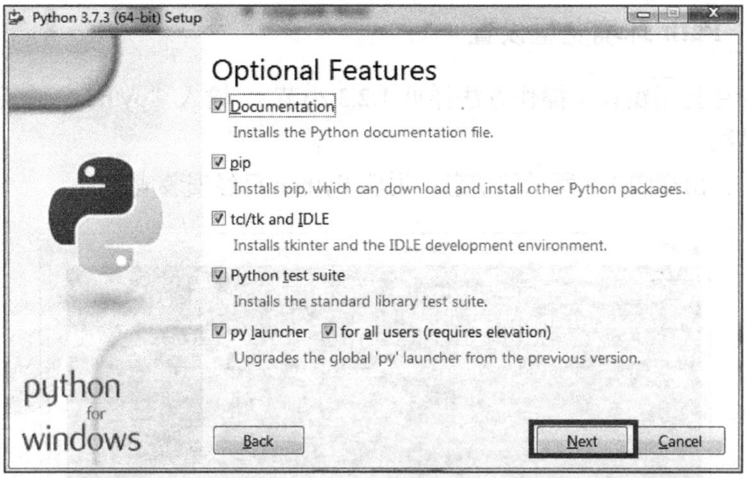

图 1-5　安装设置

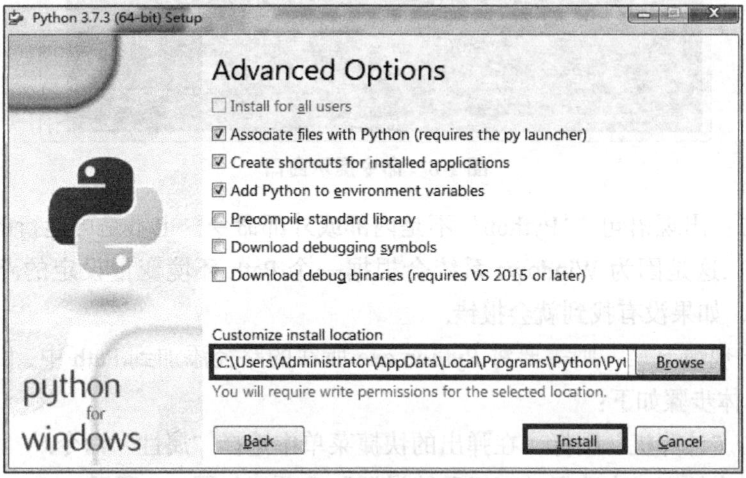

图 1-6　修改安装路径

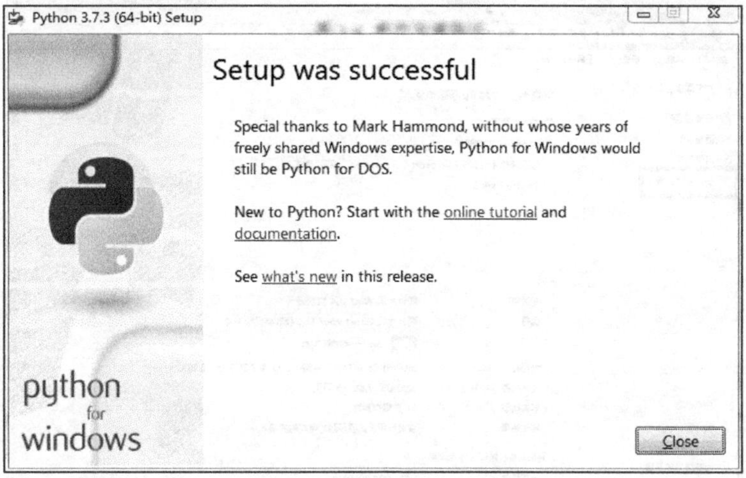

图 1-7　安装成功提示界面

1.2.2 Path 环境变量设置

打开命令提示窗口（操作方法详见 1.2.3 小节），输入“python”命令，会出现以下两种情况.

情况一：出现图 1-8 所示的信息，说明 Python 已经安装成功.

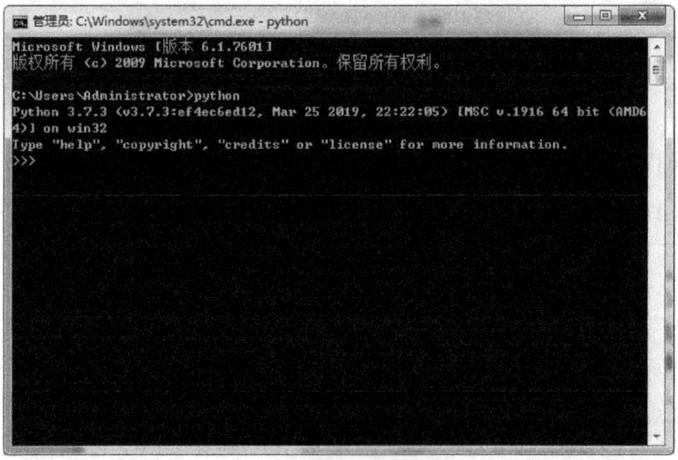

图 1-8　命令提示窗口

情况二：出现语句“‘Python’不是内部或外部命令，也不是可运行的程序或批处理文件”.这是因为 Windows 系统会根据一个 Path 环境变量设定的路径去查找 Python.exe，如果没有找到就会报错.

如果出现情况二，则需要将 Python.exe 所在的路径添加到 Path 中. 以 Windows 7 为例，具体步骤如下：

①右击“计算机”图标，在弹出的快捷菜单中选择“属性”命令.

②在弹出的窗口中选择“高级系统设置”选项，如图 1-9 所示.

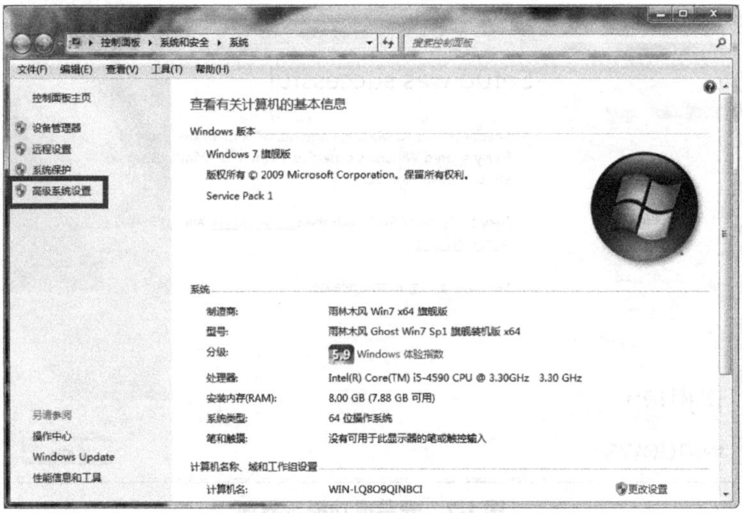

图 1-9　选择“高级系统设置”选项

③在弹出的对话框中单击“环境变量”按钮，如图 1-10 所示.

④在弹出的对话框中找到“系统变量”列表框中的“Path”选项，如图 1-11 所示.

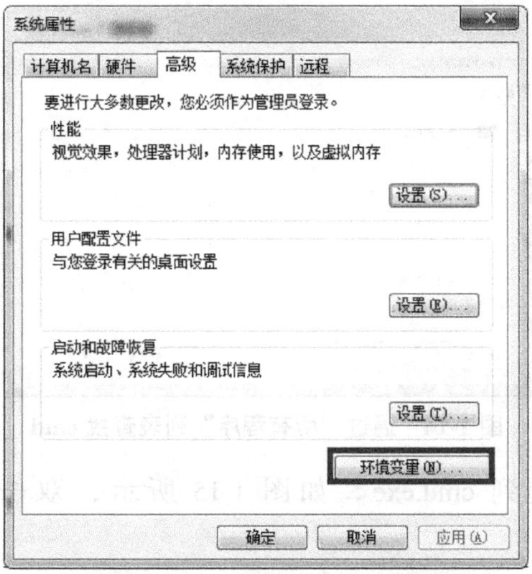

图 1-10　单击“环境变量”按钮

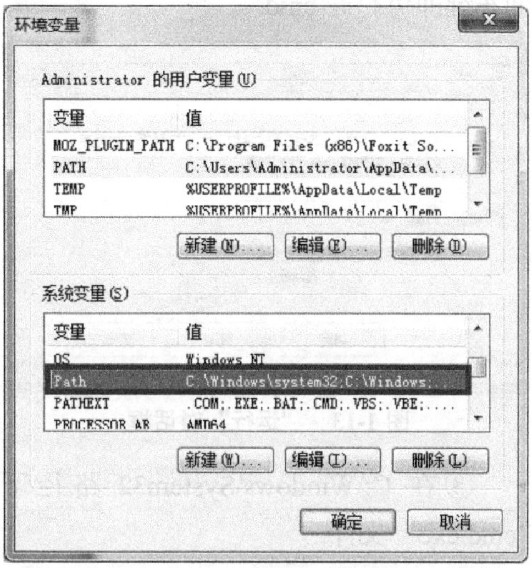

图 1-11　“Path”选项

⑤双击“Path”选项，在弹出的对话框中可编辑变量值，在“变量值”文本框中添加 Python 的安装路径，前面用英文状态下的分号“;”分隔. 例如，安装路径为 D:\program Files\Python373，则添加的变量值为“;D:\program Files\ Python373”，如图 1-12 所示.

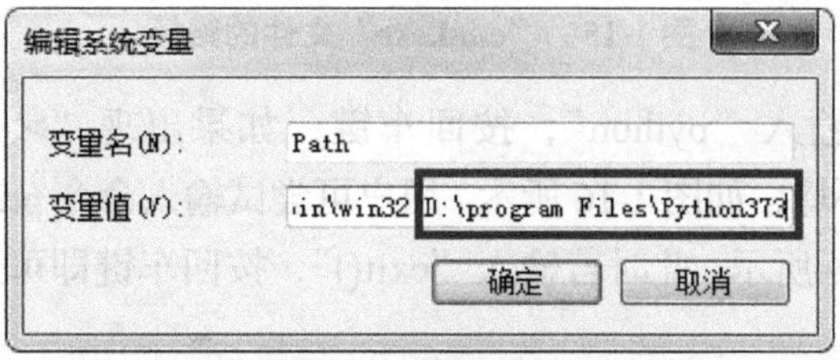

图 1-12　添加系统变量

⑥单击“确定”按钮，完成设置操作. 再次打开命令提示窗口，输入“python”命令，会出现图 1-8 所示的信息，说明 Python 的环境变量已经配置成功.

1.2.3　Python 交互式窗口的打开方式

Python 交互式窗口的打开方式有 3 种，下面分别介绍这 3 种方式的具体操作.

1. Windows 系统的命令行工具（cmd）

cmd 为计算机命令行提示符，在 Windows 系统下的虚拟 Dos 窗口中显示. 在 Windows 系统中，打开 cmd 的方式有 3 种.

①按“Win+R”组合键，其中“Win”键即键盘上的开始菜单键⊞.在弹出的对话框的“打开”文本框中输入“cmd”，如图 1-13 所示. 单击“确定”按钮，即可打

开 cmd.

②通过“所有程序”列表查找 cmd，如图 1-14 所示. 选择“cmd.exe”选项或按回车键即可打开 cmd.

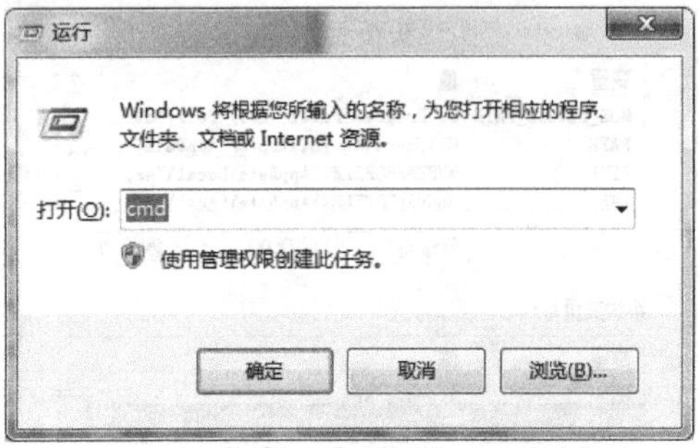

图 1-13 “运行”对话框

图 1-14 通过“所有程序”列表查找 cmd

③在 C:\Windows\System32 路径下找到 cmd.exe，如图 1-15 所示，双击“cmd.exe”文件.

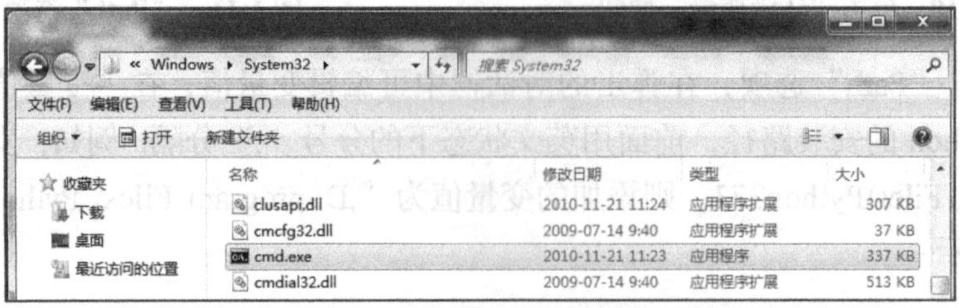

图 1-15 “cmd.exe”文件的路径

打开 cmd 后，输入“python”，按回车键，如果出现“>>>”，说明已经进入 Python 交互式编程环境，如图 1-16 所示. 用户可尝试输入命令 print("Hello World!")，按回车键，如图 1-16 所示. 此时若输入“exit()”，按回车键即可退出该环境.

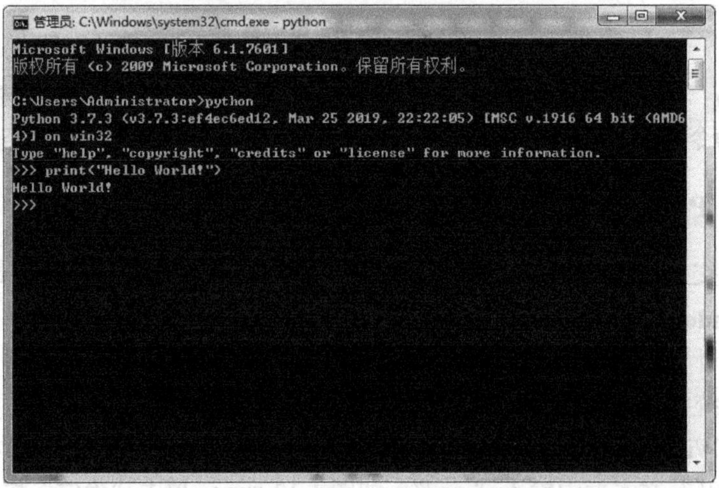

图 1-16 Python 交互式编程环境

2．带图形界面的 Python Shell——IDLE（Python GUI）

IDLE 是开发 Python 程序的基本集成开发环境，适合做测试和演示简单代码.

在“开始”菜单中找到 Python3.7，如图 1-17 所示．双击“IDLE（Python 3.7 64-bit）”选项即可打开 IDLE 界面，如图 1-18 所示.

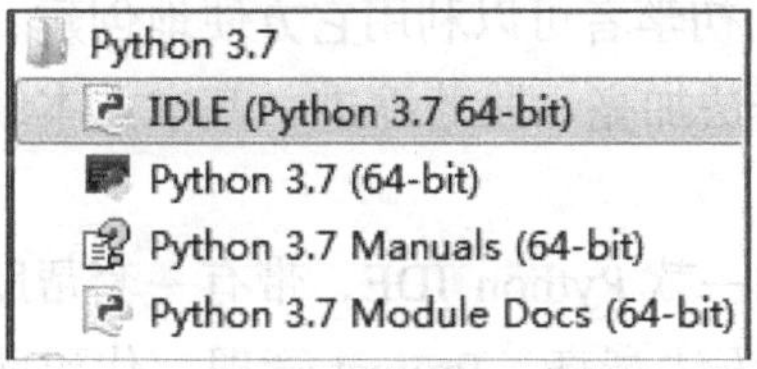

图 1-17 “开始”菜单中的“Python3.7”选项一

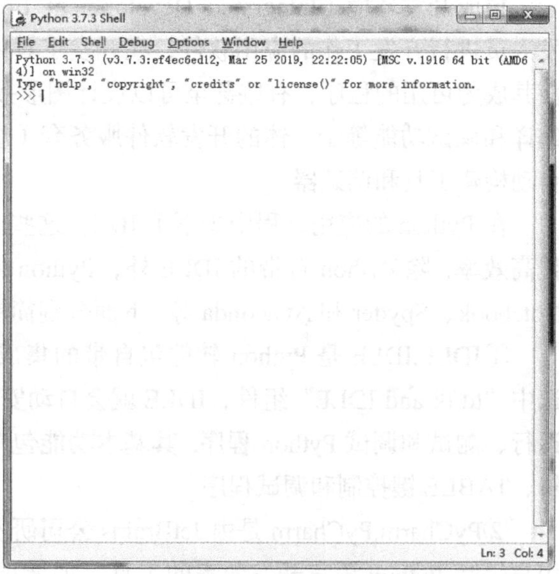

图 1-18 IDLE 界面

3．命令行版本的 Python Shell——Python3.7

在“开始”菜单中找到 Python3.7，如图 1-19 所示．双击“Python 3.7（64-bit）”选项即可打开 Python3.7（64-bit）界面，如图 1-20 所示.

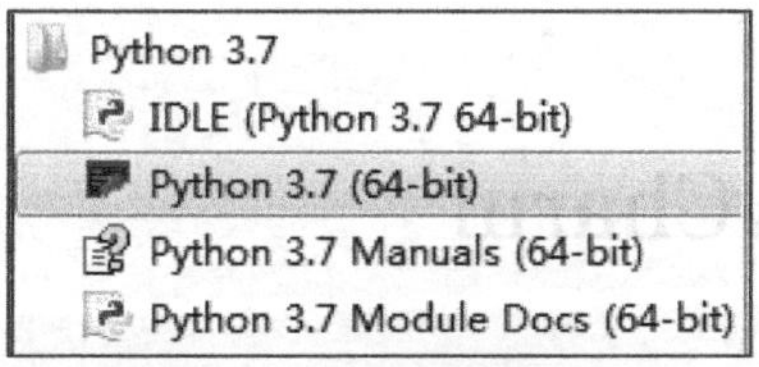

图 1-19 “开始”菜单中的“Python3.7”选项二

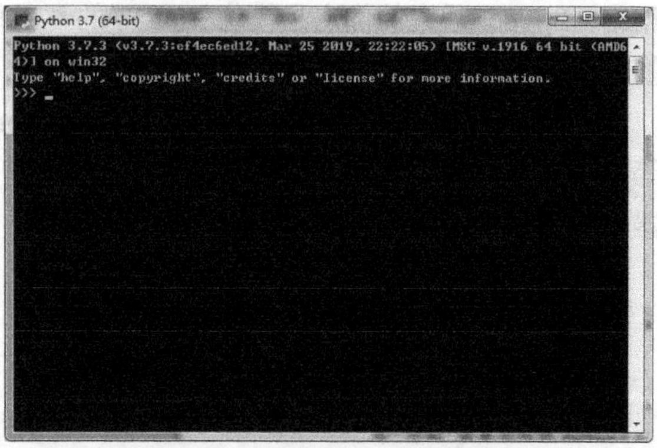

图 1-20 Python 3.7（64-bit）界面

1.3 常见的 Python IDE

集成开发环境（Integrated Development Environment，IDE）是一种辅助程序开发人员进行开发工作的应用软件，在开发工具内部就可以编写代码，并编译打包，使其成为可用的程序，有些甚至可以设计图形接口. IDE 是集成了代码编写、分析、编译和调试功能等于一体的开发软件服务套（组）件，通常包括编程语言编辑器、自动构建工具和调试器.

在 Python 的应用过程中少不了 IDE，这些工具可以帮助开发者加快开发速度，提高效率. 除 Python 自带的 IDLE 外，Python 中常见的 IDE 还有 Pycharm、Jupyter Notebook、Spyder 和 Anaconda 等. 下面分别简单介绍这些 IDE.

①IDLE.IDLE 是 Python 软件包自带的集成开发环境. 在安装 Python 时，确保选中“td/tk and IDLE”组件，IDLE 就会自动安装. 初学者可以利用它方便地创建、运行、测试和调试 Python 程序. 其基本功能包括语法加亮、段落缩进、基本文本编辑、TABLE 键控制和调试程序.

②PyCharm.PyCharm 是由 JetBrains 公司研发的一款 Python IDE，带有一套帮助用户提高 Python 语言开发效率的工具，如调试、语法高亮、Project 管理、代码跳转、智能提示、自动完成、单元测试、版本控制及其他可用于专业 Web 开发的高级功能等. 本书将重点介绍 PyCharm.

③Jupyter Notebook.Jupyter Notebook 是网页版的 Python 编程交互模式. 它类似笔记本，可用于做笔记及代码的编写、擦除和保存.

④Spyder.Spyder 是专门面向科学计算的开源 Python 交互开发环境. 与其他 IDE 相比，Spyder 最大的优点是模仿 Matlab 的“工作空间”功能，可以很方便地观察和修改数组的值.

⑤Anaconda.Anaconda 是一个开源的 Python 发行版本，包含了 Conda、Python 等 180 多个科学包及依赖项，适用于大型项目开发. Anaconda 同时是一个环境管理器，能够在不同的环境之间切换.

1.4 安装与使用 PyCharm

1.4.1 安装 PyCharm

PyCharm 可以跨平台使用，分为社区版和专业版. 其中，社区版是免费的，专业版是付费的. 对于初学者来说，社区版就足够了. 安装 PyCharm 的具体过程如下：

①访问 PyCharm 官网（http://www.jetbrains.com/pycharm/），如图 1-21 所示，单击“DOWNLOAD NOW”按钮.

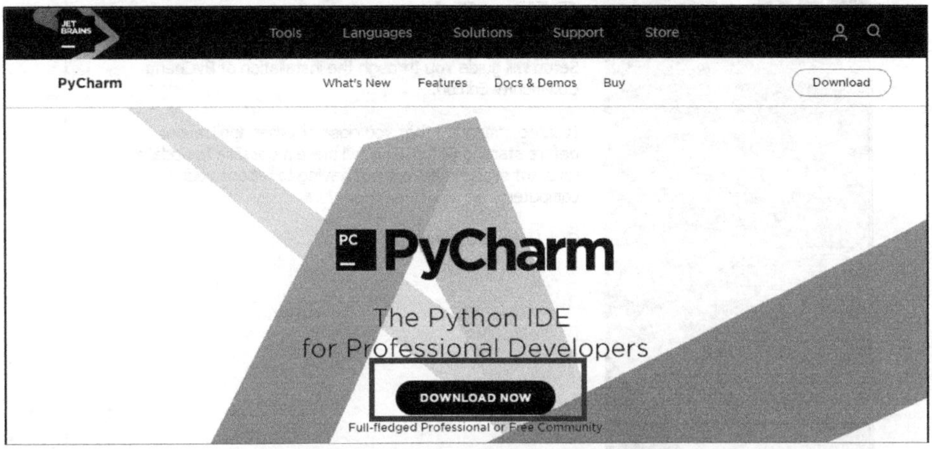

图 1-21　PyCharm 官网

②在跳转的页面中，选择社区版，单击“Community”下方的“DOWNLOAD”按钮即可进行下载，如图 1-22 所示.

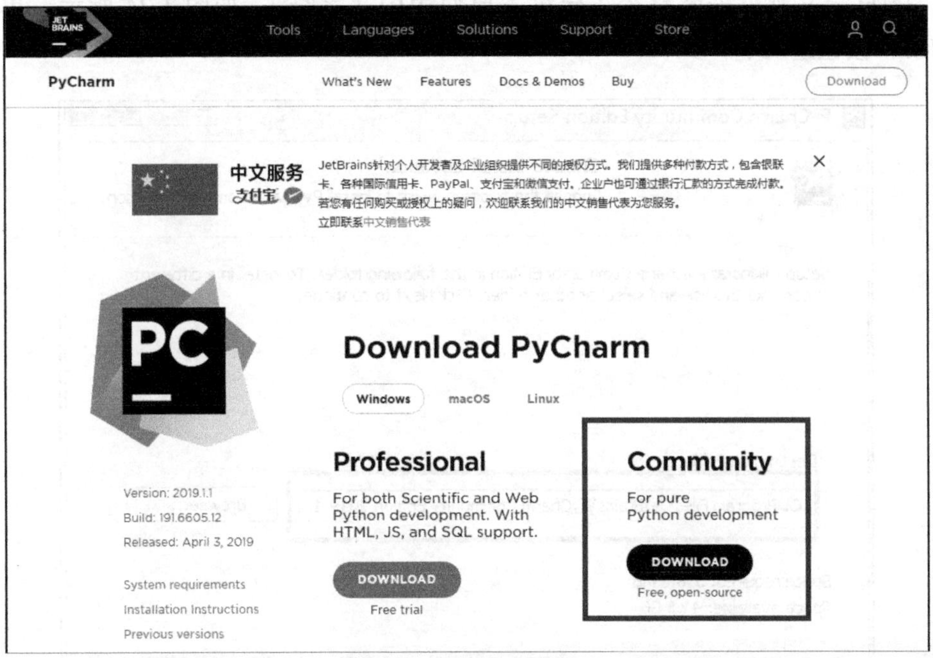

图 1-22　下载社区版

③下载完成后，双击并运行所下载的文件，弹出 PyCharm 安装向导窗口，如图 1-23 所示，单击“Next”按钮进入下一步.

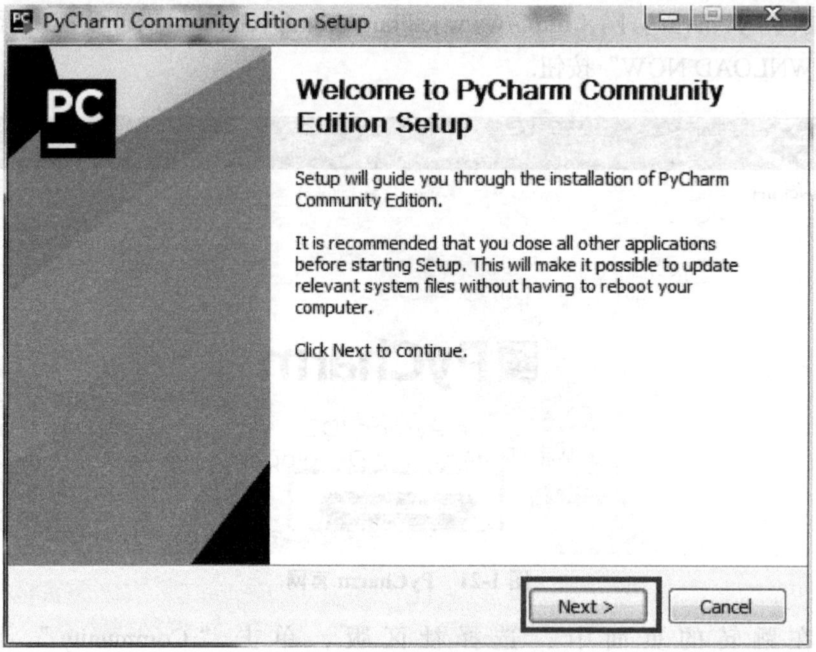

图 1-23　PyCharm 安装向导窗口

④自定义软件安装路径（建议不要使用中文字符），如图 1-24 所示，单击“Next”按钮进入下一步.

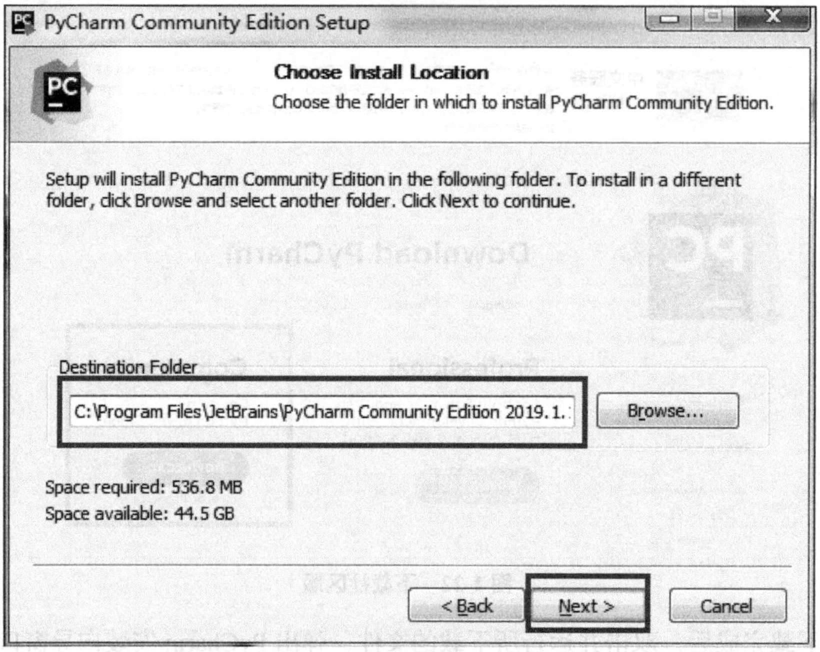

图 1-24　选择安装路径

⑤勾选相关组件，如创建桌面快捷方式并关联.py 文件，如图 1-25 所示，单击“Next”按钮进入下一步.

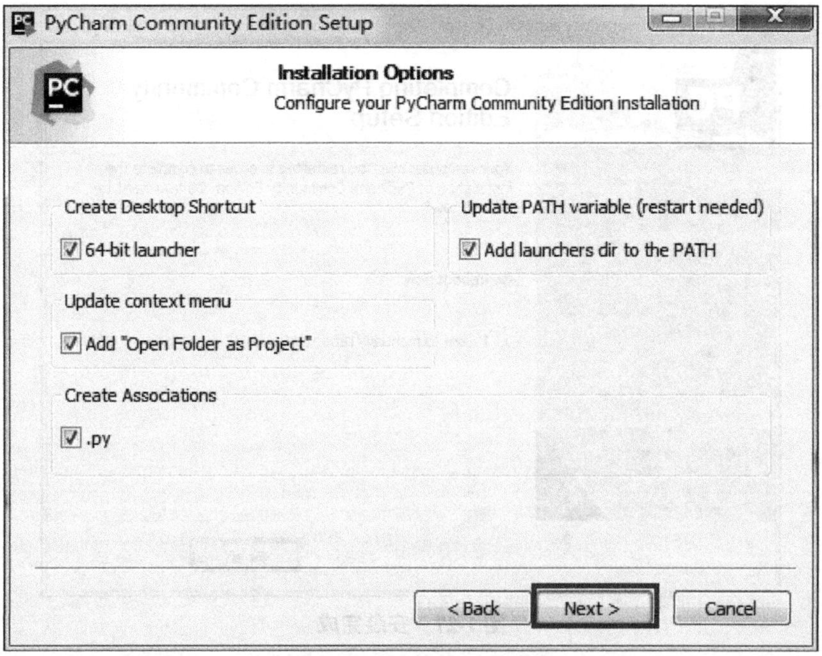

图 1-25 勾选相关组件

⑥单击“Install”按钮进行安装，如图 1-26 所示.

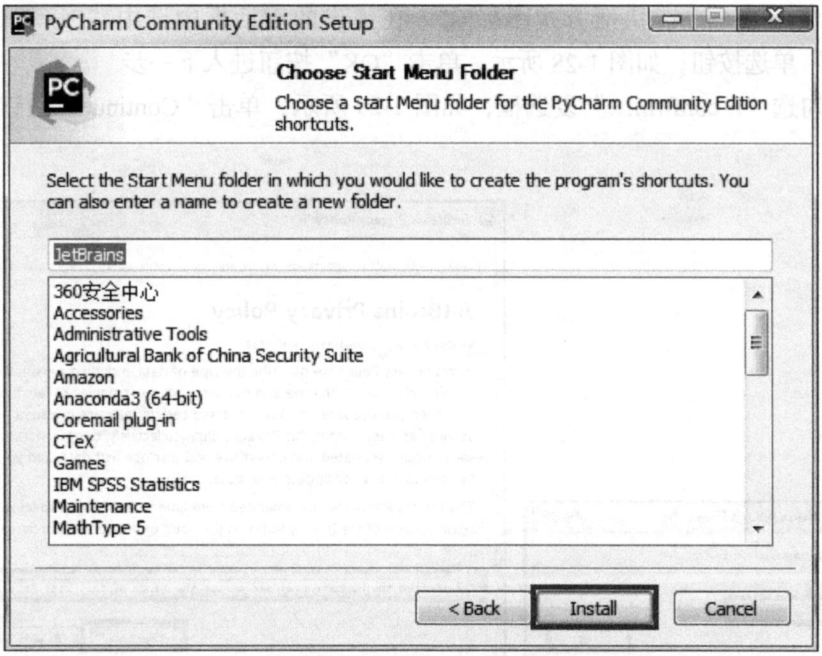

图 1-26 单击“Install”按钮

⑦安装完成后，单击“Finish”按钮重启计算机，如图 1-27 所示.

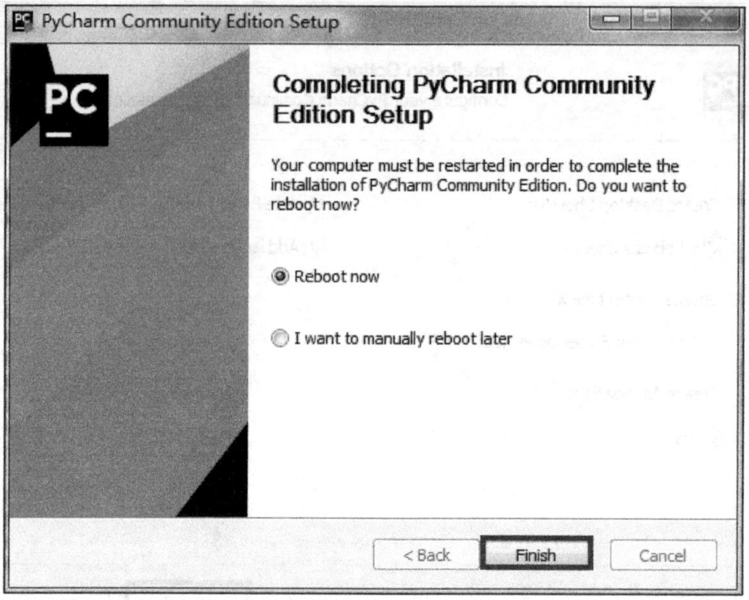

图 1-27　安装完成

1.4.2　配置 PyCharm

PyCharm 安装完成后，需要进行配置，具体过程如下.

①双击 PyCharm 快捷方式图标，在弹出的对话框中选中“Do not import settings”单选按钮，如图 1-28 所示，单击“OK”按钮进入下一步.

②勾选“I confirm…”复选框，如图 1-29 所示，单击“Continue”按钮进入下一步.

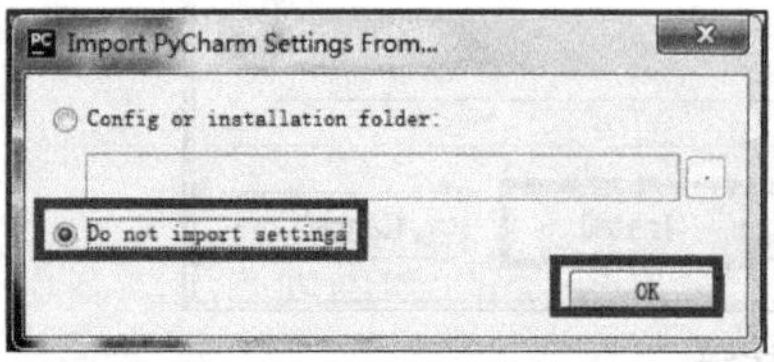

图 1-28　选中“Do not import settings”单选按钮

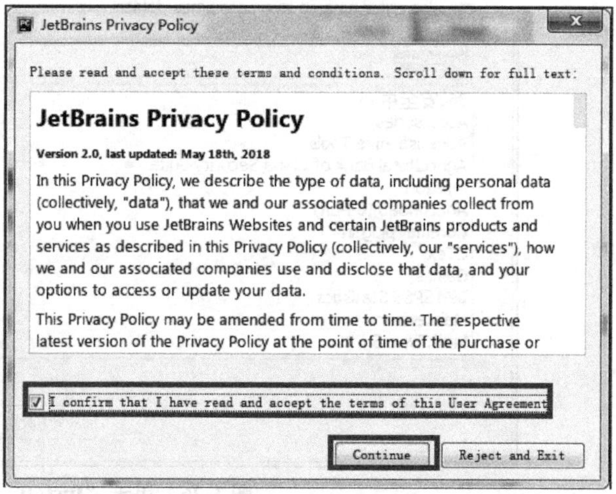

图 1-29　勾选“I confirm…”复选框

③选择自己喜好的主题，这里选中“Light”单选按钮，如图 1-30 所示. 单击

“Skip Remaining and Set Defaults”按钮（跳过特色插件安装过程）进入PyCharm，如图1-31所示.

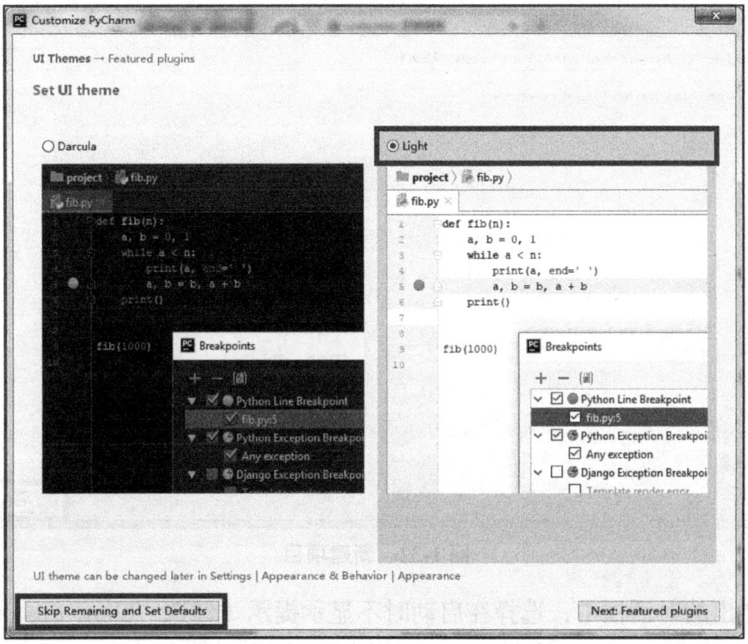

图 1-30 选中“Light”单选按钮

图 1-31 进入PyCharm

1.4.3 使用PyCharm

PyCharm基本配置完成后，可以直接使用，具体操作如下.

①选择“Create New Project”选项创建新项目，如图1-31所示.

②在“New Project”对话框中自定义项目存储路径，IDE 默认关联 Python 解释器，单击“Create”按钮新建项目，如图 1-32 所示.

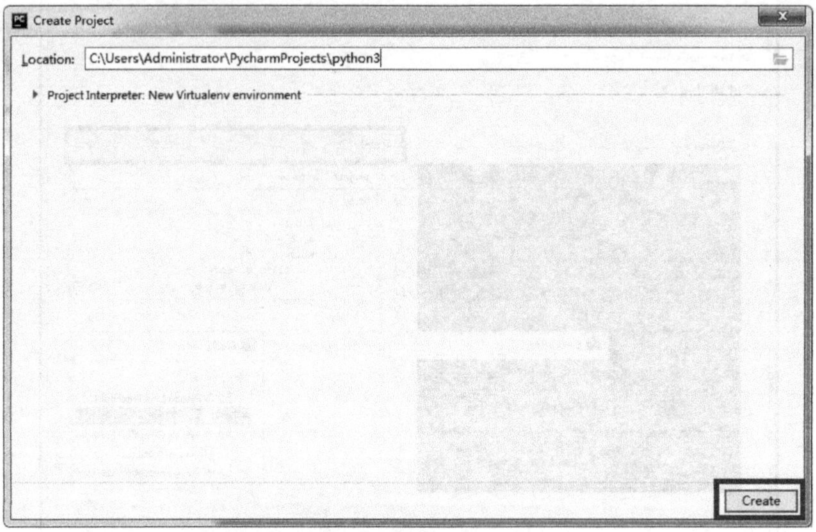

图 1-32　新建项目

③在弹出的对话框中，选择在启动时不显示提示（勾选“Show tips on startup”复选框），如图 1-33 所示. 单击“Close”按钮退出提示对话框.

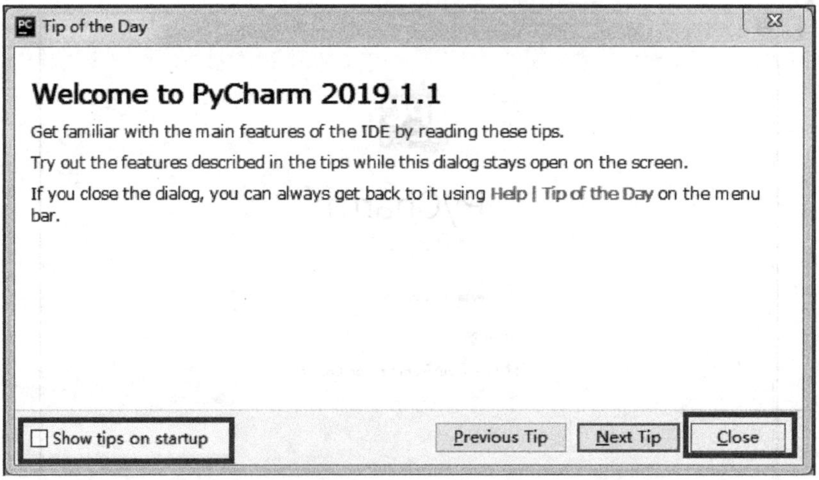

图 1-33　勾选“Show tips on startup”复选框

这样，就进入了 PyCharm 界面，如图 1-34 所示. 单击左下角的图标可显示或隐藏功能侧边栏.

④在新建的项目（此处名为 python3）中，新建一个.py 文件. 右击项目名“python3”，在弹出的快捷菜单中选择“New”→“Python File”命令，如图 1-35 所示.

⑤在弹出的对话框中输入文件名，如图 1-36 所示. 单击“OK”按钮打开对应的脚本文件，如图 1-37 所示.

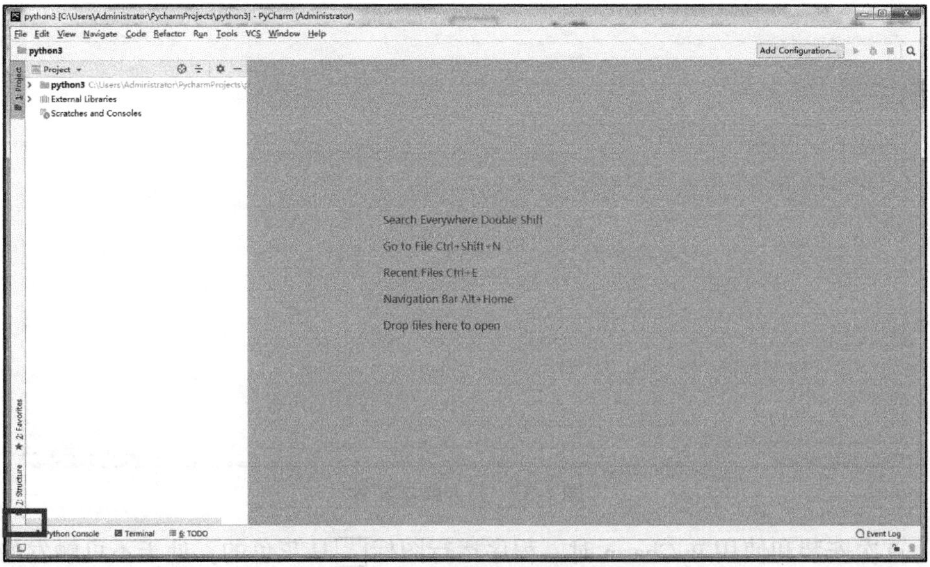

图 1-34　PyCharm 界面

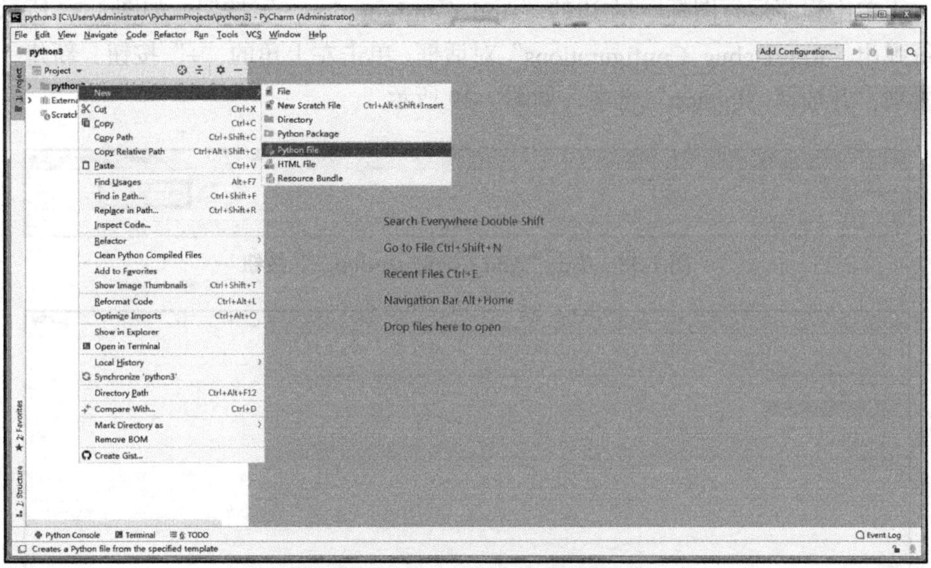

图 1-35　选择“Python File”命令

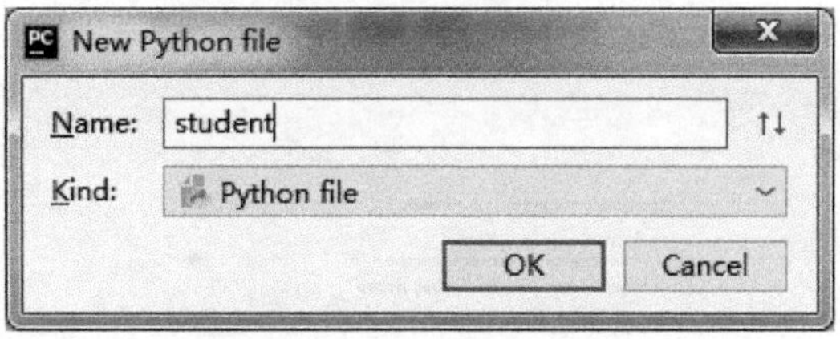

图 1-36　为新建 .py 文件命名

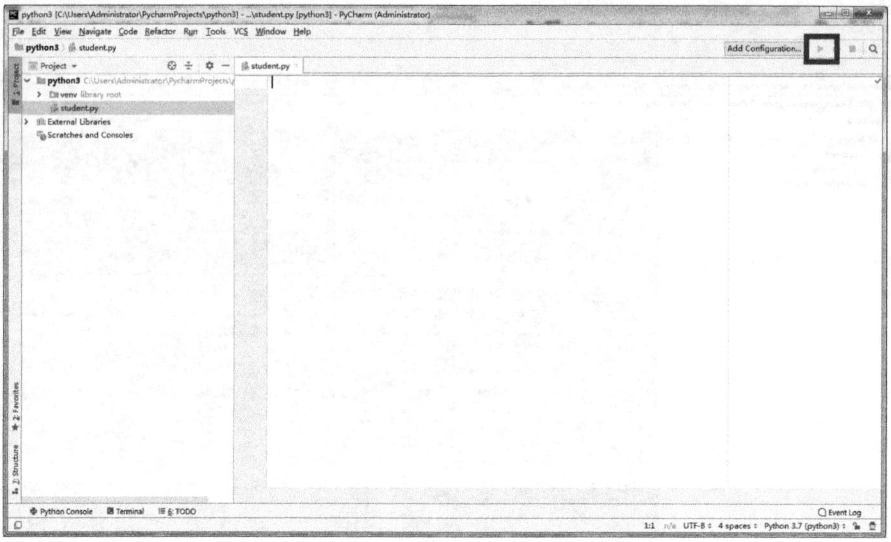

图 1-37　打开脚本文件

首次安装和使用 PyCharm 时，程序运行图标▶是灰色的，处于不可触发的状态，需要设置控制台. 具体操作过程如下：

①单击程序运行图标▶左边的“Add Configuration...”按钮，如图 1-38 所示，系统弹出“Run/Debug Configurations”对话框. 单击左上角的“+”按钮，新建一个配置项，并选择“Python”选项，如图 1-39 所示.

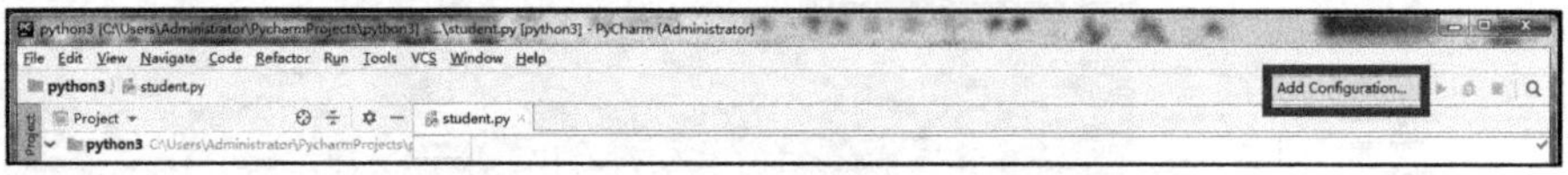

图 1-38　单击“Add Configuration...”按钮

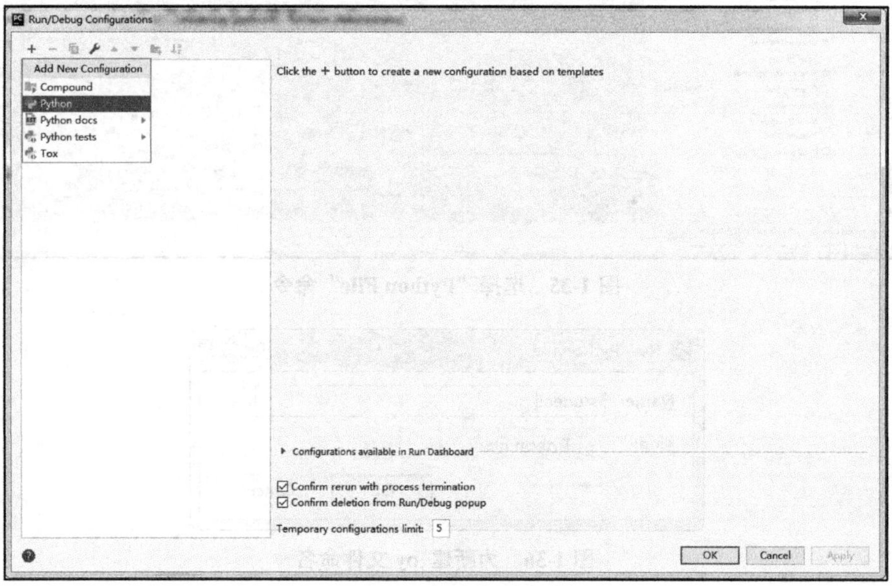

图 1-39　新建配置项

②在右侧窗格"Name"文本框中输入文件名，单击"Script path:"右侧的按钮，找到新建的student.py文件，如图1-40所示. 单击"OK"按钮后，回到编辑窗口，此时程序运行图标已经变成绿色，可以正常编程和调试程序.

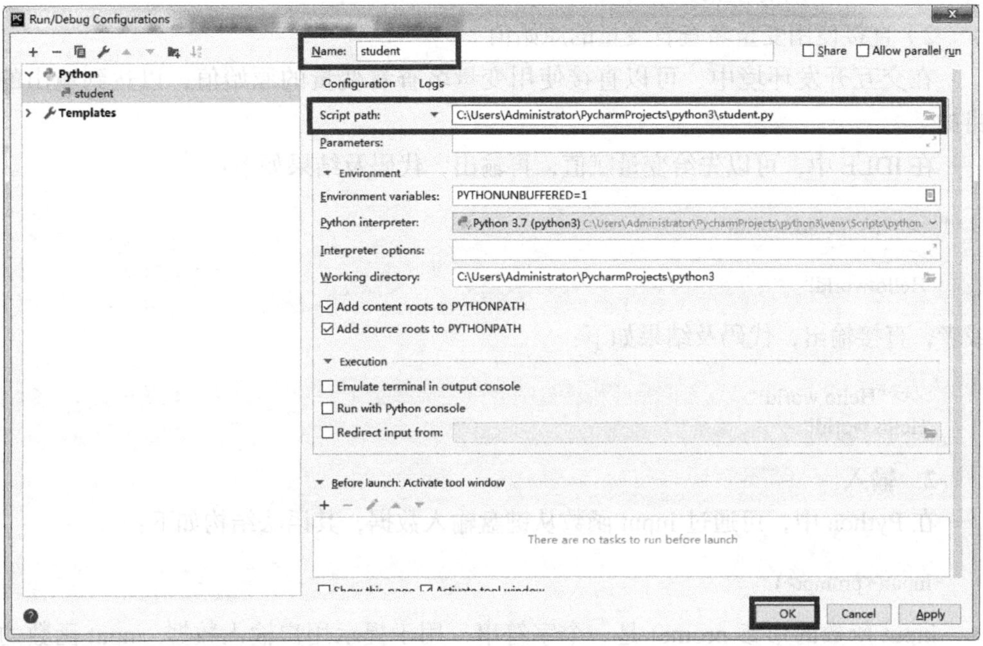

图1-40 设置Script路径

至此，控制台设置成功.

1.4.4 Python编程初试

和其他高级语言一样，Python语言的程序基本结构包括输出和输入两个部分. 下面分别进行简单介绍.

1. 输出

在Python语言中，实现数据输出的方式有两种：一是使用print函数，二是直接使用变量名查看变量的原始值.

1）print函数

print函数：打印输出数据，其语法结构如下.

```
print(<expr>)
```

如果要输出多个表达式，其语法结构如下：

```
print(<expr 1>,< expr 2>, … , < expr n>)
```

在Python自带的IDLE中，使用print函数，代码及结果如下：

```
>>> print("Hello world!")
Hello world!
```

```
>>> print("Hello","world!")
Hello world!
```

【注】在语句 print（"Hello","world!"）中，逗号连接两个字符串. 输出时，字母“o”和“w”中间有空格.

2）直接使用变量名查看变量的原始值

在交互开发环境中，可以直接使用变量名查看变量的原始值，以达到输出的目的.

在 IDLE 中，可以先给变量赋值，再输出，代码及结果如下：

```
>>> a= "Hello world!"
>>>a
'Hello world!'
```

或者，直接输出，代码及结果如下：

```
>>> "Hello world!"
'Hello world!'
```

2. 输入

在 Python 中，可通过 input 函数从键盘输入数据，其语法结构如下：

```
input(<prompt>)
```

input 函数的形参 prompt 是一个字符串，用于提示用户输入数据. input 函数的返回值是字符串.

在 PyCharm 中打开新建的 student.py 文件（见 1.4.3 节），使用 input 函数，代码如下：

```
a=input("Enter your name:")
print(a)
```

第 1 行语句使用 input 函数输入数据. 用户输入数据后，input 函数将数据赋值给变量 a 保存. 第 2 行调用 print 函数打印 a 变量的值.

单击按钮，程序运行，将“Enter your name:”作为输入提示符，如图 1-41 所示. 用键盘输入“Emma”，按回车键，结果如图 1-42 所示.

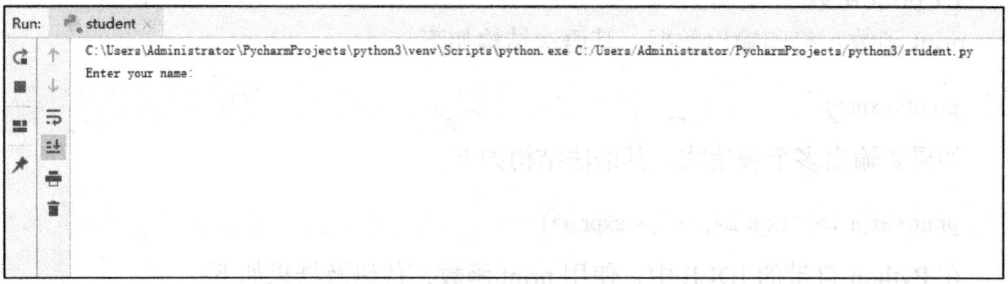

图 1-41　输入提示符

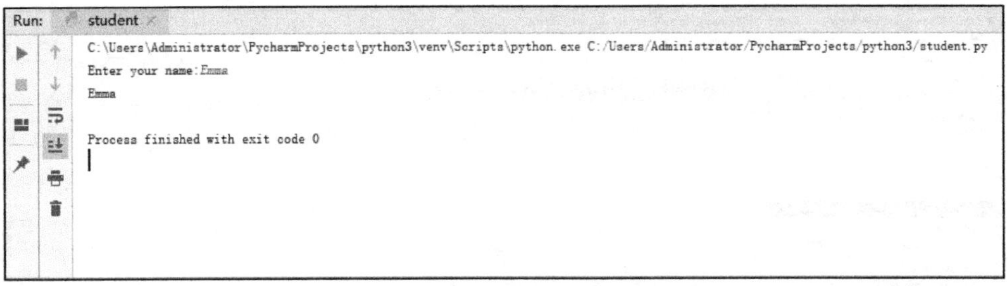

图 1-42　输入“Emma”并按回车键

使用字符串连接的方式，可以实现依次打印，student.py 文件代码修改如下：

```
a=input("Enter your first name:"
b=input("Enter your last name:")
print(a,b)
```

单击▶按钮，程序运行后，打印“Enter your first name:”作为输入提示符，用键盘输入“Emma”，按回车键；接着打印“Enter your last name:”作为输入提示符，用键盘输入“Waston”，按回车键，结果如图 1-43 所示.

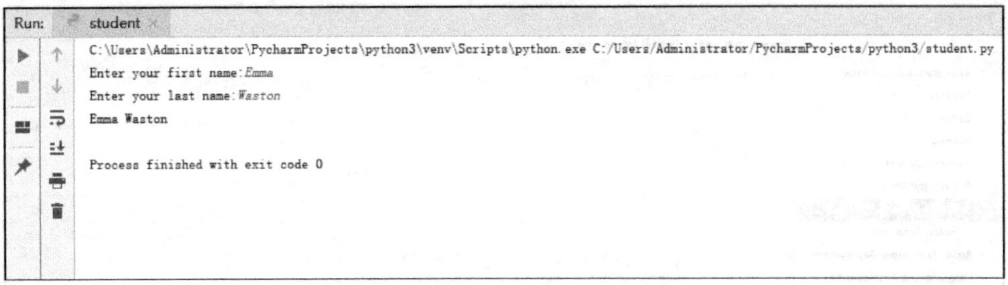

图 1-43　输入“Waston”并按回车键

此外，使用字符串拼接的方式也可以实现依次打印. 只要将语句“print(a,b)”替换为“print(a+b)”即可. 同学们可进行尝试，并寻找区别.

1.4.5　在 PyCharm 中安装第三方库

Python 拥有强大的标准库，如常用的数学函数标准库 Math 和绘图函数标准库 Turtle. Python 软件安装时，自带标准库. 此外，Python 还有许多高质量的第三方库，这些第三方库需要用户额外安装.

下面以在 Pycharm 中安装 Sympy 库为例，说明在 PyCharm 中安装第三方库的方法. 具体操作过程如下：

①在工具栏选择“File”→“Settings”，如图 1-44 所示.

②在系统弹出的“Settings”对话框中，单击“Project：python3”左侧的›按钮，选择“Project Interpreter”（项目解释器）后，出现 PyCharm 已安装库的相关信息，如图 1-45 所示.

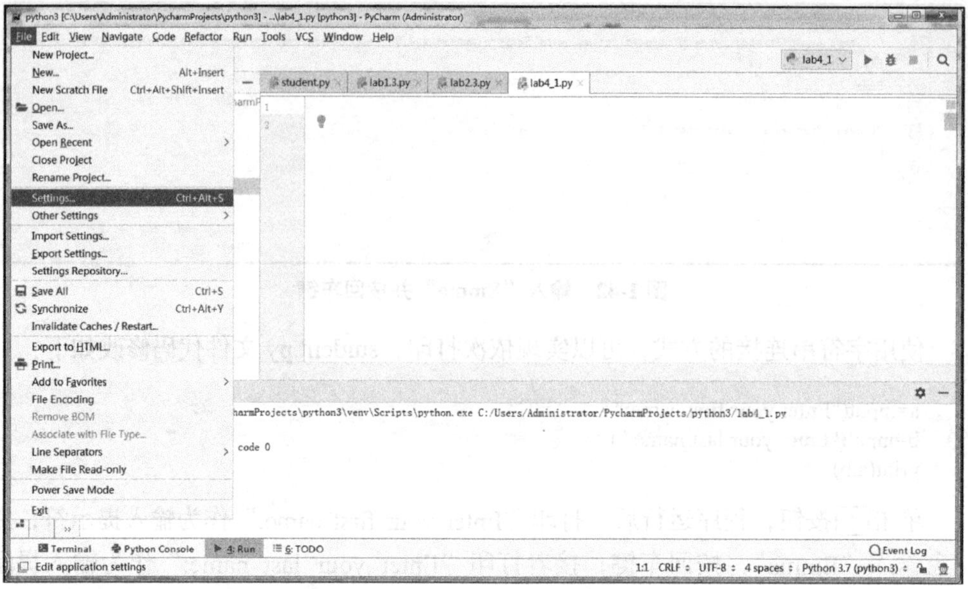

图 1-44　选择“Settings”

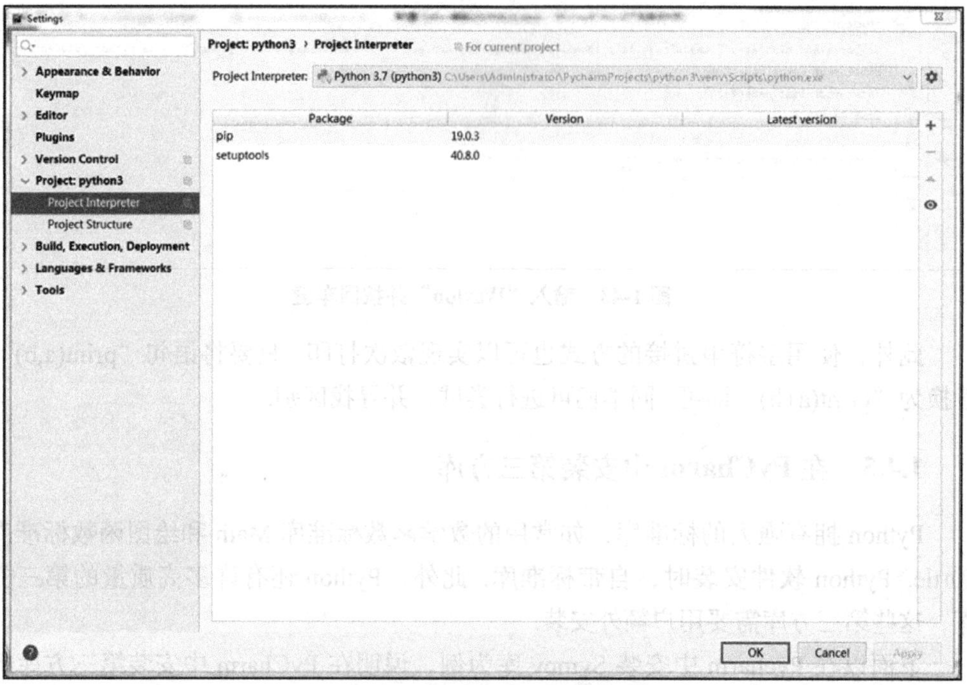

图 1-45　PyCharm 已安装库信息

③双击“Package”中的“pip”，在系统弹出“Available Packages”对话框中，单击“Install Package”按钮进行“pip”安装工具更新，如图 1-46 所示. 更新完成后，显示“Package‘pip’installed successfully”，如图 1-47 所示.

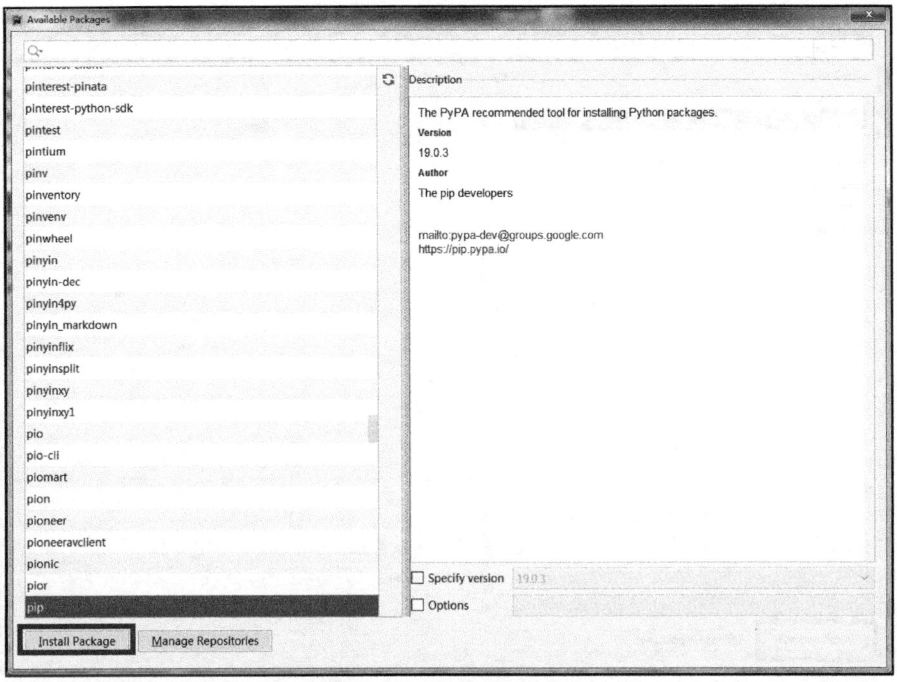

图 1-46　“pip”安装工具更新

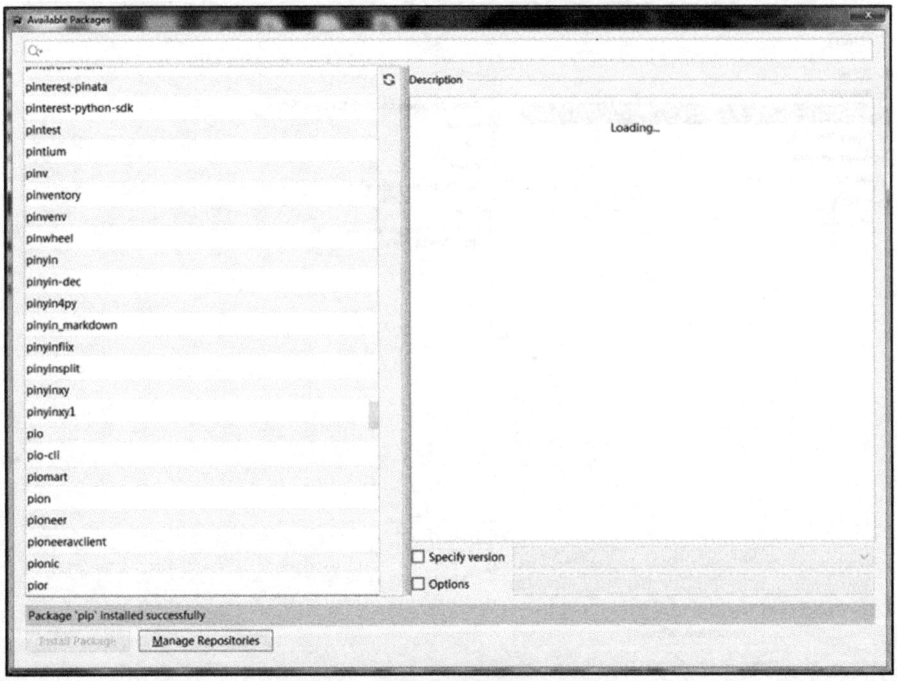

图 1-47　安装工具更新后的显示

④在“Available Packages”对话框的搜索栏中，输入“sympy”，选择“sympy”，如图 1-48 所示. 单击“Install Package”按钮进行安装，安装完成后，显示“Package 'sympy' installed successfully”，如图 1-49 所示.

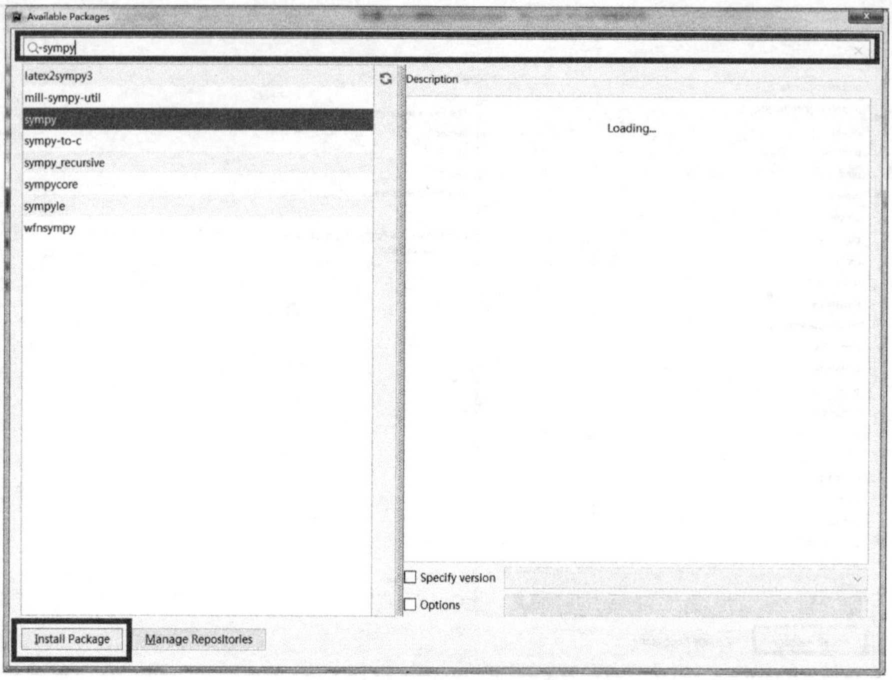

图 1-48　输入并选择“sympy”

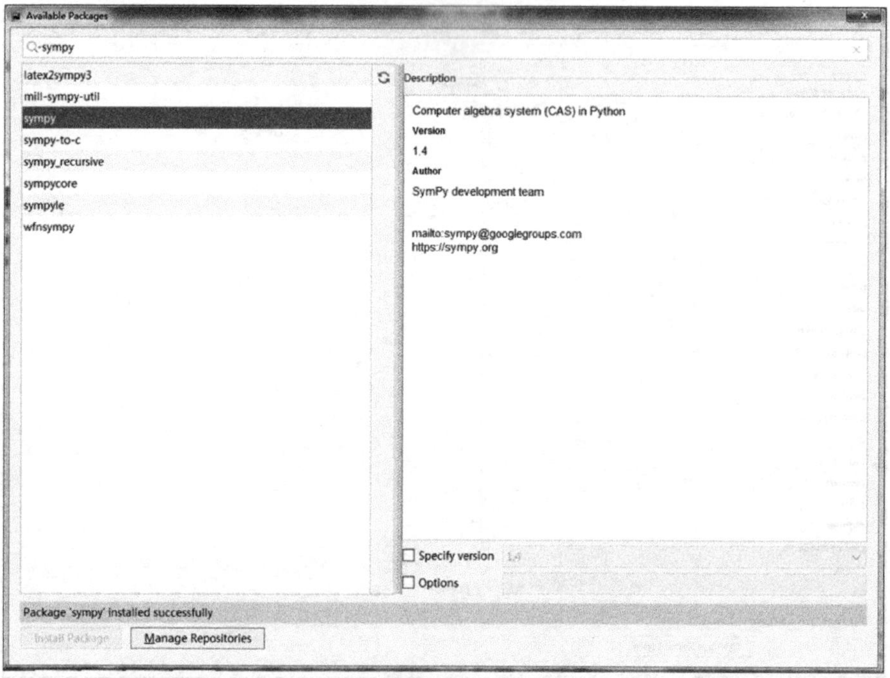

图 1-49　安装完成后的显示

这样，就在 PyCharm 中安装了 Sympy 库.

第 2 章 一元函数微分及其应用

2.1 函数及其相关概念

2.1.1 函数概念

在工程技术和经济领域的研究中，常常遇到不同的量. 保持某一固定的数值的量，为常量；在一定范围内可以取不同数值的量，为变量. 函数描述了变量之间的某种依存关系.

定义【函数关系】 从非空实数集合 D 到非空实数集合 B 的一个函数关系 f 是这样一种对应法则（对应关系）：对于 D 中每个元素 x，对应 B 中唯一确定的元素 y. 记为

$$y=f(x),\ \ x\in D$$

其中，x 称为自变量，y 称为因变量. x 的变化范围 D 称为 $y=f(x)$ 的定义域，当 $x=x_0$ 时，则 $f(x_0)$ 表示函数值，亦记为 $y(x_0)$ 或 $y\big|_{x=x_0}$，函数值的变化范围 B 称为 $y=f(x)$ 的值域.

【注】 函数关系的“机器”描述.

函数关系本质上是变量之间的一种运算模式或运算结构，可以形象地看成一台“机器”，对每个允许输入的 x 给出唯一一个确定的输出 y. 函数关系的“机器”描述如图 2-1 所示.

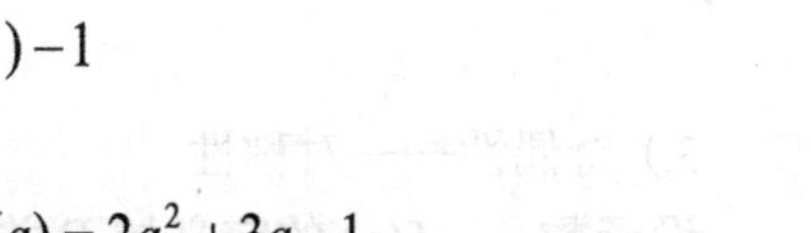

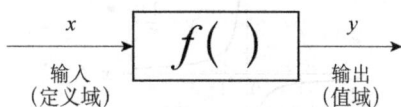

图 2-1　函数关系的“机器”描述

【例 2-1】 设函数 $f(x)=2x^2+3x-1$，则有函数关系

$$f(\ \ )=2(\ \ )^2+3(\ \ )-1$$

因此

$$f(2)=2\times 2^2+3\times 2-1=13,\ \ f(a)=2a^2+3a-1$$

$$f(x+1)=2(x+1)^2+3(x+1)-1=2x^2+7x+4$$

1. 基本初等函数

微积分的研究对象是函数，而一切初等函数都是由基本初等函数组成的.

在中学数学课程中，我们学习过幂函数、指数函数、对数函数、三角函数和反

三角函数，这五类函数统称为基本初等函数.

（1）幂函数　$y=x^{\alpha}$（α 为常数）；

（2）指数函数　$y=a^{x}$（$a>0$,且$a\neq 1$），特殊地 $y=\mathrm{e}^{x}$；

（3）对数函数　$y=\log_a x$（$a>0$,且$a\neq 1$），特殊地 $y=\log_{\mathrm{e}} x=\ln \mathrm{e}$；

（4）三角函数　$y=\sin x$，$y=\cos x$，$y=\tan x$，$y=\cot x$，$y=\sec x$，$y=\csc x$；

（5）反三角函数　$y=\arcsin x$，$y=\arccos x$，$y=\arctan x$，$y=\operatorname{arc}\cot x$.

2. 函数的四种特性

1）有界性

若存在正数 M，使得函数 $f(x)$ 在某区间 I 上有 $|f(x)|\leqslant M$，则称函数 $f(x)$ 在 I 上有界，否则称函数 $f(x)$ 在 I 上无界.

若 $f(x)$ 在 I 上有界，则其图像在直线 $y=-M$ 与 $y=M$ 之间. 例如，正弦函数 $y=\sin x$ 在区间 $(-\infty,+\infty)$ 内是有界的，因为 $|\sin x|\leqslant 1$，对 $x\in(-\infty,+\infty)$ 均成立.

【例 2-2】 函数 $y=\dfrac{1}{x}$（其图像见图 2-2）在 $(0,1)$ 内无界，而在 $(1,+\infty)$ 内有界.

2）单调性

若对于区间 I 内任意两点 x_1 和 x_2，当 $x_1<x_2$ 时，有 $f(x_1)<f(x_2)$ [或 $f(x_1)>f(x_2)$]，则称 $f(x)$ 在 I 上单调增加（或单调减小），此时区间 I 称为单调增区间（或单调减区间）.

单调增加函数的图像是自左至右单调上升的曲线，此时变量 x 与 y 是同向变化的（见图 2-3（a））；单调减少函数的图像是自左至右单调下降的曲线，此时变量 x 与 y 是反向变化的（见图 2-3（b））.

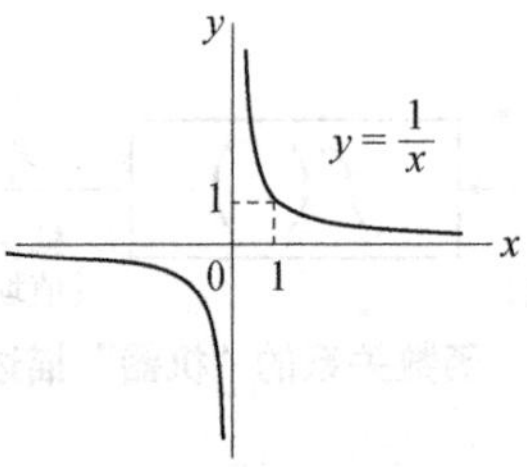

图 2-2　$y=\dfrac{1}{x}$ 的图像

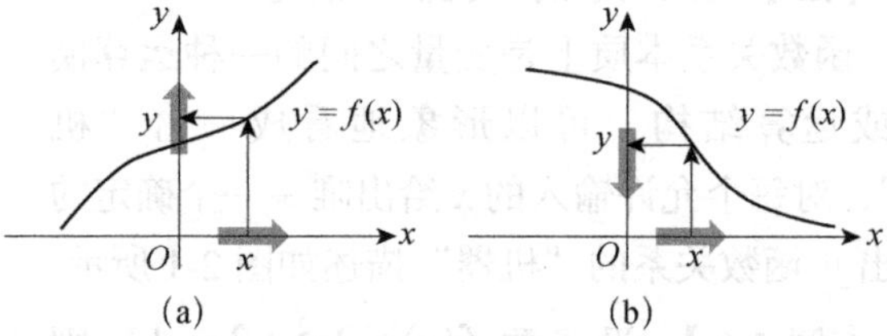

图 2-3　$y=f(x)$ 的图像

3）奇偶性——对称性

设函数 $y=f(x)$ 的定义域 D 关于原点对称，若对于任意 $x\in D$ 下式都成立：

$f(-x)=f(x)$，则 $y=f(x)$ 是 D 上的偶函数；

$f(-x)=-f(x)$，则 $y=f(x)$ 是 D 上的奇函数.

补充知识点： $f(x)=0$，即是奇函数也是偶函数.

偶函数的图像关于 y 轴对称；奇函数的图像关于原点对称. 如偶函数 $y=x^2$ 和奇

函数 $y=x^3$，其图像分别如图 2-4 和图 2-5 所示.

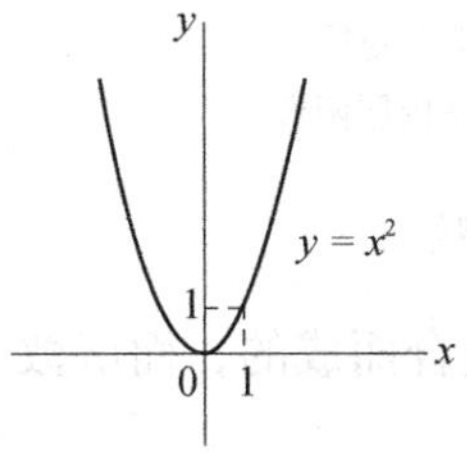

图 2-4　$y=x^2$ 的图像

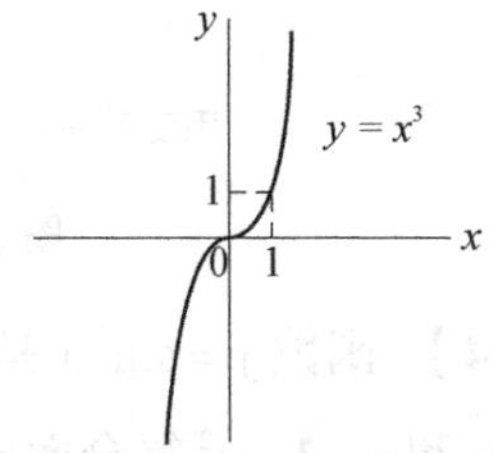

图 2-5　$y=x^3$ 的图像

【例 2-3】 讨论函数 $f(x)=\dfrac{e^x+e^{-x}}{2}$ 和 $g(x)=\dfrac{e^x-e^{-x}}{2}$ 的奇偶性.

解　$f(x)$ 和 $g(x)$ 的定义域都为 $(-\infty,+\infty)$，且

$$f(-x)=\frac{e^{-x}+e^x}{2}=\frac{e^x+e^{-x}}{2}=f(x)，\quad g(-x)=\frac{e^{-x}-e^x}{2}=\frac{-\left(e^x-e^{-x}\right)}{2}=-g(x)$$

因此，$f(x)=\dfrac{e^x+e^{-x}}{2}$ 是偶函数，而 $g(x)=\dfrac{e^x-e^{-x}}{2}$ 是奇函数.

4）周期性

对于函数 $f(x)$，若存在不为零的数 T，对任意 $x\in I$，均有 $x+T\in I$，且 $f(x+T)=f(x)$，则称 $f(x)$ 为 I 上的周期函数，称 T 为 $f(x)$ 的周期. 通常所说周期是指函数的最小正周期.

补充知识点： $f(x)=c$（c 为常数）是无最小正周期的周期函数.

例如，$y=\sin x$，$x\in(-\infty,+\infty)$ 是周期函数，其最小正周期为 2π.

2.1.2　函数的复合运算

1. 复合函数的概念

【案例】〖原油扩散面积〗 油轮在海上发生原油泄漏事故，假设原油扩散面积（污染海水的面积）A 是污染半径（被污染圆形水面的半径）r 的函数 $A=\pi r^2$. 同时由于原油在海面上不断扩散，则污染半径 r 又是时间 t 的函数 $r=\varphi(t)$. 因此，原油扩散面积 A 与时间 t 的函数关系是

$$A=\pi r^2=\pi\left[\varphi(t)\right]^2=\pi\varphi^2(t)$$

定义【复合函数】 设 y 是 u 的函数 $y=f(u)$，u 是 x 的函数 $u=\varphi(x)$，当 x 在某一区间上取值时，相应的 u 使 y 有意义，则 $y=f(u)$ 与 $u=\varphi(x)$ 可构成复合函数 $y=f\left[\varphi(x)\right]$，此时 u 为中间变量，称 y 是 x 的复合函数.

一般地，如果 $y=f(u)$，$u=\varphi(x)$，则 $y=f\left[\varphi(x)\right]$ 称为 f 和 φ 这两个函数的复合函数. 称 $y=f(u)$ 为外层函数，它表示因变量 y 与中间变量 u 之间的函数关系；称 $u=\varphi(x)$ 为内层函数，它表示中间变量 u 与自变量 x 的函数关系，如图 2-6 所示.

补充知识点： 并不是所有函数都能复合，如 $y=\sqrt{u}$，且 $u=x^2-1$ 就不能复合.

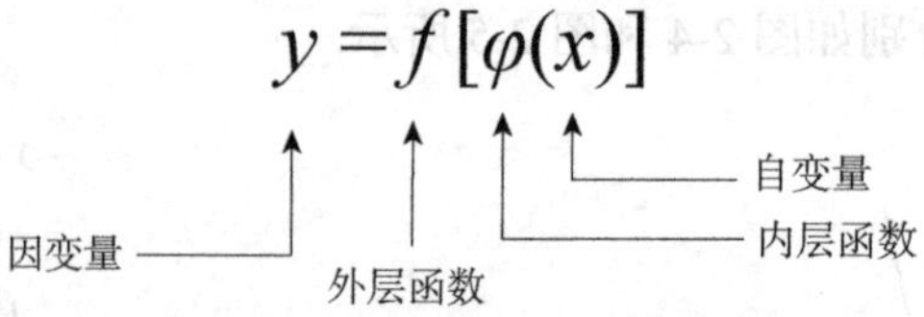

图 2-6 复合函数的内外层函数

【例 2-4】 函数 $y=\sin^2 x$ 是由 $y=u^2$ 和 $u=\sin x$ 复合而成的，而函数 $y=\sqrt{1-x^2}$ 是由 $y=\sqrt{u}$ 和 $u=1-x^2$ 复合而成的.

2. 复合函数的分解

一般地，将复合函数 $y=f[\varphi(x)]$ 分解为简单函数. 习惯上基本初等函数及其四则运算和多项式函数（如一次多项式函数 $ax+b$，二次多项式函数 ax^2+bx+c）等称为简单函数.

复合函数分解为简单函数的步骤
第一步：确定外层函数 $y=f(u)$（y 是 u 的函数）；
第二步：确定内层函数 $u=\varphi(x)$（u 是 x 的函数）.

【例 2-5】 将下列复合函数分解为简单函数.

（1）$y=(2x+1)^{30}$；（2）$y=\cos x^2$；（3）$y=\ln\cos x$；

（4）$y=\sin^3 x$；（5）$y=\dfrac{1}{1+2x}$；（6）$y=\sqrt{4-3x^2}$.

解 （1）$y=u^{30}$，$u=2x+1$；（2）$y=\cos u$，$u=x^2$；

（3）$y=\ln u$，$u=\cos x$；（4）$y=u^3$，$u=\sin x$；

（5）$y=\dfrac{1}{u}$，$u=1+2x$；（6）$y=\sqrt{u}$，$u=4-3x^2$.

【例 2-6】 将下列复合函数分解为简单函数.

（1）$y=\sqrt{\cot\dfrac{x}{2}}$；（2）$y=\mathrm{e}^{x^2}\cdot\cos\dfrac{1}{x}$.

解 （1）$y=\sqrt{u}$，$u=\cot v$，$v=\dfrac{x}{2}$；（2）$y=\mathrm{e}^u\cdot\cos v$，$u=x^2$，$v=\dfrac{1}{x}$.

3. 初等函数

凡是由基本初等函数经过有限次四则运算或有限次复合运算所构成的，可用一个解析式表示的函数，统称为初等函数，否则称为非初等函数.

例如，$y=\sqrt[3]{\dfrac{(1-x)(1-2x)^2}{(1-3x)(1-4x)^5}}$，有理函数 $\dfrac{P_n(x)}{Q_m(x)}=\dfrac{a_0x^n+a_1x^{n-1}+\cdots+a_{n-1}x+a_n}{b_0x^m+b_1x^{m-1}+\cdots+b_{m-1}x+b_m}$，$y=|x|=\sqrt{x^2}$，是初等函数. 但级数 $1+x+x^2+\cdots+x^n+\cdots$ 不是初等函数.

2.1.3 数学模型方法概述

1. 分段函数

许多工程和经济领域中的问题可以这样描述：在不同取值范围内，用不同的数学模型来表示，称为分段函数.

【例 2-7】〖快递邮费〗 某快递公司规定：寄送到某地的物件，当物件不超过 20kg 时，按基本邮费每千克 3 元计算；当超过 20kg 时，超过部分按每千克 4.5 元计算. 试求寄送到该地的物件的邮费 y（元）与物件质量 x（kg）之间的函数关系.

解 当物件质量 x（千克）在 $0 \leqslant x \leqslant 20$ 时，邮费为 $y = 3x$；

当物件质量 x（千克）在 $x > 20$ 时，邮费为

$$y = 3 \times 20 + 4.5(x - 20) = 4.5x - 30$$

所以，寄送到该地的邮费 y（元）与物件质量 x（kg）之间的函数关系为

$$y = \begin{cases} 3x & 0 \leqslant x \leqslant 20 \\ 4.5x - 30 & x > 20 \end{cases}$$

2. 构建数学模型的步骤

数学模型就是函数模型，是对工程技术中的实际现象的数学描述，建立数学模型是为了研究实际现象的变化规律和预测其变化趋势，从而能够解决实际问题. 现在计算技术高速发展，虽然计算机仿真、模拟已成为研究和开发的重要手段，而数学模型往往是最关键的步骤，因为它是连接实际问题和计算技术的桥梁. 构建数学模型的方法如图 2-7 所示.

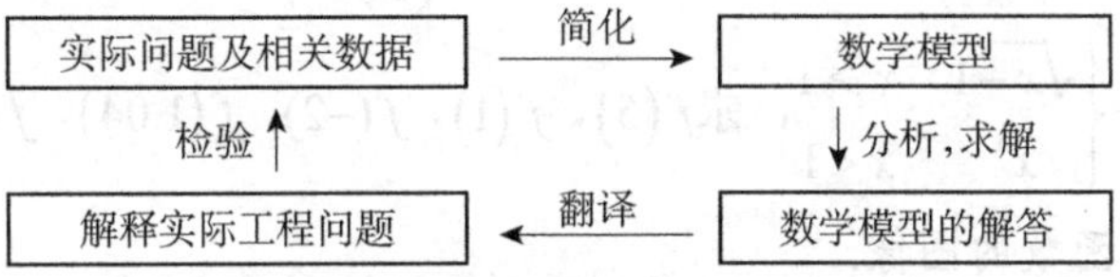

图 2-7 构建数学模型的方法

数学模型属于应用数学的范畴，它涉及纯数学与其他学科的交互作用，已成为应用数学的一大分支. 构建数学模型的研究正处于蓬勃发展的时期，其本义就是将各种各样的实际问题转化为数学问题.

数学模型的构建和解决实际问题的步骤分为以下五个环节：

①科学地识别与剖析实际问题；

②形成数学模型（分析问题中哪些是变量、哪些是常量，分别用不同的字母表示；根据所给的条件，运用相关知识，确定一个满足这些关系的函数或图形）；

③求解数学问题；

④研究算法，并尽量使用计算机；

⑤回到实际中去，解释结果.

【例 2-8】〖水池造价〗 要建造一个容积为 V 的无盖长方形水池，它的底面为正

方形. 池底的单位面积造价为侧面积造价的 3 倍，试建立总造价与底面边长的函数关系.

解 设水池高为h，底面边长为x，总造价为C，侧面单位造价为a.

由已知$V=x^2h$，可得水池深度为$h=\dfrac{V}{x^2}$.

侧面积$S=4xh=4x\dfrac{V}{x^2}=\dfrac{4V}{x}$，从而得出总造价为

$$C(x)=3ax^2+\frac{4aV}{x},(x>0)$$

【例 2-9】〖立交桥上、下两车之间的最近距离〗 某处立交桥上、下是两条互相垂直的公路，一条是东西走向，另一条是南北走向. 现在有一辆汽车在桥下南方 100m 处，以 20m/s 的速度向北行驶，而另一辆汽车在桥上西方 150m 处，以同样 20m/s 的速度向东行驶，已知桥高为 10m，试建立两辆汽车之间距离与时间的函数.

解 设t时刻两辆汽车之间的距离为d，则在时刻t，桥下由南向北行驶的汽车的位置是$100-20t$，而桥上由西向东行驶的汽车的位置是$150-20t$. 两辆汽车的位置恰好是长方体的相对两个顶点，它们之间的距离就是长方体对角线的长度. 因此在时刻t两辆汽车之间的距离为

$$s=\sqrt{(100-20t)^2+10^2+(150-20t)^2}=\sqrt{800t^2-10000t+32600}$$

【练习 2.1】

1．设$f(x)=2x^2-5x+1$，求$f(0)$，$f(-1)$，$f\left(\dfrac{1}{2}\right)$，$f(a)$，$f(-x)$，$f(x+1)$，$f\left(\dfrac{1}{x}\right)$.

2．设$f(x)=\begin{cases}\sqrt{x-1} & x\geqslant 1\\ x^3 & x<1\end{cases}$，求$f(5)$，$f(1)$，$f(-2)$，$f(1.04)$，$f(f(1.04))$.

3．画出下列函数的图像.

（1）$y=-x^3$；　　（2）$y=1+\dfrac{1}{x^2}$；

（3）$y=\sqrt[3]{x}$；　　（4）$y=\ln(1+x)$；

（5）$y=|\sin x|$；　　（6）$y=\sin|x|$.

4．求下列函数的复合过程.

（1）$y=\sin x^2$；　　（2）$y=\cos^2 x$；

（3）$y=(1-x)^3$；　　（4）$y=\ln(x-2)$；

（5）$y=\mathrm{e}^{-x^2}$；　　（6）$y=\sin(\omega t+\phi)$；

（7）$y=x^2\sin\dfrac{1}{x}$；　　（8）$y=\ln\sqrt{x^2+a^2}$.

5．设$f(x)=\dfrac{x}{1-x}$，$g(x)=\dfrac{1}{x}$，求$f[f(x)]$，$f[g(x)]$，$g[f(x)]$.

6．【水池造价】拟建一个容积为V的长方体水池，设它的底为正方形，如果水

池底部所用材料单位面积的造价是四周单位面积造价的 2 倍，试将总造价表示成底边边长的函数，并确定函数的定义域.

7.【停车场收费】某停车场收费规定是：第一个小时内收费 5 元，一个小时后每小时收费 2 元，每天最多收费 20 元. 试表示停车场收费与停车时间的关系.

8.【出租房屋】现有 A，B，C 三种不同规格的住房 30 套，B 住房的数量是 C 住房的 2 倍. 出租时，每套 A 住房的月租金为 720 元，每套 B 住房的月租金为 540 元，每套 C 住房的月租金为 390 元. 30 套住房的月租金总数为 16770 元，试求三种住房各有多少套?

2.2 极限与连续

2.2.1 数列极限

1. 极限思想

微积分的研究对象是变量，而变量的变化过程往往与极限思想相关联. 极限思想产生于某些实际问题的求解过程. 例如，魏晋时期的数学家刘徽利用圆内接正多边形来推算圆周率 π 的方法——割圆术就渗透着极限思想. 16 世纪，由于社会生产力的提高，特别是欧洲的生产向大工业方向发展，促进了航海、天文等事业的发展，对于“运动”的研究成了当时自然科学的中心问题. 在此背景下，为解决生产力及科学研究的实际问题微积分得到成型和完善.

1）庄子的极限思想

《庄子 · 天下篇》中记载，“一尺之棰，日取其半，万世不竭”. 看似容易理解，事实上短短的 12 个字却包含了更丰富的内容. “一尺之棰”说明在 2300 年前的古代中国就已经有了长度的度量单位；“日取其半”，即每天取前一天所剩下的 1/2，表明当时的人们对分数有了初步的认识；“万世不竭”，意为如此进行下去，即使是无限长的时间（万世），也不可能把这根木棰切完. 庄子认识到这是一个走向极限“0”的过程. 虽然“一尺之棰”被越切越短，但是“万世不竭”——剩下的木棰的长度永远不为 0，而又无限逼近 0，即极限为 0.

2）二分法悖论：运动是不存在的

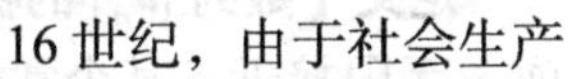

图 2-8

如图 2-8 所示，物体从 A 移动到 B. 显然，从 A 到达 B 之前先要到达 AB 的中点 C，而要到达 C 之前又必须先到达 AC 的中点 D，……，如此下去，显然有无穷多个这样的中点. 一方面，每找到一个中点都需要时间（不论多么短），则寻找无穷多个中点需要的时间是无穷多的，即永远找不到距 A 最近的一个中点；另一方面，物体从 A 到达 B 之前，必须经过一个距 A 最近的中间点. 结论是：物体运动是不可能的.

从极限角度来看上述的描述显然是错误的. 设 $AB=1$，$\lim\limits_{n\to\infty}\frac{1}{2^n}=0$. 所以距离 A 最近的中间点就是 A 本身，因此只要越过自己就说明物体运动了.

2. 数列的极限

【例 2-10】〖一个数字游戏与极限问题〗 用计算器对数字 2 连续开平方，经过若干次后得到1，为什么？任何正数经过一定次数的开平方运算都得到1吗？

事实上，探究其数学表达式，对 2 开平方一次为 $\sqrt{2}=2^{\frac{1}{2}}$；开平方两次为 $\sqrt{\sqrt{2}}=2^{\frac{1}{4}}=2^{\frac{1}{2^2}}$；开平方三次为 $\sqrt{\sqrt{\sqrt{2}}}=2^{\frac{1}{2^3}}$；……；开平方 n 次为 $\sqrt{\sqrt{\cdots\sqrt{2}}}=2^{\frac{1}{2^n}}$. 因此，得到数字 2 连续开平方的数列是：

$$2^{\frac{1}{2}},\ 2^{\frac{1}{2^2}},\ 2^{\frac{1}{2^3}},\ \cdots,\ 2^{\frac{1}{2^n}},\ \cdots$$

可见，随着开平方次数增多，所得结果的指数部分 $\frac{1}{2^n}$ 就越来越接近于零，从而结果就越来越接近于 $2^0=1$. 由于计算器设计了对计算结果的位数处理，因此对 2 连续开平方若干次就得到 1 了. 不难想到，对任何大于 1 的正数，开平方次数越多，其结果就越接近于 1.

定义【数列 $\{a_n\}$ 的极限】 对于数列 $\{a_n\}$，当 n 无限增大时（即 $n\to\infty$ 时），通项 a_n 无限接近于某个常数 A，则称 A 为 $n\to\infty$ 时数列 $\{a_n\}$ 的极限，或称数列 $\{a_n\}$ 收敛于 A. 记作：

$$\lim_{n\to\infty}a_n=A \quad 或 \ a_n\to A(n\to\infty)$$

否则，称 $n\to\infty$ 时数列 $\{a_n\}$ 没有极限或发散，记作 $\lim\limits_{n\to\infty}a_n$ 不存在.

例 2-10 中，数列 $\left\{2^{\frac{1}{2^n}}\right\}$ 是收敛的，且 $\lim\limits_{n\to\infty}2^{\frac{1}{2^n}}=1$.

【例 2-11】 观察下列数列的变化趋势.

（1）$\left\{\frac{1}{n}\right\}:1,\ \frac{1}{2},\ \frac{1}{3},\ \cdots,\ \frac{1}{n},\ \cdots$；

（2）$\{2\}:2,\ 2,\ 2,\ \cdots,\ 2,\ \cdots$；

（3）$\{(-1)^n\}:-1,\ 1,\ -1,\ 1,\ \cdots,\ (-1)^n,\ \cdots$；

（4）$\left\{\left(-\frac{2}{3}\right)^n\right\}:\left(-\frac{2}{3}\right),\ \left(-\frac{2}{3}\right)^2,\ \left(-\frac{2}{3}\right)^3,\ \cdots,\ \left(-\frac{2}{3}\right)^n,\ \cdots$；

（5）$\{\sqrt{n}\}:1,\ \sqrt{2},\ \sqrt{3},\ \cdots,\ \sqrt{n},\ \cdots$.

解

（1）当 n 无限增大时，$\frac{1}{n}$ 无限趋近于 0，所以 $\lim\limits_{n\to\infty}\frac{1}{n}=0$.

（2）该数列为常数列，它的每项都是常数 2，当 n 无限增大时，其值保持不变，所以 $\lim\limits_{n\to\infty}2=2$．一般地，对于任一常数列 $\{C\}$，有 $\lim\limits_{n\to\infty}C=C$．

（3）当 n 无限增大时，数列 $\{(-1)^n\}$ 的各项在 -1 与 1 之间摆动，不能接近一个确定的常数，因此 $\lim\limits_{n\to\infty}(-1)^n$ 不存在，如图 2-9 所示．

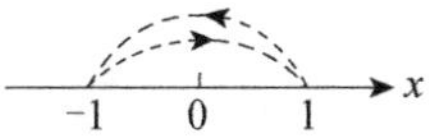

图 2-9 $\{(-1)^n\}$

（4）当 n 无限增大时，数列 $\left\{\left(-\frac{2}{3}\right)^n\right\}$ 的各项在 0 的两侧摆动，越来越接近于 0，因此 $\lim\limits_{n\to\infty}\left(-\frac{2}{3}\right)^n=0$．

（5）当 n 无限增大时，通项 $\sqrt{n}$ 无限增大．因此，$\lim\limits_{n\to\infty}\sqrt{n}$ 不存在．

2.2.2 函数 $f(x)$ 的极限

1. $x\to\infty$ 时，函数 $f(x)$ 的极限

【例 2-12】〖自然保护区中动物的数量〗 某自然保护区中生长着一群野生动物，其种群数量 N 会逐渐增加，由于受到自然保护区内各种资源的限制，这一动物种群不可能无限制地增加，它将会达到某一饱和状态．该饱和状态就是时间 t 无限增加时野生动物群的数量，如图 2-10 所示．

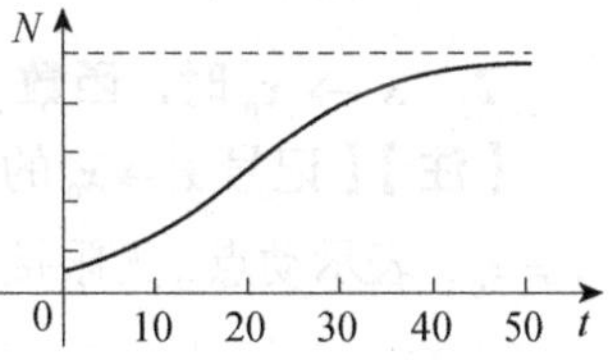

图 2-10 野生动物增加数量

定义【$x\to\infty$ 时，函数 $f(x)$ 的极限】 当 x 的绝对值 $|x|$ 无限增大时（$|x|\to+\infty$ 时），函数 $f(x)$ 无限趋近于某个常数 A，则称 A 为 $x\to\infty$ 时函数 $f(x)$ 的极限，或称 $f(x)$ 收敛于 A．记作：

$$\lim_{x\to\infty}f(x)=A \quad 或 f(x)\to A(x\to\infty)$$

否则，称 $x\to\infty$ 时 $f(x)$ 没有极限或发散，记作 $\lim\limits_{x\to\infty}f(x)$ 不存在．

类似地，可定义

$$\lim_{x\to+\infty}f(x)=A \quad 或 \quad f(x)\to A(x\to+\infty)$$

$$\lim_{x\to-\infty}f(x)=A 或 f(x)\to A(x\to-\infty)$$

【例 2-13】 考察函数 $f(x)=\frac{1}{x}$，当 $x\to\infty$ 时的变化趋势．

解 函数的定义域 $D=(-\infty,0)\cup(0,+\infty)$，由图 2-11 可以看出，当 $|x|$ 不断增大时，即 $x\to\infty$ 时，曲线 $y=\frac{1}{x}$ 无限接近于 x 轴（$y=0$），也就是函数 $f(x)=\frac{1}{x}$ 的取值与 x 轴的距离无限接近于 0．说明当 $x\to\infty$ 时，函数 $f(x)=\frac{1}{x}$ 的极限为 0，即 $\lim\limits_{x\to\infty}\frac{1}{x}=0$．

由图 2-11 知，$\lim\limits_{x\to+\infty}\dfrac{1}{x}=0$．由图 2-12 知，$\lim\limits_{x\to-\infty}2^x=0$．

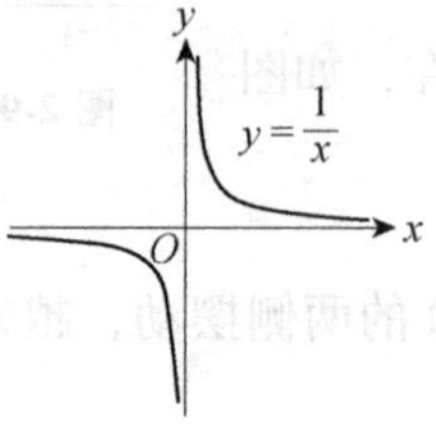

图 2-11　$f(x)=\dfrac{1}{x}$

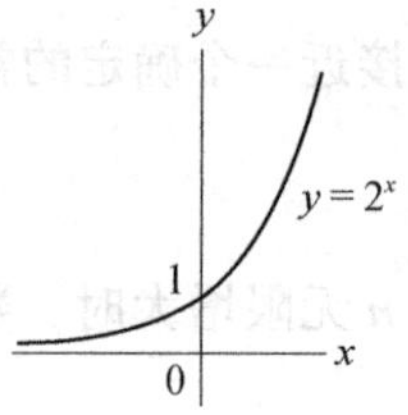

图 2-12　$y=2^x$

【例 2-14】 求（1）$\lim\limits_{x\to\infty}\left(1+\dfrac{1}{x^2}\right)$；（2）$\lim\limits_{x\to+\infty}\mathrm{e}^{-x}$．

解　（1）当 $x\to\infty$ 时，$\dfrac{1}{x^2}$ 无限变小，函数值 $1+\dfrac{1}{x^2}$ 趋于 1，则 $\lim\limits_{x\to\infty}\left(1+\dfrac{1}{x^2}\right)=1$．

（2）当 $x\to+\infty$ 时，函数值 e^{-x} 趋于 0，即 $\lim\limits_{x\to+\infty}\mathrm{e}^{-x}=0$．

2.　$x\to x_0$ 时，函数 $f(x)$ 的极限

【注】【记号 $x\to x_0$ 的含义】$x\to x_0$（读作“x 趋近于 x_0”）是 $|x-x_0|\to0$，但 $x\neq x_0$．表示动点 x 无限接近于点 x_0，但永远不等于 x_0 的过程，如图 2-13 所示．

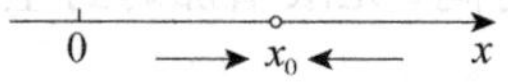

图 2-13　$x\to x_0$

【例 2-15】 当 $x\to1$ 时，考察 $f(x)=x+1$ 和 $g(x)=\dfrac{x^2-1}{x-1}$ 的变化趋势．

解　函数 $f(x)$ 在 $x_0=1$ 处有定义，而 $g(x)$ 在 $x_0=1$ 处无定义．观察图 2-14 和图 2-15 可知：

（1）当 $x\to1$ 时，$f(x)=x+1$ 无限趋近于 2（y 轴上刻度 2 的位置，并且此时函数值 $f(1)=2$）；

（2）当 $x\to1$ 时，$g(x)=\dfrac{x^2-1}{x-1}$ 无限趋近于 2（y 轴上刻度 2 的位置）．

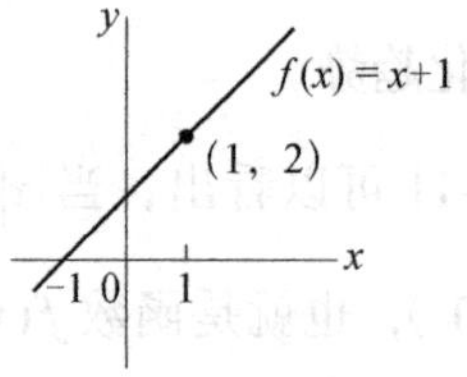

图 2-14　$f(x)=x+1$

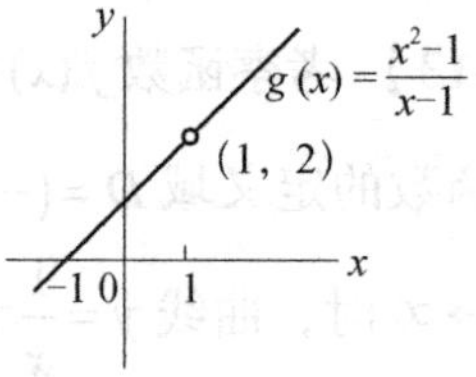

图 2-15　$g(x)=\dfrac{x^2-1}{x-1}$

这时，我们说当 $x\to1$ 时，函数 $f(x)$ 和 $g(x)$ 均以 2 为极限．同时可以看出：当

$x \to 1$时，$f(x)$和$g(x)$的极限与$x_0=1$处是否有定义无关.

定义【$f(x)$在x_0处的极限】 设函数$f(x)$在x_0附近有意义（x_0可以除外），当x无限趋近于$x_0\,(x \neq x_0)$时，相应的函数值$f(x)$无限趋近于常数A，则称A为当$x \to x_0$时函数$f(x)$的极限，或称$f(x)$收敛于A. 记作

$$\lim_{x \to x_0} f(x)=A \text{ 或 } f(x) \to A(x \to x_0)$$

否则称$x \to x_0$时，$f(x)$没有极限或发散，记作$\lim\limits_{x \to x_0} f(x)$不存在.

类似地，可定义

（1）左极限　$x \to x_0^-$ 时函数$f(x)$的极限，记作$\lim\limits_{x \to x_0^-} f(x)=A$.

（2）右极限　$x \to x_0^+$ 时函数$f(x)$的极限，记作$\lim\limits_{x \to x_0^+} f(x)=A$.

【注】由定义可知，$\lim\limits_{x \to x_0} f(x)$是否存在与$f(x)$在$x=x_0$处有没有定义无关.

由定义，例2-15可记为$\lim\limits_{x \to 1}(x+1)=2$，$\lim\limits_{x \to 1}\dfrac{x^2-1}{x-1}=2$.

【例2-16】 求极限：（1）$\lim\limits_{x \to 4}\sqrt{x}$；（2）$\lim\limits_{x \to 0}\dfrac{1}{x}$；（3）$\lim\limits_{x \to e^+}\ln x$；（4）$\lim\limits_{x \to \pi^-}\cos x$.

解　（1）当$x \to 4$时，$\sqrt{x}$无限趋近于2，所以$\lim\limits_{x \to 4}\sqrt{x}=2$.

（2）由图2-16可知，$\lim\limits_{x \to 0}\dfrac{1}{x}$不存在.

（3）当$x \to e^+$时，$\ln x$无限趋近于1，所以$\lim\limits_{x \to e^+}\ln x=1$.

（4）当$x \to \pi^-$时，$\cos x$无限趋近于-1，所以$\lim\limits_{x \to \pi^-}\cos x=-1$.

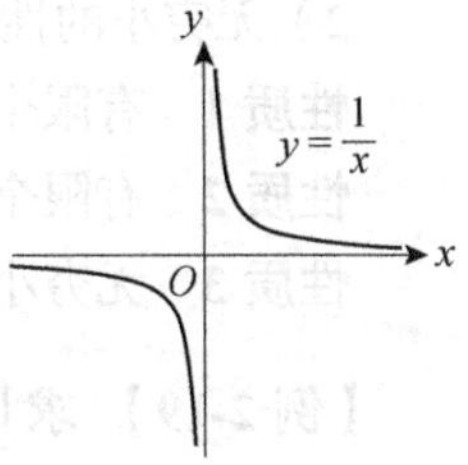

图2-16　$y=\dfrac{1}{x}$

3. 无穷小与无穷大

【例2-17】〖弹球模型〗 一只球从100m的高空自由下落，每次弹回的高度为前一次高度的$\dfrac{2}{3}$，一直这样运动下去，用球的第1，2，…，n，…次的高度来表示球的运动规律，得到数列

$$100,\ 100\times\frac{2}{3},\ 100\times\left(\frac{2}{3}\right)^2,\ \cdots,\ 100\times\left(\frac{2}{3}\right)^{n-1},\ \cdots,\ \text{或}\left\{100\times\left(\frac{2}{3}\right)^{n-1}\right\}$$

此数列为公比小于1的等比数列，其通项的极限为$\lim\limits_{n \to \infty}100\times\left(\dfrac{2}{3}\right)^{n-1}=0$. 即当弹回次数无限增大时，球弹回的高度无限接近0.

1）无穷小的概念

定义【无穷小】 在自变量x的某一变化过程中，函数$f(x)$的极限为零，则称$f(x)$为无穷小量，简称无穷小.

因为 $\lim\limits_{x\to\infty}\dfrac{1}{x}=0$，$\lim\limits_{x\to\infty}\dfrac{1}{x^2}=0$，$\lim\limits_{x\to\infty}\dfrac{1}{x^3}=0$，所以当 $x\to\infty$ 时，$\dfrac{1}{x}$，$\dfrac{1}{x^2}$，$\dfrac{1}{x^3}$ 都是无穷小量.

当 $x\to1$ 时，$x-1$ 和 $\ln x$ 均为无穷小量；当 $x\to0$ 时，x^2，$\sin x$，$1-\cos x$ 都是无穷小量.

“无穷小”表达的是量的变化趋势，而不是量的大小. 一个非零的数不管其绝对值多么小（如10^{-100}），都不是无穷小. 显然，零是唯一可作为无穷小的常数.

【例 2-18】 讨论自变量 x 在怎样的变化过程中，下列函数为无穷小.

（1）$y=\dfrac{1}{x-1}$；（2）$y=2x-1$；（3）$y=2^x$；（4）$y=\left(\dfrac{1}{4}\right)^x$.

解

（1）因为 $\lim\limits_{x\to\infty}\dfrac{1}{x-1}=0$，所以当 $x\to\infty$ 时，$\dfrac{1}{x-1}$ 为无穷小.

（2）因为 $\lim\limits_{x\to\frac{1}{2}}(2x-1)=0$，所以当 $x\to\dfrac{1}{2}$ 时，$2x-1$ 为无穷小.

（3）因为 $\lim\limits_{x\to-\infty}2^x=0$，所以当 $x\to-\infty$ 时，2^x 为无穷小.

（4）因为 $\lim\limits_{x\to+\infty}\left(\dfrac{1}{4}\right)^x=0$，所以当 $x\to+\infty$ 时，$\left(\dfrac{1}{4}\right)^x$ 为无穷小.

2）无穷小的性质

性质 1　有限个无穷小的代数和是无穷小.

性质 2　有限个无穷小的乘积是无穷小.

性质 3　无穷小与有界变量之积是无穷小.

【例 2-19】 求 $\lim\limits_{x\to0}x^2\sin\dfrac{1}{x}$.

解　$\lim\limits_{x\to0}x^2=0$，则 x^2 为 $x\to0$ 时的无穷小；又 $\left|\sin\dfrac{1}{x}\right|\leqslant1$，即 $x\to0$ 时 $\sin\dfrac{1}{x}$ 为有界变量. 根据性质 3，$x^2\sin\dfrac{1}{x}$ 仍为 $x\to0$ 时的无穷小，即 $\lim\limits_{x\to0}x^2\sin\dfrac{1}{x}=0$，如图 2-17 所示.

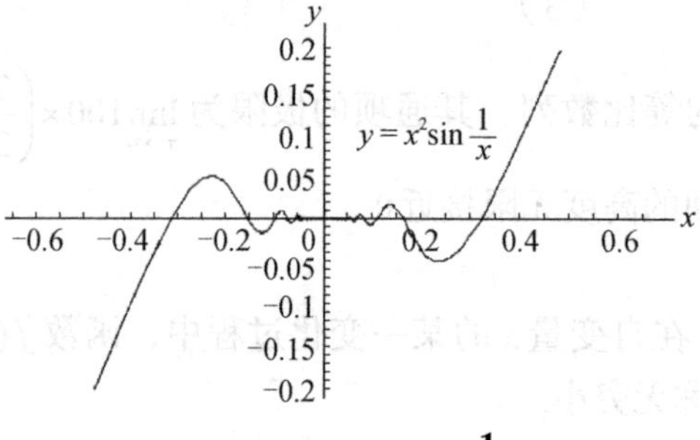

图 2-17　$y=x^2\sin\dfrac{1}{x}$

3）无穷大

【例 2-20】〖高速问题〗 一个人从 A 地出发，以 30km/h 的速度到达 B 地，问他从 B 地返回 A 地的速度要达到多少时，才能使得往返路程的平均速度为 60km/h?

解 假设 A、B 两地的距离为 s，从 B 地到 A 地的速度为 v，往返的平均速度为 $\bar{v}$. 根据条件，他从 A 地到 B 地的时间 t_1 及从 B 地回到 A 地的时间 t_2 分别为

$$t_1=\frac{s}{30}，\ t_2=\frac{s}{v}$$

往返路程所花费的时间一共为

$$t_1+t_2=\frac{s}{30}+\frac{s}{v}$$

则他往返 A、B 两地的平均速度为

$$\bar{v}=\frac{2s}{t_1+t_2}=\frac{2s}{\frac{s}{30}+\frac{s}{v}}$$

由于往返路程为 $2s$，平均速度要达到 60km/h，A 地到 B 地的速度是 30km/h，所以 $v>60$ km/h.

经过计算不难发现，只有当 $v\to+\infty$ 时，$\frac{s}{v}\to 0$ 才可能有

$$\lim_{v\to+\infty}\frac{2s}{\frac{s}{30}+\frac{s}{v}}=60$$

所以是真正的高速问题.

定义【无穷大】 在自变量 x 的某个变化过程中，绝对值无限增大的变量称为无穷大量，简称无穷大，记为 ∞.

【注】无穷大量是极限不存在的一种情形，我们借用极限的记号 $\lim\limits_{x\to x_0}f(x)=\infty$ 来表示"当 $x\to x_0$ 时，$f(x)$ 是无穷大量"，但并不表示极限存在.

根据无穷大的定义可知，$\frac{1}{x}$ 是 $x\to 0^-$ 时的负无穷大；x^2 是 $x\to\infty$ 时的正无穷大，记作

$$\lim_{x\to 0^-}\frac{1}{x}=-\infty，\ \lim_{x\to\infty}x^2=+\infty$$

【例 2-21】 讨论自变量在怎样的变化过程中，下列函数为无穷大.

（1）$y=\frac{1}{x-1}$；（2）$y=2x-1$；（3）$y=2^x$；（4）$y=\ln x$.

解

（1）因为 $\lim\limits_{x\to 1}(x-1)=0$，即 $x\to 1$ 时，$x-1$ 为无穷小，所以 $\frac{1}{x-1}$ 为 $x\to 1$ 时的无穷大.

（2）因为 $\lim\limits_{x\to\infty}\frac{1}{2x-1}=0$，即 $x\to\infty$ 时，$2x-1$ 为 $x\to\infty$ 时的无穷大.

（3）$x\to+\infty$ 时，2^x 为 $x\to+\infty$ 时的无穷大.

（4）由图 2-18 可知，$x\to0^+$ 时，$\ln x\to-\infty$，即 $\lim\limits_{x\to0^+}\ln x=-\infty$；而 $x\to+\infty$ 时，$\ln x\to+\infty$，即 $\lim\limits_{x\to+\infty}\ln x=+\infty$. 所以，当 $x\to0^+$ 及 $x\to+\infty$ 时，$\ln x$ 都是无穷大.

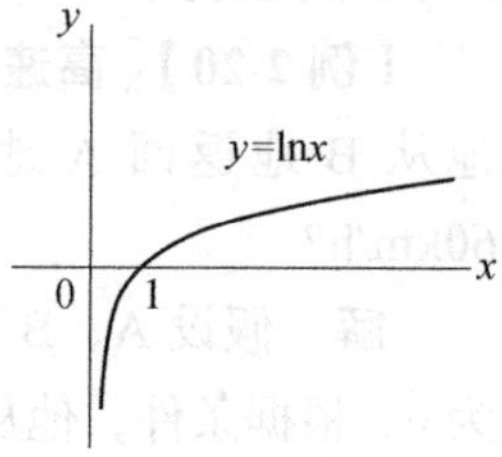

图 2-18　y=ln$x$

4）无穷大与无穷小的关系

定理　在自变量的同一变化过程中，无穷大的倒数是无穷小，恒不为零的无穷小的倒数为无穷大.

例如，当 $x\to0$ 时，x^2 是无穷小，$\frac{1}{x^2}$ 是无穷大；当 $n\to\infty$ 时，2^n 是无穷大，$\frac{1}{2^n}$ 是无穷小.

4. 求极限的方法

1）求极限的基本方法

定理【极限的四则运算法则】 设 $\lim\limits_{x\to x_0}f(x)=A$ 及 $\lim\limits_{x\to x_0}g(x)=B$，则

（1）$\lim\limits_{x\to x_0}\left[f(x)\pm g(x)\right]=\lim\limits_{x\to x_0}f(x)\pm\lim\limits_{x\to x_0}g(x)=A\pm B$.

（2）$\lim\limits_{x\to x_0}\left[f(x)g(x)\right]=\lim\limits_{x\to x_0}f(x)\lim\limits_{x\to x_0}g(x)=A\cdot B$.

推论 1　$\lim\limits_{x\to x_0}\left[Cf(x)\right]=C\lim\limits_{x\to x_0}f(x)$（$C$ 为任意常数）；

推论 2　$\lim\limits_{x\to x_0}\left[f(x)\right]^n=\left[\lim\limits_{x\to x_0}f(x)\right]^n$（$n$ 为正整数）.

（3）$\lim\limits_{x\to x_0}\frac{f(x)}{g(x)}=\frac{\lim\limits_{x\to x_0}f(x)}{\lim\limits_{x\to x_0}g(x)}=\frac{A}{B}$　$(\lim\limits_{x\to x_0}g(x)=B\neq0)$.

【注】上述极限的四则运算法则对自变量在其他变化过程（如 $x\to\infty,n\to\infty$ 时）的极限同样成立.

【例 2-22】 求 $\lim\limits_{x\to-1}\frac{2x^2+x-4}{3x^2+2}$.

解　因为 $\lim\limits_{x\to-1}\left(3x^2+2\right)=5\neq0$，所以根据【极限的四则运算法则】（3）有

$$\lim_{x\to-1}\frac{2x^2+x-4}{3x^2+2}=\frac{\lim\limits_{x\to-1}\left(2x^2+x-4\right)}{\lim\limits_{x\to-1}\left(3x^2+2\right)}=-\frac{3}{5}$$

【例 2-23】 求 $\lim\limits_{x\to4}\frac{x^2-7x+12}{x^2-5x+4}$.

解　当 $x\to4$ 时，分子和分母的极限均为 0，则该极限为 $\frac{0}{0}$ 型，可通过约去公因式 $x-4$（思考：为什么可以约去？）求极限：

$$\lim_{x\to 4}\frac{x^2-7x+12}{x^2-5x+4}=\lim_{x\to 4}\frac{(x-3)(x-4)}{(x-1)(x-4)}=\lim_{x\to 4}\frac{x-3}{x-1}=\frac{1}{3}$$

【例 2-24】 求 $\lim\limits_{x\to\infty}\frac{2x^2+x-3}{3x^2-x+2}$.（$\frac{\infty}{\infty}$ 型）

解 当 $x\to\infty$ 时，分子、分母均趋于无穷大. 这时，分子、分母同时除以分母的最高次幂 x^2，可得

$$\lim_{x\to\infty}\frac{2x^2+x-3}{3x^2-x+2}=\lim_{x\to\infty}\frac{2+\frac{1}{x}-\frac{3}{x^2}}{3-\frac{1}{x}+\frac{2}{x^2}}=\frac{2}{3}$$

【注】对于 $x\to\infty$ 时"$\frac{\infty}{\infty}$"型的极限，可用有理函数 $\frac{P_n(x)}{Q_m(x)}$ 的分子、分母同时除以分母中 x 的最高次幂，然后求极限. 总结如下：

$$\lim_{x\to\infty}\frac{P_n(x)}{Q_m(x)}=\lim_{x\to\infty}\frac{a_0x^n+a_1x^{n-1}+\cdots+a_n}{b_0x^m+b_1x^{m-1}+\cdots+b_m}=\begin{cases}\infty, & 当m<n\\ \frac{a_0}{b_0}, & 当m=n.\\ 0, & 当m>n\end{cases}$$

【例 2-25】 求 $\lim\limits_{x\to 1}\left(\frac{3}{1-x^3}-\frac{1}{1-x}\right)$.

解 当 $x\to 1$ 时，上式两项极限均不存在（是"$\infty-\infty$"型），先通分转化为 $\frac{0}{0}$ 型，再求极限. 则

$$\lim_{x\to 1}\left(\frac{3}{1-x^3}-\frac{1}{1-x}\right)$$
$$=\lim_{x\to 1}\frac{3-(1+x+x^2)}{(1-x)(1+x+x^2)}=\lim_{x\to 1}\frac{(2+x)(1-x)}{(1-x)(1+x+x^2)}=\lim_{x\to 1}\frac{2+x}{1+x+x^2}=1$$

2）两个重要极限公式

公式 1：$\lim\limits_{x\to 0}\frac{\sin x}{x}=1$（$\frac{0}{0}$ 型）

由图 2-19 可以直观地看出 $\lim\limits_{x\to 0}\frac{\sin x}{x}=1$.

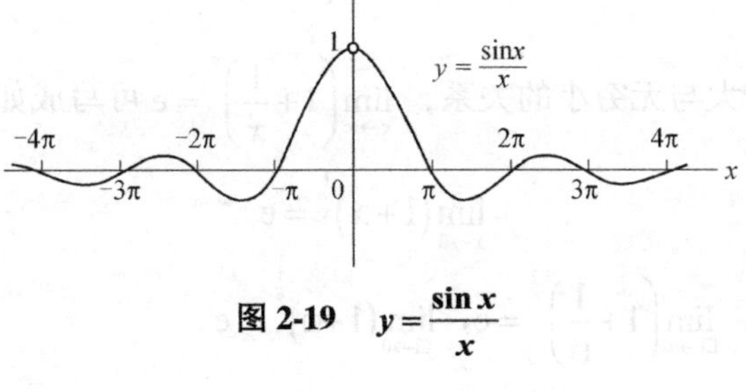

图 2-19 $y=\frac{\sin x}{x}$

公式 1 的模式：当 $\lim\limits_{x\to *}\square=0$ 时，$\lim\limits_{x\to *}\dfrac{\sin\square}{\square}=1$.

【注】$\lim\limits_{x\to 0}\dfrac{x}{\sin x}=\lim\limits_{x\to 0}\dfrac{1}{\dfrac{\sin x}{x}}=1$； $\lim\limits_{x\to\infty}x\sin\dfrac{1}{x}=\lim\limits_{x\to\infty}\dfrac{\sin\dfrac{1}{x}}{\dfrac{1}{x}}=1$.

【例 2-26】 求 $\lim\limits_{x\to 0}\dfrac{\sin 3x}{x}$.

解 $\lim\limits_{x\to 0}\dfrac{\sin 3x}{x}=\lim\limits_{x\to 0}\dfrac{3\sin 3x}{3x}=3\lim\limits_{x\to 0}\dfrac{\sin 3x}{3x}=3$.

【例 2-27】 求 $\lim\limits_{x\to 0}\dfrac{1-\cos x}{x^2}$.

解 $\lim\limits_{x\to 0}\dfrac{1-\cos x}{x^2}=\lim\limits_{x\to 0}\dfrac{2\sin^2\dfrac{x}{2}}{x^2}=\dfrac{1}{2}\left[\lim\limits_{x\to 0}\dfrac{\sin\dfrac{x}{2}}{\dfrac{x}{2}}\right]^2=\dfrac{1}{2}$.

【例 2-28】 求 $\lim\limits_{x\to 0}\dfrac{\tan x-\sin x}{x^3}$.

解 $\lim\limits_{x\to 0}\dfrac{\tan x-\sin x}{x^3}=\lim\limits_{x\to 0}\dfrac{\tan x(1-\cos x)}{x^3}=\lim\limits_{x\to 0}\left(\dfrac{1}{\cos x}\cdot\dfrac{\sin x}{x}\cdot\dfrac{1-\cos x}{x^2}\right)$

由例 2-27 知 $\dfrac{1-\cos x}{x^2}\to\dfrac{1}{2}(x\to 0)$，故 $\lim\limits_{x\to 0}\dfrac{\tan x-\sin x}{x^3}=\dfrac{1}{2}$.

公式 2. $\lim\limits_{x\to\infty}\left(1+\dfrac{1}{x}\right)^x=\mathrm{e}$（$1^\infty$ 型）

可以证明 $\lim\limits_{x\to\infty}\left(1+\dfrac{1}{x}\right)^x=\mathrm{e}$，其中 $\mathrm{e}=2.7182818284590\cdots$，是无理数. 极限结果也可以由图 2-20 看出.

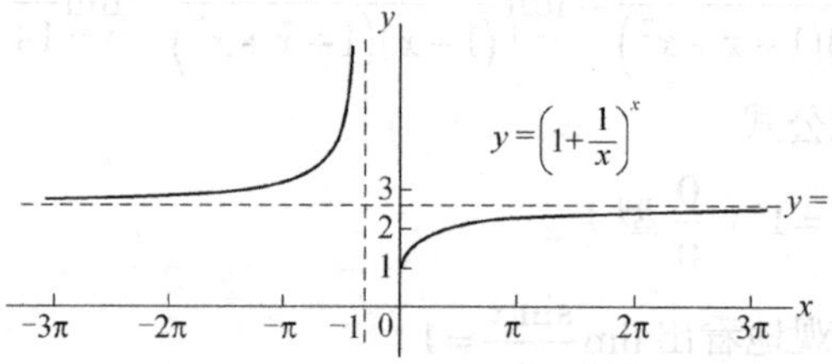

图 2-20 $y=\left(1+\dfrac{1}{x}\right)^x$

【注】根据无穷大与无穷小的关系，$\lim\limits_{x\to\infty}\left(1+\dfrac{1}{x}\right)^x=\mathrm{e}$ 可写成如下等价形式：

$$\lim_{x\to 0}(1+x)^{\frac{1}{x}}=\mathrm{e}$$

公式 2 的模式：$\lim\limits_{\square\to\infty}\left(1+\dfrac{1}{\square}\right)^{\square}=\mathrm{e}$，$\lim\limits_{\square\to 0}(1+\square)^{\frac{1}{\square}}=\mathrm{e}$.

【例 2-29】 求 $\lim\limits_{x\to\infty}\left(1-\dfrac{3}{x}\right)^x$.

解 $\lim\limits_{x\to\infty}\left(1-\dfrac{3}{x}\right)^x=\lim\limits_{x\to\infty}\left(1-\dfrac{3}{x}\right)^{-\frac{x}{3}\cdot(-3)}=\left[\lim\limits_{x\to\infty}\left(1-\dfrac{3}{x}\right)^{-\frac{x}{3}}\right]^{-3}=\mathrm{e}^{-3}$

【例 2-30】 求 $\lim\limits_{x\to\infty}\left(\dfrac{x-1}{x+1}\right)^x$.

解 $\lim\limits_{x\to\infty}\left(\dfrac{x-1}{x+1}\right)^x=\lim\limits_{x\to\infty}\left(\dfrac{\frac{x-1}{x}}{\frac{x+1}{x}}\right)^x=\lim\limits_{x\to\infty}\dfrac{\left(1-\frac{1}{x}\right)^x}{\left(1+\frac{1}{x}\right)^x}=\lim\limits_{x\to\infty}\dfrac{\left[\left(1-\frac{1}{x}\right)^{-x}\right]^{-1}}{\left(1+\frac{1}{x}\right)^x}=\dfrac{\mathrm{e}^{-1}}{\mathrm{e}}=\mathrm{e}^{-2}$

【例 2-31】 求极限 $\lim\limits_{x\to0}(1-2x)^{\frac{3}{x}}$.

解 $\lim\limits_{x\to0}(1-2x)^{\frac{3}{x}}=\lim\limits_{x\to0}\left[(1-2x)^{\frac{-1}{2x}}\right]^{-6}=\mathrm{e}^{-6}$

5. 连续函数

1）函数连续的概念

我们知道人体的高度 h 是时间 t 的函数 $h(t)$，而且 h 随着 t 连续变化. 事实上，当时间 t 的变化很微小时，人的高度 h 的变化也很微小. 即当 $\Delta t\to0$ 时，$\Delta h\to0$. 在现实生活中，很多变量都是连续变化的. 例如，气温的变化、生物的生长、金属丝加热时的长度增加等. 这种现象反映在数学上就是函数的连续性.

定义【连续的定义】 设函数 $f(x)$ 在点 x_0 的 δ 邻域 $U(x_0,\delta)$ 内有定义，若 $\lim\limits_{x\to x_0}f(x)$ 存在，并且等于函数值 $f(x_0)$，即

$$\lim_{x\to x_0}f(x)=f(x_0)$$

则称函数 $f(x)$ 在点 x_0 处连续，称 x_0 为 $f(x)$ 的连续点，否则称函数 $f(x)$ 在点 $x=x_0$ 处间断，并称 x_0 为 $f(x)$ 的间断点.

连续函数的模型 $\lim\limits_{x\to x_0}f(x)=f(x_0)$.

【注】根据连续的定义，函数 $f(x)$ 在 x_0 处连续，必须满足三个条件：

（1）$f(x)$ 在 x_0 处有定义，且 $f(x_0)$ 存在；

（2）$f(x)$ 在 $x_0\to x$ 时极限存在，即 $\lim\limits_{x\to x_0}f(x)=A$；

（3）$\lim\limits_{x\to x_0}f(x)=f(x_0)$.

【例 2-32】 讨论函数 $f(x)=x^2$ 在 $x=1$ 处的连续性.

解 函数 $f(x)=x^2$ 的定义域为 $(-\infty,+\infty)$，且

$$\lim_{x\to1}f(x)=\lim_{x\to1}x^2=1^2=1=f(1)$$

所以 $f(x)=x^2$ 在 $x=1$ 处连续. 进一步可以证明函数 $f(x)=x^2$ 在其定义域内的每

一点处都连续.

2）函数的连续性

定义【连续区间】

（1）【$f(x)$在(a,b)内连续】 若函数$f(x)$在区间(a,b)内的每一点处都连续，则称函数$f(x)$在(a,b)内连续.

（2）【$f(x)$在$[a,b]$上连续】 若函数$f(x)$在(a,b)内连续，同时在左端点a处右连续，在右端点b处左连续，则称函数$f(x)$在$[a,b]$上连续.

如果函数$f(x)$在上述区间连续，则称该区间为函数$f(x)$的连续区间.

【注】函数的连续性可以通过函数的图像表示出来：若$y=f(x)$在区间$[a,b]$上连续，则$y=f(x)$在$[a,b]$上的图像是一条连续而没有间断点的曲线.

3）初等函数的连续性

可以逐一证明，基本初等函数在其定义域内是连续的.

定理 基本初等函数在其定义域内连续.

定理 初等函数在其定义区间内连续.

【注】表示函数$y=f(x)$在x_0处连续的公式$\lim\limits_{x\to x_0}f(x)=f(x_0)$，可以写成

$$\lim_{x\to x_0}f(x)=f(x_0)=f(\lim_{x\to x_0}x)$$

这表明对于连续函数$f(x)$而言，函数符号f与极限符号$\lim\limits_{x\to x_0}$可以交换位置. 因此当我们求初等函数在其定义区间内某点的极限时，只要求出该点的函数值即可.

【例 2-33】 求极限$\lim\limits_{x\to 0}\dfrac{\ln(1+x)}{x}$.

解 因为$\lim\limits_{x\to 0}\dfrac{\ln(1+x)}{x}=\lim\limits_{x\to 0}\dfrac{1}{x}\ln(1+x)=\lim\limits_{x\to 0}\ln\left[(1+x)^{\frac{1}{x}}\right]$，

又因为$y=\ln x$在$x=\mathrm{e}$处连续，则根据$\lim\limits_{x\to x_0}f(x)=f(x_0)=f(\lim\limits_{x\to x_0}x)$，得

$$\lim_{x\to 0}\frac{\ln(1+x)}{x}=\lim_{x\to 0}\ln\left[(1+x)^{\frac{1}{x}}\right]=\ln\left[\lim_{x\to 0}(1+x)^{\frac{1}{x}}\right]=\ln\mathrm{e}=1$$

【练习 2.2】

1．下列极限是否存在？若存在，求出其数值.

（1）$\lim\limits_{n\to\infty}[1+\dfrac{(-1)^n}{n}]$；（2）$\lim\limits_{x\to 3}(3x+1)$；

（3）$\lim\limits_{x\to -2}\dfrac{x^2-4}{x+2}$；（4）$\lim\limits_{x\to 0}\dfrac{x(x-2)}{x^2}$.

2．指出下列函数在所示的变化过程中是无穷小量还是无穷大量？

（1）$10x^2+x\quad(x\to 0)$；（2）$\dfrac{2}{x}\quad(x\to 0)$；

（3）$\dfrac{1+2x}{x^2}\quad(x\to\infty)$；（4）$\dfrac{x^2}{1+2x}\quad(x\to\infty)$；

(5) $e^x \quad (x \to -\infty)$；　(6) $\ln x \quad (x \to 0^+)$；

(7) $1-\cos x \quad (x \to 0)$；　(8) $\dfrac{x+1}{x-3} \quad (x \to 3)$.

3．求下列极限.

(1) $\lim\limits_{x\to 2}(3x^2+x-2)$；　(2) $\lim\limits_{x\to 1}\left(1+\dfrac{2}{x-3}\right)$；

(3) $\lim\limits_{x\to 1}\dfrac{x^2-3x+2}{1-x^2}$；　(4) $\lim\limits_{h\to 0}\dfrac{(x+h)^3-x^3}{h}$；

(5) $\lim\limits_{x\to \infty}\dfrac{x^2-1}{2x^2-3x+1}$；　(6) $\lim\limits_{x\to \infty}\dfrac{x^2+x}{x^3+2x^2+8}$；

(7) $\lim\limits_{x\to 0}\dfrac{\sin 3x}{2x}$；　(8) $\lim\limits_{x\to 0}\dfrac{1-\cos 2x}{x\sin x}$；

(9) $\lim\limits_{x\to \pi}\dfrac{\sin 3x}{x-\pi}$；　(10) $\lim\limits_{x\to 0}\dfrac{x-\sin x}{x+\sin x}$；

(11) $\lim\limits_{x\to \infty}\left(1+\dfrac{2}{x}\right)^x$；　(12) $\lim\limits_{x\to \infty}\left(1-\dfrac{1}{2x}\right)^{x+2}$；

(13) $\lim\limits_{x\to 0}\left(\dfrac{3-x}{3}\right)^{\frac{3}{x}}$；　(14) $\lim\limits_{x\to 0}(1-x)^{\frac{3}{x}}$.

4．求函数 $f(x)=\dfrac{1}{\sqrt{1-x^2}}$ 的连续区间.

5．求下列函数的间断点.

(1) $y=\dfrac{1}{(x+2)^2}$；　(2) $y=\dfrac{x^2-1}{x^2-3x+2}$；

(3) $y=\begin{cases} x-1 & x\leqslant 1 \\ 3-x & x>1 \end{cases}$；　(4) $y=\dfrac{\sin x}{x}$；

(5) $y=\begin{cases} \dfrac{x^2-9}{x-3} & x\neq 3 \\ 2 & x=3 \end{cases}$.

6．用连续函数的概念求下列函数的极限.

(1) $\lim\limits_{x\to 0}\sqrt{x^3-3x+1}$；　(2) $\lim\limits_{x\to 1}\dfrac{x^2-1}{x^2-3x+2}$；

(3) $\lim\limits_{x\to \infty}\dfrac{\sqrt{1+x^2}-1}{x}$；　(4) $\lim\limits_{x\to 0}\dfrac{1}{x}\ln(1+x)$.

7．〖哪一种投资方案合算〗你有 10000 元想进行投资，现有两种投资方案：一是一年支付一次红利，年利率是 12%；二是一年分 12 个月按复利支付红利，月利率 1%. 哪一种投资方案合算？若另按连续复利支付红利又是多少？

2.3 导数与微分

2.3.1 函数的局部变化率——导数

在高等数学中，研究函数的导数、微分及其计算和应用的部分称为微分学，研究不定积分、定积分等各种积分及其计算和应用的部分称为积分学，微分学与积分学统称为微积分学.

微分学是微积分的两大分支之一，它的核心概念是导数和微分. 导数反映了函数相对于自变量的快变化慢程度，即函数的变化率，使得人们能够用这一数学工具来描述事物变化的快慢及解决一系列与之相关的问题. 因此，导数在科学、工程技术及经济等领域有着极其广泛的应用. 微分则指当自变量有微小改变时，函数大体上改变了多少.

1. 导数的概念

1）引例

微分学最基本的概念是导数，它来源于工程技术中三个最典型的朴素概念：速度、交流电电流的瞬间大小及曲线的切线.

【例 2-34】〖汽车行驶的速度〗 开车到 120km 外的一个旅游景点，共用 2 个小时，汽车在这段路程行驶的平均速度为 $\bar{v}=\dfrac{\Delta s}{\Delta t}=\dfrac{120}{2}=60(\text{km/h})$，然而汽车仪表（见图 2-21）显示的速度（瞬时速度）却在不断地变化着. 事实上，汽车在做变速运动，那么如何计算汽车行驶的瞬时速度呢？

图 2-21 汽车仪表

【例 2-35】〖制作圆形的餐桌玻璃〗 一张圆形餐桌上需要加装圆形的玻璃，这样既美观又显得干净. 当你测量出餐桌的直径后，工艺店的师傅就会在一块方形的玻璃上画出一个同样大的圆形，然后沿着圆形的边缘划掉多余的玻璃，最后用砂轮在边缘上不断地打磨. 当玻璃的边缘非常光滑时，一块圆形的餐桌玻璃就制作好了. 从数学的角度讲，工艺店的师傅打磨的过程就是在作圆周的切线.

变速直线运动的瞬时速度、交流电电流的瞬时大小和曲线在某点的切线斜率这三个问题的具体含义不同，但它们的本质是一样的，在数学上共同地被表示为：函数在某点的增量与其自变量增量之比的极限，即函数的变化率，也就是导数.

2）函数 $y=f(x)$ 在 x_0 处的导数——导数值

定义【导数】 设函数 $y=f(x)$ 在 x_0 处的某个邻域有定义，当自变量 x 在 x_0 处有增量 $\Delta x(\Delta x\neq 0)$ 时，函数 $y=f(x)$ 取得相应的增量

$$\Delta y=f(x_0+\Delta x)-f(x_0)$$

如果当 $\Delta x\to 0$ 时，极限

$$\lim_{\Delta x\to 0}\frac{\Delta y}{\Delta x}=\lim_{\Delta x\to 0}\frac{f(x_0+\Delta x)-f(x_0)}{\Delta x}$$

存在，则称 $f(x)$ 在 x_0 处可导，并称此极限值为 $f(x)$ 在 x_0 处的导数，记为 $f'(x_0)$，也记为

$$y'\Big|_{x=x_0}\text{，或 }\frac{\mathrm{d}y}{\mathrm{d}x}\Big|_{x=x_0}\text{，或 }\frac{\mathrm{d}f}{\mathrm{d}x}\Big|_{x=x_0}$$

即

$$f'(x_0)=\lim_{\Delta x\to 0}\frac{\Delta y}{\Delta x}=\lim_{\Delta x\to 0}\frac{f(x_0+\Delta x)-f(x_0)}{\Delta x}$$

若上式中极限不存在，则称 $y=f(x)$ 在 x_0 处不可导.

【例 2-36】 根据定义求函数 $y=x^2$ 在 $x=2$ 处的导数 $y'\big|_{x=2}$（见图 2-22）.

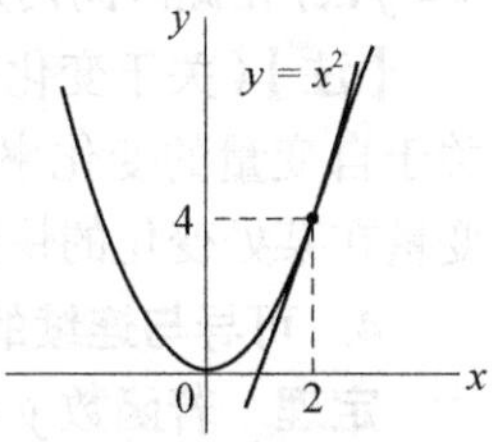

图 2-22　$y=x^2$

解　（1）$\Delta y=(2+\Delta x)^2-2^2=4\Delta x+(\Delta x)^2$.

（2）$\dfrac{\Delta y}{\Delta x}=\dfrac{4\Delta x+(\Delta x)^2}{\Delta x}=4+\Delta x$.

（3）根据导数定义，$y'\big|_{x=2}=\lim\limits_{\Delta x\to 0}\dfrac{\Delta y}{\Delta x}=\lim\limits_{\Delta x\to 0}(4+\Delta x)=4$.

2. 曲线在已知点的切线斜率——导数的几何意义

函数 $y=f(x)$ 在 x_0 处的导数 $f'(x_0)$ 在几何上表示曲线 $y=f(x)$ 在点 $(x_0,f(x_0))$ 处的切线斜率，则有曲线 $y=f(x)$ 在点 $(x_0,f(x_0))$ 处的切线方程

$$y-f(x_0)=f'(x_0)(x-x_0)$$

如图 2-23（a）所示，曲线 $y=f(x)$ 上点 $M(x_0,f(x_0))$ 处的切线 MT 的斜率为

$$k_{MT}=\lim_{\Delta x\to 0}\frac{\Delta y}{\Delta x}=\lim_{\Delta x\to 0}\frac{f(x_0+\Delta x)-f(x_0)}{\Delta x}$$

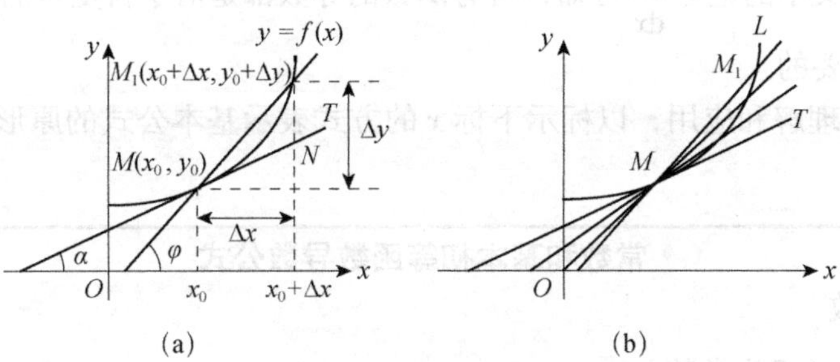

图 2-23　切线的斜率

【例 2-37】 求曲线 $y=x^2$ 在 $x=2$ 处的切线方程.

解 （1）找切点：曲线 $y=x^2$ 在 $x=2$ 处的切点为 $(2,4)$；

（2）求斜率：由例 2-36 可知 $y'\big|_{x=2}=4$，即切线的斜率 $k=y'\big|_{x=2}=4$；

（3）写出切线方程：给出曲线 $y=x^2$ 在 $(2,4)$ 点处的切线方程为

$$y-4=4(x-2)$$

即

$$y-4x+4=0$$

3. 函数 $y=f(x)$ 在区间 (a,b) 内的导数——导函数

定义【函数 $y=f(x)$ 的导数】 如果函数 $y=f(x)$ 在区间 (a,b) 内任一点处都是可导的，则称函数 $y=f(x)$ 在区间 (a,b) 内可导，称 $f'(x)$ 为函数 $y=f(x)$ 的导函数，简称导数，记为 $f'(x)$，y'，$\dfrac{dy}{dx}$，$\dfrac{df}{dx}$.

【注】（导函数的直观描述）函数 $y=f(x)$ 在区间(a,b)内可导，几何上表示曲线 $y=f(x)$ 在此区间内是一条光滑的曲线.

【注】（关于变化率）在科学技术中，常常把导数 $f'(x)$ 称为局部变化率（因变量关于自变量的变化率就是因变量关于自变量的导数）. 变化率反映了因变量随着自变量在某处变化的快慢程度.

4. 可导与连续的关系

定理 若函数 $y=f(x)$ 在 x 处可导，则 $y=f(x)$ 在 x 处连续.

定理的逆命题不一定成立，即在 x 处连续的函数未必在点 x 处可导. 例如，可以证明 $y=|x|$ 和 $y=\sqrt[3]{x}$ 在 $x=0$ 处都连续但不可导.

【注】如果函数 $y=f(x)$ 在 x_0 处的导数是无穷大（$\lim\limits_{\Delta x\to 0}\dfrac{\Delta y}{\Delta x}=\infty$，此时 $f(x)$ 在 x_0 处不可导），则曲线 $y=f(x)$ 上点 (x_0,y_0) 处的切线垂直于 x 轴，其切线方程为 $x=x_0$.

2.3.2 导数的计算

1. 导数的基本公式及运算法则

1）导数的基本公式

由导数定义中的记号 $\dfrac{dy}{dx}$ 可知，所有函数的导数都是对于自变量的求导，认识这一点是非常重要的.

为了便于理解和应用，以标示下标 x 的方式表示基本公式的原形关于自变量 x 的导数.

常数和基本初等函数导数公式

（1）常数

$(C)'_x=0$（C 为常数）

（2）幂函数

$(x^{\alpha})'_x=\alpha x^{\alpha-1}$　（α为实数）　特别地，

①$(x)'_x=1$　②$\left(\frac{1}{x}\right)'_x=-\frac{1}{x^2}$　③$\left(\sqrt{x}\right)'_x=\frac{1}{2\sqrt{x}}$

（3）指数函数

$\left(\mathrm{e}^x\right)'_x=\mathrm{e}^x$　一般地，$\left(a^x\right)'_x=a^x\ln a$（$a>0$，$a\neq1$）

（4）对数函数

$(\ln x)'_x=\frac{1}{x}$　一般地，$(\log_a x)'_x=\frac{1}{x\ln a}$（$a>0$，$a\neq1$）

（5）三角函数

①$(\sin x)'_x=\cos x$　②$(\cos x)'_x=-\sin x$

③$(\tan x)'_x=\frac{1}{\cos^2 x}=\sec^2 x$　④$(\cot x)'_x=-\frac{1}{\sin^2 x}=-\csc^2 x$

（6）反三角函数

①$(\arcsin x)'_x=\frac{1}{\sqrt{1-x^2}}$　②$(\arccos x)'_x=-\frac{1}{\sqrt{1-x^2}}$

③$(\arctan x)'_x=\frac{1}{1+x^2}$　④$(\mathrm{arc}\cot x)'_x=-\frac{1}{1+x^2}$

2）导数的四则运算法则

定理　设函数$u=u(x)$，$v=v(x)$在点x处可导，则$u(x)\pm v(x)$（和差），$u(x)\cdot v(x)$（积），$\frac{u(x)}{v(x)}(v(x)\neq0)$（商）在$x$处可导，且有：

（1）$(u\pm v)'_x=u'_x\pm v'_x$；

（2）$(u\cdot v)'_x=u'_x\cdot v+u\cdot v'_x$；

（3）$\left(\frac{u}{v}\right)'_x=\frac{u'_x\cdot v-u\cdot v'_x}{v^2}$　$(v\neq0)$.

推论1　由（2），当$u(x)=C$时，$(C\cdot v)'_x=Cv'_x$（C为常数）；

推论2　由（2），$(u\cdot v\cdot w)'_x=u'_x\cdot v\cdot w+u\cdot v'_x\cdot w+u\cdot v\cdot w'_x$；

推论3　由（3），当$u(x)=C$时，$\left(\frac{C}{v}\right)'_x=-\frac{C\cdot v'_x}{v^2}$　$(v\neq0)$.

【例2-38】　设$y=x^4+\frac{1}{x}-\sqrt{x}+\ln2$，求$y'_x$.

解

$$y'_x=\left(x^4+\frac{1}{x}-\sqrt{x}+\ln2\right)'_x=\left(x^4\right)'_x+\left(\frac{1}{x}\right)'_x-\left(\sqrt{x}\right)'_x+(\ln2)'_x=4x^3-\frac{1}{x^2}-\frac{1}{2\sqrt{x}}$$

【例 2-39】 设 $y=\frac{1}{\sqrt{x}}\cos x+4\ln x$，求 y'_x.

解 $y'_x=(x^{-\frac{1}{2}}\cos x)'_x+(4\ln x)'_x=(x^{-\frac{1}{2}})'_x\cos x+x^{-\frac{1}{2}}(\cos x)'_x+4(\ln x)'_x$

$$=-\frac{1}{2}x^{-\frac{3}{2}}\cdot\cos x-x^{-\frac{1}{2}}\sin x+\frac{4}{x}$$

【例 2-40】 求 $y=\tan x$ 的 y'_x.

解

$$y'_x=(\tan x)'_x=\left(\frac{\sin x}{\cos x}\right)'_x=\frac{(\sin x)'_x\cos x-\sin x(\cos x)'_x}{\cos^2 x}=\frac{\cos^2 x+\sin^2 x}{\cos^2 x}=\frac{1}{\cos^2 x}$$

即 $(\tan x)'_x=\frac{1}{\cos^2 x}=\sec^2 x$，类似可得 $(\cot x)'_x=\frac{-1}{\sin^2 x}=-\csc^2 x$.

2. 复合函数的导数法则

定理 设 $y=f(u)$ 在 u 处可导，$u=\varphi(x)$ 在 x 处可导，则复合函数 $y=f[\varphi(x)]$ 在 x 处也可导，且它的导数为

$$\frac{\mathrm{d}y}{\mathrm{d}x}=[f(u)]'_u\cdot[\varphi(x)]'_x，或记为\frac{\mathrm{d}y}{\mathrm{d}x}=\frac{\mathrm{d}y}{\mathrm{d}u}\cdot\frac{\mathrm{d}u}{\mathrm{d}x}，或记为 y'_x=y'_u\cdot u'_x.$$

复合函数求导公式的一般形式
$y'_x=\frac{\mathrm{d}y}{\mathrm{d}x}=\left[f(\boxed{\varphi(x)})\right]'_{\boxed{\varphi(x)}}\cdot\left[\varphi(\boxed{x})\right]'_{\boxed{x}}$

确定复合函数的结构后，从外到内逐层求导.

【例 2-41】 求 $y=\mathrm{e}^{\sqrt{x}}$ 的导数 y'_x.

解 $y'_x=\left(\mathrm{e}^{\sqrt{x}}\right)'_x=\left(\mathrm{e}^{\sqrt{x}}\right)'_{\sqrt{x}}\cdot(\sqrt{x})'_x=\frac{1}{2\sqrt{x}}\mathrm{e}^{\sqrt{x}}$.

【例 2-42】 求 $y=\ln\cos x$ 的导数 y'_x.

解 $y'_x=(\ln\cos x)'_x=(\ln\cos x)'_{\cos x}\cdot(\cos x)'_x=\frac{1}{\cos x}\cdot(-\sin x)=-\frac{\sin x}{\cos x}=-\tan x$.

【例 2-43】 求 $y=\frac{1}{1-x^2}$ 的导数 y'_x.

解 $y'_x=\left(\frac{1}{1-x^2}\right)'_x=\left(\frac{1}{1-x^2}\right)'_{(1-x^2)}\cdot(1-x^2)'_x=\frac{-1}{(1-x^2)^2}\cdot(-2x)=\frac{2x}{(1-x^2)^2}$.

【例 2-44】 求下列函数的导数 y'_x.

（1）$y=\mathrm{e}^{-x^2}+\sin\frac{1}{x}$；（2）$y=\frac{x}{\sqrt{1+x^2}}$；（3）$y=\cos nx\cdot\sin^n x$.

解 （1）$y'_x=\left(\mathrm{e}^{-x^2}+\sin\frac{1}{x}\right)'_x$

$$=\left(e^{-x^2}\right)'_x+\left(\sin\frac{1}{x}\right)'_x=\left(e^{-x^2}\right)'_{-x^2}\cdot\left(-x^2\right)'_x+\left(\sin\frac{1}{x}\right)'_{\frac{1}{x}}\cdot\left(\frac{1}{x}\right)'_x$$

$$=e^{-x^2}\left(-2x\right)+\left(\cos\frac{1}{x}\right)\left(-\frac{1}{x^2}\right)=-2xe^{-x^2}-\frac{1}{x^2}\cos\frac{1}{x}$$

（2）$y'_x=\left(\dfrac{x}{\sqrt{1+x^2}}\right)'_x$

$$=\frac{x'_x\sqrt{1+x^2}-x\left(\sqrt{1+x^2}\right)'_x}{\left(\sqrt{1+x^2}\right)^2}=\frac{\sqrt{1+x^2}-x\left(\sqrt{1+x^2}\right)'_{(1+x^2)}\cdot\left(1+x^2\right)'_x}{1+x^2}$$

$$=\frac{\sqrt{1+x^2}-x\dfrac{1}{2\sqrt{1+x^2}}\cdot 2x}{1+x^2}=\frac{\sqrt{1+x^2}-\dfrac{x^2}{\sqrt{1+x^2}}}{1+x^2}=\frac{1}{\left(1+x^2\right)\sqrt{1+x^2}}$$

（3）$y'_x=\left(\cos nx\cdot\sin^n x\right)'_x$

$$=\left(\cos nx\right)'_x\cdot\sin^n x+\cos nx\cdot\left(\sin^n x\right)'_x$$
$$=\left(\cos nx\right)'_{nx}\left(nx\right)'_x\cdot\sin^n x+\cos nx\cdot\left(\sin^n x\right)'_{\sin x}\cdot\left(\sin x\right)'_x$$
$$=-\sin nx\cdot n\cdot\sin^n x+\cos nx\cdot n\sin^{n-1}x\cdot\cos x$$
$$=-n\sin nx\cdot\sin^n x+n\cos nx\cdot\sin^{n-1}x\cdot\cos x$$
$$=n\sin^{n-1}x\left(-\sin nx\cdot\sin x+\cos nx\cdot\cos x\right)$$
$$=n\sin^{n-1}x\cdot\cos(n+1)x$$

3. 隐函数求导法

如果变量 x，y 之间的函数关系 $y=y(x)$ 是由方程 $F(x,y)=0$ 所确定，那么函数 $y=y(x)$ 称为由方程 $F(x,y)=0$ 所确定的隐函数.

> **隐函数的求导方法**
>
> 将方程 $F(x,y)=0$ 两边对 x 求导，遇到含有 y 的项，把 y 看作中间变量，先对 y 求导，再乘 y 对 x 的导数 y'_x，得到一个含有 y'_x 的方程，从中解出 y'_x 即可.

【例 2-45】 求由方程 $x\ln y+y\ln x=0$ 所确定的隐函数的导数 y'_x.

解 方程两边对 x 求导，得

$$x'_x\ln y+x\left(\ln y\right)'_x+y'_x\ln x+y\left(\ln x\right)'_x=0$$

$$\ln y+x\left(\ln y\right)'_y\cdot y'_x+y'_x\ln x+y\cdot\frac{1}{x}=0$$

$$\ln y+x\cdot\frac{1}{y}\cdot y'_x+y'_x\cdot\ln x+y\cdot\frac{1}{x}=0$$

解出 y'_x，得

$$y'_x = -\frac{y^2 + xy\ln y}{x^2 + xy\ln x}$$

【例 2-46】 求曲线 $x^2 + xy + y^2 = 4$ 在点 $(2,-2)$ 处的切线方程.

解 （1）找切点：已知曲线的切点为 $(2,-2)$；

（2）求切线的斜率：

方程两边对 x 求导，得

$$\left(x^2\right)'_x + (xy)'_x + \left(y^2\right)'_x = 4'_x$$

$$\left(x^2\right)'_x + x'_x y + xy'_x + \left(y^2\right)'_y \cdot y'_x = 0$$

$$2x + y + xy'_x + 2yy'_x = 0$$

解出 y'_x，得

$$y'_x = -\frac{2x + y}{x + 2y}$$

则切线的斜率为

$$k = y'_x\Big|_{(2,-2)} = 1$$

（3）求切线：在点 $(2,-2)$ 处的切线方程是 $y-(-2) = 1\times(x-2)$

即

$$y - x + 4 = 0$$

4. 二阶导数

【例 2-47】〖二阶导数的力学意义〗 变速直线运动的位移函数 $s(t) = v_0 t + \frac{1}{2}at^2$，求时刻 t 的速度和加速度.

解 求位移函数 $s(t) = v_0 t + \frac{1}{2}at^2$ 关于时间 t 的导数，得

$$v(t) = s'(t) = v_0 + at$$

而加速度是

$$v'(t) = (v_0 + at)' = a = a(t)$$

定义【二阶导数】 若函数 $y = f(x)$ 的一阶导数 $y' = f'(x)$ 在 x 处也可导，则将一阶导数 $f'(x)$ 的导数 $\left[f'(x)\right]'$ 称为函数 $y = f(x)$ 的二阶导数. 记为

$$f''(x)，或\ y''，或 \frac{\mathrm{d}^2 y}{\mathrm{d}x^2}，或 \frac{\mathrm{d}^2 f}{\mathrm{d}x^2}$$

【注】变速直线运动的加速度 $a(t) = s''(t)$，是位移函数 $s(t)$ 关于时间 t 的二阶导数.

【例 2-48】 设 $f(x) = x^4 - 3x^3 + 2x^2 + x - 1$，求 $f''(x)$.

解 因为 $f'(x) = 4x^3 - 9x^2 + 4x + 1$

所以 $f''(x) = 12x^2 - 18x + 4$

【思考题】 $f''(x_0)$ 与 $\left[f'(x_0)\right]'$ 是否相等？

【例 2-49】 设 $y = \mathrm{e}^{-x^2}$，求 y''.

解 因为 $y'_x = \left(\mathrm{e}^{-x^2}\right)'_x = \left(\mathrm{e}^{-x^2}\right)'_{-x^2} \cdot \left(-x^2\right)'_x = -2x\mathrm{e}^{-x^2}$

所以 $y'' = \left(-2x\mathrm{e}^{-x^2}\right)'_x = \left(-2x\right)'_x \cdot \mathrm{e}^{-x^2} - 2x\left(\mathrm{e}^{-x^2}\right)'_x$

$$= -2\mathrm{e}^{-x^2} + \left(-2x\right)\cdot\left(-2x\mathrm{e}^{-x^2}\right) = 2\mathrm{e}^{-x^2}\left(2x^2 - 1\right)$$

2.3.3 微分及其计算

1. 微分的定义

【例 2-50】【金属薄片的面积的变化量】 设正方形的金属薄片受热或遇冷后边长由 x_0 变化到 $x_0 + \Delta x$，问它的面积变化多少？如何近似地表示面积变化？

分析 事实上，金属薄片的原面积为 $A = x_0^{\ 2}$，当金属受热或遇冷后面积为 $A_1 = \left(x_0 + \Delta x\right)^2$，面积的变化量 ΔA：

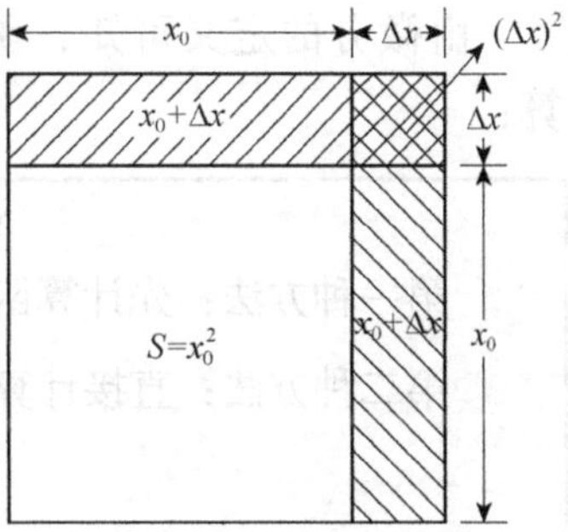

图 2-24 例 2-50 图

$$\Delta A = \left(x_0 + \Delta x\right)^2 - x_0^{\ 2} = 2x_0\Delta x + \left(\Delta x\right)^2 \approx 2x_0\Delta x = \mathrm{d}y$$

ΔA 近似表示为 $\mathrm{d}y$. 如图 2-24 所示，面积的变化量 ΔA 主要由 $2x_0\Delta x$ 确定，即面积 $A = x^2$ 在 x_0 处的变化量可用 $2x_0\Delta x$ 近似表示，其近似值 $2x_0\Delta x$ 就称为函数 $A = x^2$ 在 x_0 处的微分.

定义【微分】 设函数 $y = f(x)$ 可导，对自变量 x，取增量 Δx.

（1）规定：自变量的微分 $\mathrm{d}x$ 就是自变量的增量 Δx，即 $\mathrm{d}x = \Delta x$；

（2）函数的微分 $\mathrm{d}y$（或者 $\mathrm{d}f(x)$）定义为导数 $f'(x)$ 与 $\mathrm{d}x$ 的乘积，即

$$\mathrm{d}y = f'(x)\mathrm{d}x \text{ 或 } \mathrm{d}f(x) = f'(x)\mathrm{d}x$$

【注】（导数的另一种解释）由微分公式 $\mathrm{d}y = f'(x)\mathrm{d}x$ 可得 $\dfrac{\mathrm{d}y}{\mathrm{d}x} = f'(x)$，说明函数的导数 $f'(x)$ 是函数的微分 $\mathrm{d}y$ 与自变量的微分 $\mathrm{d}x$ 之商，因此导数又称为微商，可以说导数是微分的系数.

2. 微分的几何意义

取定 x_0 及 Δx，以及曲线 $y = f(x)$ 上两点 $M_0(x_0, f(x_0))$ 和 $M_1(x_0 + \Delta x, f(x_0 + \Delta x))$，则过点 M_0 且与曲线 $f(x)$ 相切的切线 M_0T 的方程为 $y - f(x_0) = f'(x_0)\left(x - x_0\right)$，由图 2-25 可知，$PN = \tan\alpha \cdot \Delta x = f'(x_0)\mathrm{d}x = \mathrm{d}y$，即 $\mathrm{d}y = PN$.

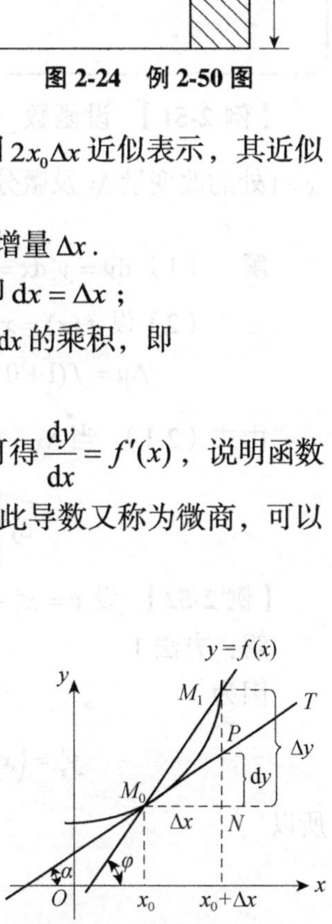

图 2-25 微分的几何意义

在几何上当 Δy 是曲线 $y = f(x)$ 上 x_0 的纵坐标的增量时，$\mathrm{d}y$ 就是曲线 $y = f(x)$ 的切线上 x_0 的纵坐标的相应增量. 当 $|\Delta x|$ 很小时，Δy 可用 $\mathrm{d}y$ 来近似表示. 因此，在微分意义下，曲线段 M_0M_1

可用直线段 M_0P 来近似表示.

3. 微分的计算

1）$y=f(x)$ 在 x_0 处的微分

由微分的定义可知，如果函数 $y=f(x)$ 在 x_0 处具有导数 $f'(x_0)$，对于自变量 x 的增量 Δx，函数 $y=f(x)$ 在 x_0 处的微分，记作 $\mathrm{d}y\Big|_{x=x_0}$，或 $\mathrm{d}f(x_0)$，即

$$\boxed{\mathrm{d}y\Big|_{x=x_0}=\mathrm{d}f(x_0)=f'(x_0)\Delta x} \tag{2-1}$$

2）函数 $y=f(x)$ 的微分

由微分的定义可知，函数 $y=f(x)$ 的微分 $\mathrm{d}y$ 或 $\mathrm{d}f(x)$ 可用以下两种方法来计算：

计算函数 $y=f(x)$ 的微分 $\mathrm{d}y$

第一种方法：先计算函数的导数 $y'_x=f'_x(x)$，再表示为 $\mathrm{d}y=f'_x(x)\mathrm{d}x$；

第二种方法：直接计算 $\mathrm{d}[f(x)]=[f(x)]'_x\,\mathrm{d}x$. 从运算模式来看微分，有

$$\mathrm{d}\Big[\boxed{f(x)}\Big]=\Big[\boxed{f(x)}\Big]'_x\,\mathrm{d}x.$$

【例 2-51】 设函数 $y=x^2$，求（1）$\mathrm{d}y$；（2）当 $\Delta x=0.01$ 时，求函数 $y=x^2$ 在 $x=1$ 处的改变量 Δy 及微分 $\mathrm{d}y\Big|_{\substack{x=1\\ \Delta x=0.01}}$.

解 （1）$\mathrm{d}y=y'_x\mathrm{d}x=\left(x^2\right)'_x\mathrm{d}x=2x\mathrm{d}x$；

（2）设 $f(x)=x^2$，当 $\Delta x=0.01$ 时，函数 $y=x^2$ 在 $x=1$ 处改变量 Δy：

$$\Delta y=f(1+0.01)-f(1)=(1+0.01)^2-1^2=1.0201-1=0.0201$$

由式（2-1），当 $\Delta x=0.01$ 时，函数 $y=x^2$ 在 $x=1$ 处的微分 $\mathrm{d}y\Big|_{\substack{x=1\\ \Delta x=0.01}}$ 为

$$\mathrm{d}y\Big|_{\substack{x=1\\ \Delta x=0.01}}=f'(1)\Delta x=2x\Big|_{x=1}\times 0.01=0.02$$

【例 2-52】 设 $y=x^3+3^x-\ln x+3^3+\ln 3$，求 $\mathrm{d}y$.

解： 方法 1

因为

$$y'_x=\left(x^3+3^x-\ln x+3^3+\ln 3\right)'_x=3x^2+3^x\ln 3-\frac{1}{x}$$

所以

$$\mathrm{d}y=y'_x\mathrm{d}x=\left(3x^2+3^x\ln 3-\frac{1}{x}\right)\mathrm{d}x$$

方法 2

$$dy = d\left(x^3 + 3^x - \ln x + 3^3 + \ln 3\right) = \left(3x^2 + 3^x \ln 3 - \frac{1}{x}\right)dx$$

$$= \left(x^3 + 3^x - \ln x + 3^3 + \ln 3\right)'_x dx$$

【注】【微分法】常把求导和求微分称为微分运算，而计算函数微分的方法称为微分法.

【例 2-53】 设 $y = \ln\left(1 - x^2\right)$，求 dy.

解：

因为

$$y'_x = \left[\ln\left(1 - x^2\right)\right]'_x = \left[\ln\left(1 - x^2\right)\right]'_{1-x^2} \cdot \left(1 - x^2\right)'_x = \frac{1}{1 - x^2}(-2x) = \frac{-2x}{1 - x^2}$$

所以

$$dy = y'_x dx = \frac{-2x}{1 - x^2} dx$$

【练习 2.3】

1．根据定义求下列函数的导数或导数值.

（1）$y = 3x + 2$，求 y'；（2）$f(x) = \sqrt{x}$，求 $f'(4)$.

2．求下列函数的导数 $\frac{dy}{dx}$ 及其在 $x = 1$ 处的导数值 $\left.\frac{dy}{dx}\right|_{x=1}$.

（1）$y = x$；（2）$y = \sqrt{x}$；（3）$y = \frac{1}{x}$；（4）$y = \frac{1}{\sqrt{x}}$.

3．求曲线 $y = \ln x$ 在点 $(e,1)$ 处的切线方程，并画出它们的图像.

4．求下列函数的导数 y'_x.

（1）$y = 2x^2 - \frac{1}{x^2} + 5x - \ln 3$

（2）$y = \left(\frac{1}{2}\right)^x + x^3 + \log_{\frac{1}{2}} x$

（3）$y = a^x + x^a + \log_a x + a^a$

（4）$y = \sqrt{x}\ln x - \frac{\ln x}{\sqrt{x}}$

（5）$y = xe^x \sin x$

（6）$y = \frac{\tan x}{x}$

（7）$y = \frac{2x}{1 - x^2}$

（8）$y = \frac{1}{x + \sin x}$

5．求下列函数的导数 y'_x.

（1）$y = (2x - 5)^3$；

（2）$y = \sin x^2$；

（3）$y = \sqrt{1 + x^2}$；

（4）$y = \cos^3 x$；

（5）$y = \frac{1}{1 + 2x}$；

（6）$y = \frac{1}{\sqrt{3x + 1}}$；

（7）$y=\ln\sin x$；　　（8）$y=e^{\sqrt{x}}$.

6．求下列函数的导数 y_x'.

（1）$y=e^{x^2}+e^{-2x}$；　　（2）$y=x^2\cos\frac{1}{x}$；

（3）$y=\sin 2x\cdot\cos^2 x$；　　（4）$y=\sin^2 x+\sin x^2$；

（5）$y=\frac{x}{\sqrt{1-x^2}}$；　　（6）$y=e^{\cos\frac{1}{x}}$.

7．求下列隐函数的导数 y_x'.

（1）$x+xy-y^2=0$；　　（2）$y^2=2px$；

（3）$y=1-e^y\cdot x$；　　（4）$\sin y+e^x-xy^2=0$.

8．求下列函数的二阶导数.

（1）$y=x^3+3x^2+2$；　　（2）$y=x\sin x$；

（3）$y=\ln(1-x^2)$；　　（4）$y=e^{-x}+e^x$.

9．将适当的函数填入下列括号内，使等式成立.

（1）$d(\quad)=2dx$；　　（2）$d(\quad)=xdx$；

（3）$d(\quad)=\frac{1}{\sqrt{x}}dx$；　　（4）$d(\quad)=\frac{1}{x^2}dx$；

（5）$d(\quad)=2^x dx$；　　（6）$d(\quad)=2(x+1)dx$.

10．求下列函数的微分 dy.

（1）$y=\frac{1}{x}+2\sqrt{x}$；　　（2）$y=x\ln x$；

（3）$y=e^x\sin x$；　　（4）$y=\frac{x}{1+x}$.

2.4 导数的应用

从函数的导数所能获得最重要的信息之一就是该函数在给定区间能否取到最大值或最小值，如能取得，这些值在何处取得？一旦能做到这点，我们就能解决类似于油井的极值问题. 导数还有其他方面的应用，如判断函数的单调性与极值、凹凸性与拐点、曲率等.

2.4.1 极大值和极小值——函数的局部性质

1. 极值的定义

定义【极大值和极小值】 设函数 $f(x)$ 在其定义区域 D 有 $x_0\in D$，若

（1）对于以 x_0 为中心的某个开区间内的一切 $x\in D$，有 $f(x)<f(x_0)$，则 x_0 所在点是极大值点，$f(x_0)$ 为极大值.

（2）对于以x_0为中心的某个开区间内的一切$x \in D$，有$f(x) > f(x_0)$，则x_0所在点是极小值点，$f(x_0)$为极小值.

函数的极大值与极小值统称极值，取得极大值或极小值的点称为极值点.

【注】函数的极值是一个局部概念，是某点附近的性质. 在函数的定义域内，极大值可能小于极小值，或者说极大值不一定比极小值大.

2. 极值存在的必要条件

定理【极值存在的必要条件】 如果$f(x)$在x_0处可导，而且在x_0处取到极值，那么一定有$f'(x_0)=0$.

定义【驻点】 使函数$f(x)$的导数$f'(x)=0$的点，称为函数$f(x)$的驻点.

2.4.2 最大值和最小值——函数的整体性质

1. 最大值和最小值的定义

在工程领域中常常会遇到，在一定条件下，怎样才能使效率最高、性能最好、进程最快等问题. 在许多情况下，这类问题可归结为求一个函数在给定区间上的最大值或最小值.

定义【最大值和最小值】设函数$f(x)$的定义域为D，$x_0 \in D$，则$f(x_0)$是

（1）$f(x)$在区间D上的最大值，如果对一切$x \in D$，有$f(x) \leqslant f(x_0)$.

（2）$f(x)$在区间D上的最小值，如果对一切$x \in D$，有$f(x) \geqslant f(x_0)$.

函数的最大值和最小值统称最值，取得最大值或最小值的点称为最值点.

2. 实际推断原理

一般来说，在实际问题中，如果确定其最值必然存在，那么对应的函数模型$f(x)$在其定义域内的唯一驻点就是$f(x)$在该区间上的最大值点或最小值点.

【例 2-54】【立交桥上、下两车之间的最近距离】 某处立交桥上、下是两条互相垂直的公路，一条是东西走向，另一条是南北走向，如图 2-26 所示. 现在有一辆汽车在桥下南方 100m 处，以 20m/s 的速度向北行驶，而另一辆汽车在桥上西方 150m 处，以同样 20m/s 的速度向东行驶，已知桥高为 10m，问经过长时间两辆汽车之间距离为最小？并求最小距离.

图 2-26 例 2-54 图

解 在 t 时刻两辆汽车之间的距离为 $s(t)$，则

$$s(t)=\sqrt{(100-20t)^2+10^2+(150-20t)^2}=\sqrt{800t^2-10000t+32600}\,,\quad t\geqslant 0$$

距离 s 关于行驶时间 t 的导数为

$$s'(t)=\frac{\mathrm{d}s}{\mathrm{d}t}=\frac{800t-5000}{\sqrt{800t^2-10000t+32600}}$$

令 $s'(t)=0$，可得到唯一驻点 $t_0=6.25$.

而两车初始的距离为

$$s(0)=\sqrt{32600}\approx 180.55\mathrm{m}$$

在实际情况中，两车的最小距离一定存在，所以经过 6.25s，两辆汽车之间有最小距离

$$s_{\min}=\sqrt{800\times 6.25^2-10000\times 6.25+32600}\approx 36.74\mathrm{m}$$

【**注**】为了方便运算，我们还可以以 $y=s^2=800t^2-10000t+32600$ 为目标函数. 这是因为当 $s>0$ 时，s 和 s^2 同时有最大值或最小值. 而新的目标函数 y 是一个二次函数，也可用初等数学的方法求出其最小值.

3. 求工程问题中最大值或最小值的步骤

第 1 步：认识问题.

分析解决该问题所需要的信息，明确什么是已知量、什么是未知量、什么是要求的量.

第 2 步：构造函数模型.

（1）画出草图并标识该问题；

（2）设一个变量；

（3）利用所设变量构造出一个求最大值或最小值的函数；

（4）确定该函数的定义域.

第 3 步：求解驻点.

先求函数的导数，然后令导数为零，确定唯一的驻点.

第 4 步：对最值进行简单说明.

把驻点的函数值与定义域端点的函数值（如果存在）做比较后，确定最值，再确定所得结果是否有意义.

4. 函数的单调性与极值

1）函数的单调性

关于函数单调性的变化，函数的导数能给什么样的信息呢？由图 2-27、图 2-28 可以看出，函数单调上升和单调下降均与导数的符号有关.

定理 设函数 $f(x)$ 在区间 (a,b) 内可导，

（1）若在 (a,b) 内，$f'(x)\geqslant 0$，则函数 $f(x)$ 在 (a,b) 内单调增加（或单调上升）;

（2）若在 (a,b) 内，$f'(x)<0$，则函数 $f(x)$ 在 (a,b) 内单调减小（或单调下降）.

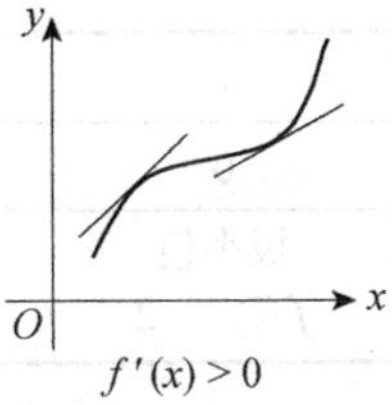

图 2-27　函数单调上升则导数为正值

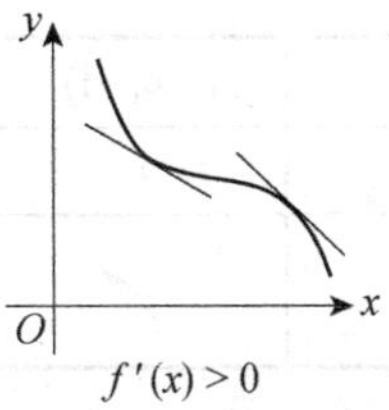

图 2-28　函数单调下降则导数为负值

利用导数的符号来判断函数的单调性，关键在于确定函数图像上升与下降的临界点，这些临界点将把 x 轴分成若干个区间，而 $f'(x)$ 在这些区间上的符号不变.

两类临界点	
（1）驻点，即使得 $f'(x)=0$ 的点；	（2）不可导点，即 $f'(x)$ 不存在的点.

2）函数的极值

根据函数的单调性定理和函数极值的定义，可以借助导数的符号来判定极值.

定理【极值的一阶导数检验法】 在临界点 $x=x_0$（即 $f'(x)=0$ 的点或 $f'(x)$ 不存在的点）处，

（1）如果从 $x=x_0$ 负方向到正方向，$f'(x)$ 的符号从负变为正，则 $f(x)$ 有极小值；

（2）如果从 $x=x_0$ 负方向到正方向，$f'(x)$ 的符号从正变为负，则 $f(x)$ 有极大值；

（3）如果 $f'(x)$ 在 $x=x_0$ 两边符号相同，则 $f(x)$ 没有极值.

3）求函数极值的步骤

（1）求 $f(x)$ 的定义域；

（2）求 $f(x)$ 的导数 $f'(x)$；

（3）令 $f'(x)=0$，求出 $f(x)$ 在定义域内所有临界点——驻点和导数不存在的点；

（4）用临界点把定义域分成若干个区间，列表并判断临界点是否为极值点，是极大值点还是极小值点；

（5）确定各极值，给出结论.

【例 2-55】 确定函数 $f(x)=x^3-3x$ 的单调区间和极值.

解 （1）函数的定义域为 $(-\infty,+\infty)$.

（2）$f'(x)=3x^2-3=3(x^2-1)=3(x+1)(x-1)$.

（3）令 $f'(x)=0$，则有 $x_1=-1$，$x_2=1$.

（4）以 $x_1=-1$ 和 $x_2=1$ 为临界点列表，见表 2-1.

表 2-1　例 2-55 临界点列表

x	$(-\infty,-1)$	-1	$(-1,1)$	1	$(1,+\infty)$
$f'(x)$	+	0	−	0	+
$f(x)$	↗	极大值 $f(-1)=2$	↘	极小值 $f(1)=-2$	↗

由表 2-1 可知，函数 $f(x)=x^3-3x$ 单调减区间为 $(-1,1)$，单调增区间分别为 $(-\infty,-1)$ 和 $(1,+\infty)$. $x_1=-1$ 为极大值点，极大值为 $f(-1)=2$；$x_2=1$ 为极小值点，极小值为 $f(1)=-2$，如图 2-29 所示.

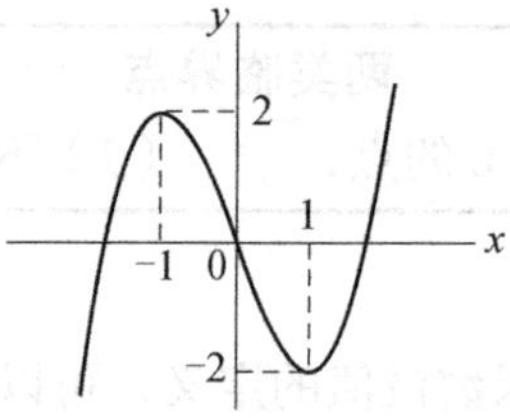

图 2-29　例 2-55 函数图像

2.4.3　函数的凹凸性与拐点

1. 函数的凹凸性

想要比较清楚地了解函数图像的形态，仅知道函数的单调性是不够的，还应该知道它弯曲方向及不同弯曲方向之间的分界点. 这就是以下将研究的曲线的凹凸性与拐点.

首先观察图 2-30 所示的两类曲线（函数）.

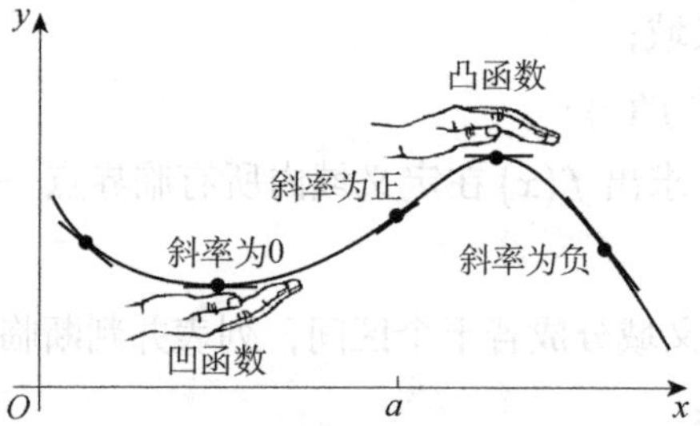

图 2-30　两类曲线

由图 2-30 可以看出，一类曲线上的任意点处的切线总位于曲线的下方，而另一类曲线上的任意点处的切线总位于曲线的上方. 第一类曲线所对应的函数称为凹函数，第二类曲线所对应的函数称为凸函数. 即使对于同一函数也可能会同时出现这两类曲线. 凹函数和凸函数的图像的弯曲方向是不同的，如图 2-31 和图 2-32 所示. 对于这两类函数图像弯曲方向的描述就是接下来要讨论的函数的凹凸性.

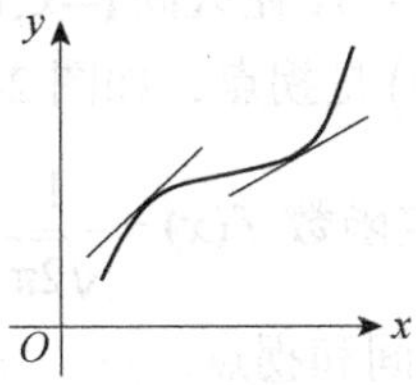

图 2-31 单调上升函数的图像的不同弯曲方向

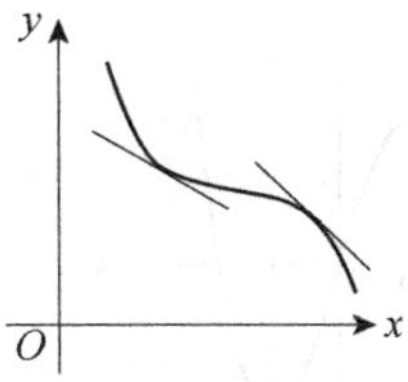

图 2-32 单调下降函数的图像的不同弯曲方向

定义【函数的凹凸性】 设函数 $f(x)$ 在区间 I 上连续，如果

（1）曲线 $y=f(x)$ 位于其上任意一点的切线的上方，则称曲线 $y=f(x)$ 在这个区间内是凹的，用符号“$\cup$”来表示，如图 2-33 所示；

（2）曲线 $y=f(x)$ 位于其上任意一点的切线的下方，则称曲线 $y=f(x)$ 在这个区间内是凸的，用符号“$\cap$”来表示，如图 2-34 所示.

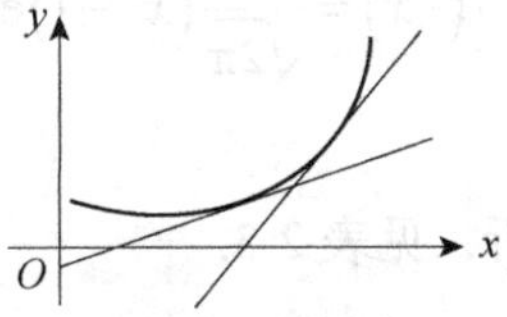

图 2-33 曲线凹

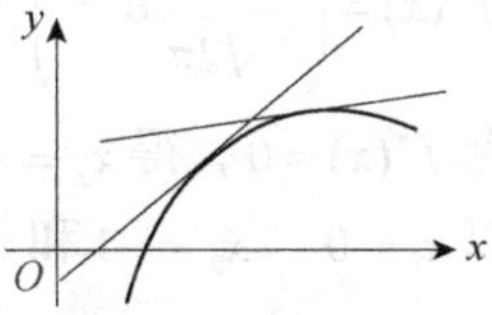

图 2-34 曲线凸

2. 曲线的拐点

定义【曲线的拐点】 如果曲线 $y=f(x)$ 上存在这样的点 $(x_0, f(x_0))$，使得曲线 $y=f(x)$ 在此点的一侧为凹的，另一侧是凸的，则称此分界点为曲线的拐点.

例如，曲线 $y=x^3$ 在区间 $(-\infty,0)$ 内是凸的，在区间 $(0,+\infty)$ 内是凹的，因此点 $(0,0)$ 是曲线 $y=x^3$ 的拐点.

定理 设函数 $f(x)$ 在开区间 (a,b) 内存在二阶导数，

（1）若在区间 (a,b) 内 $f''(x)>0$，则曲线 $y=f(x)$ 在 (a,b) 内是凹的；

（2）若在区间 (a,b) 内 $f''(x)<0$，则曲线 $y=f(x)$ 在 (a,b) 内是凸的.

【例 2-56】 确定函数 $f(x)=x^3-3x$ 的凹凸区间和拐点.

解

（1）定义域为 $(-\infty,+\infty)$；

（2）$f'(x)=3x^2-3$，$f''(x)=6x$，令 $f''(x)=0,\ x_0=0$；

（3）以 $x_0=0$ 为分界点列表，见表 2-2.

表 2-2 例 2-56 函数的分界点列表

x	$(-\infty,0)$	0	$(0,+\infty)$
$f''(x)$	$-$	0	+
$f(x)$	$\cap$	拐点 $(0,0)$	$\cup$

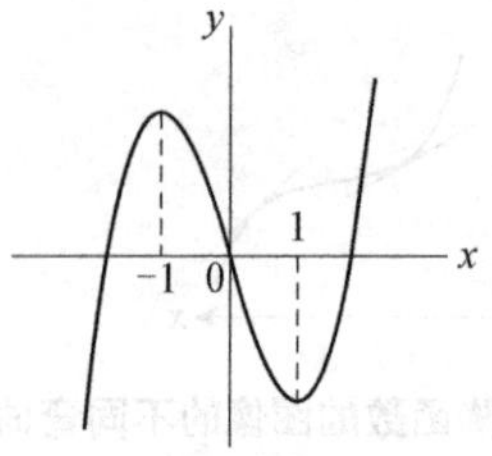

图 2-35　例 2-56 函数的凸凹性及拐点

则函数 $f(x)=x^3-3x$ 在区间 $(-\infty,0)$ 凸，在区间 $(0,+\infty)$ 凹，点 $(0,0)$ 是拐点，如图 2-35 所示.

【例 2-57】 确定函数 $f(x)=\frac{1}{\sqrt{2\pi}}\mathrm{e}^{-\frac{x^2}{2}}$ 的单调区间、极值、凹凸区间和拐点.

解　（1）函数的定义域为 $(-\infty,+\infty)$，且 $f(x)>0$；

（2）$f'(x)=\frac{1}{\sqrt{2\pi}}\mathrm{e}^{-\frac{x^2}{2}}\left(-\frac{x^2}{2}\right)'=\frac{1}{\sqrt{2\pi}}\mathrm{e}^{-\frac{x^2}{2}}\cdot(-x)=-\frac{x}{\sqrt{2\pi}}\mathrm{e}^{-\frac{x^2}{2}}$；

（3）令 $f'(x)=0$，得 $x_1=0$；

（4）$f''(x)=\left(-\frac{x}{\sqrt{2\pi}}\mathrm{e}^{-\frac{x^2}{2}}\right)'=-\frac{1}{\sqrt{2\pi}}\mathrm{e}^{-\frac{x^2}{2}}-\frac{x}{\sqrt{2\pi}}\mathrm{e}^{-\frac{x^2}{2}}\cdot(-x)=\frac{1}{\sqrt{2\pi}}(x^2-1)\mathrm{e}^{-\frac{x^2}{2}}$；

（5）令 $f''(x)=0$，得 $x_2=-1,\ x_3=1$；

（6）以 $x_1=0$，$x_2=-1$ 和 $x_3=1$ 为分界点列表分析，见表 2-3.

表 2-3　例 2-57 函数的分界点列表

x	$(-\infty,-1)$	-1	$(-1,0)$	0	$(0,1)$	1	$(1,+\infty)$
$f'(x)$	+	+	+	0	—	—	—
$f''(x)$	+	0	—	—	—	0	+
$f(x)$	↗ ∪	拐点 $\left(-1,\frac{1}{\sqrt{2\pi\mathrm{e}}}\right)$	↗ ∩	极大值 $f(0)=\frac{1}{\sqrt{2\pi}}$	↘ ∩	拐点 $\left(1,\frac{1}{\sqrt{2\pi\mathrm{e}}}\right)$	↘ ∪

其中，$\frac{1}{\sqrt{2\pi}}\approx0.4$，$\frac{1}{\sqrt{2\pi\mathrm{e}}}\approx0.24$.

函数 $f(x)=\frac{1}{\sqrt{2\pi}}\mathrm{e}^{-\frac{x^2}{2}}$ 图像（见图 2-36）是标准正态分布的概率密度曲线，在统计学中有着广泛的应用.

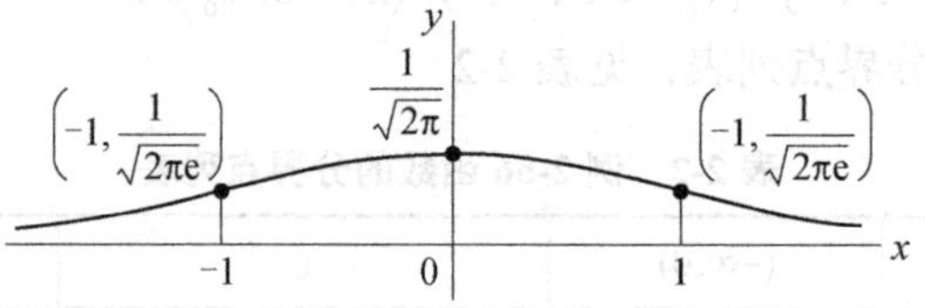

图 2-36　例 2-57 函数的图像

3. 利用曲线的凹凸性认识极值

利用曲线的凹凸性并通过二阶导数判别法确定极值.

定理【极值的二阶导数判断法】 设函数 $f(x)$ 在点 x_0 处有二阶导数，且

$f'(x_0)=0$，$f''(x_0)$存在，则

（1）若$f''(x_0)<0$，即$f(x)$在x_0附近是凸的，则函数$f(x)$在x_0处取得极大值；

（2）若$f''(x_0)>0$，即$f(x)$在x_0附近是凹的，则函数$f(x)$在x_0处取得极小值；

（3）若$f''(x_0)=0$，则不能判断$f(x_0)$是否为极值.

请同学自行画图理解该定理.

2.4.4 洛必达法则——计算未定式极限的一般方法

在同一变化过程中，两个无穷小之比"$\frac{0}{0}$"型与两个无穷大之比"$\frac{\infty}{\infty}$"型的极限，有的存在，有的不存在. 通常称这类极限为"$\frac{0}{0}$"型或"$\frac{\infty}{\infty}$"型未定式的极限，下面介绍利用导数作为工具来求解这类极限的方法——洛必达法则.

定理【洛必达法则】 如果函数$f(x)$与$g(x)$满足以下三个条件：

（1）$\lim\limits_{x\to x_0} f(x)=0,\ \lim\limits_{x\to x_0} g(x)=0$；

（2）函数$f(x)$与$g(x)$在x_0某个邻域内（x_0可除外）可导，且$g'(x)\neq 0$；

（3）$\lim\limits_{x\to x_0}\dfrac{f'(x)}{g'(x)}=A$（其中，$A$可以是有限数，也可以是$\infty$、$+\infty$或$-\infty$），

则

$$\lim_{x\to x_0}\frac{f(x)}{g(x)}=\lim_{x\to x_0}\frac{f'(x)}{g'(x)}=A$$

【注】上述定理对于$x\to\infty$时的"$\frac{0}{0}$"型未定式同样适用，而对于$x\to x_0$或$x\to\infty$时的"$\frac{\infty}{\infty}$"型未定式也适应.

【例 2-58】 求$\lim\limits_{x\to 0}\dfrac{1-\cos x}{x^2}$.

解 这是"$\frac{0}{0}$"型未定式，由洛必达法则有

$$\lim_{x\to 0}\frac{1-\cos x}{x^2}=\lim_{x\to 0}\frac{(1-\cos x)'}{(x^2)'}=\lim_{x\to 0}\frac{\sin x}{2x}=\frac{1}{2}$$

【例 2-59】 求$\lim\limits_{x\to 1}\dfrac{x^3-3x+2}{x^3-x^2-x+1}$.

解 这是"$\frac{0}{0}$"型未定式，由洛必达法则有

$$\lim_{x\to 1}\frac{x^3-3x+2}{x^3-x^2-x+1}=\lim_{x\to 1}\frac{3x^2-3}{3x^2-2x-1}=\lim_{x\to 1}\frac{6x}{6x-2}=\frac{6}{4}=\frac{3}{2}$$

【注】本题连续两次使用洛必达法则.

【例 2-60】 求$\lim\limits_{x\to 0}\dfrac{x-\sin x}{x-x\cos x}$.

解 这是"$\dfrac{0}{0}$"型未定式，由洛必达法则有

$$\lim_{x\to 0}\frac{x-\sin x}{x-x\cos x}=\lim_{x\to 0}\frac{1-\cos x}{1-\cos x+x\sin x}\quad（第一次使用洛必达法则）$$

$$=\lim_{x\to 0}\frac{\sin x}{\sin x+\sin x+x\cos x}\quad（第二次使用洛必达法则）$$

$$=\lim_{x\to 0}\frac{\cos x}{2\cos x+\cos x-x\sin x}\quad（第三次使用洛必达法则）$$

$$=\frac{1}{3}$$

【例 2-61】 求$\lim\limits_{x\to +\infty}\dfrac{\ln x}{x^n}$.

解 这是"$\dfrac{\infty}{\infty}$"型未定式，由洛必达法则有

$$\lim_{x\to +\infty}\frac{\ln x}{x^n}=\lim_{x\to +\infty}\frac{\frac{1}{x}}{nx^{n-1}}=\lim_{x\to +\infty}\frac{1}{nx^n}=0$$

【例 2-62】 求$\lim\limits_{x\to +\infty}\dfrac{e^x}{x^n}$.

解 这是"$\dfrac{\infty}{\infty}$"型未定式，由洛必达法则有

$$\lim_{x\to +\infty}\frac{e^x}{x^n}=\lim_{x\to +\infty}\frac{e^x}{nx^{n-1}}=\lim_{x\to +\infty}\frac{e^x}{n(n-1)x^{n-2}}=\cdots=\lim_{x\to +\infty}\frac{e^x}{n!}=+\infty$$

【注】除"$\dfrac{0}{0}$"型和"$\dfrac{\infty}{\infty}$"型未定式，还有$0\cdot\infty$，$\infty-\infty$，0^0，1^∞，∞^0等未定式. 它们都可以转化成"$\dfrac{0}{0}$"型或"$\dfrac{\infty}{\infty}$"型，然后用洛必达法则来求极限.

【例 2-63】 $\lim\limits_{x\to 0}\left[\dfrac{1}{x}-\dfrac{1}{x^2}\ln(1+x)\right]$.

解 这是"$\infty-\infty$"型未定式，先变形为"$\dfrac{0}{0}$"型，再用洛必达法则求极限.

$$\lim_{x\to 0}\left[\frac{1}{x}-\frac{1}{x^2}\ln(1+x)\right]=\lim_{x\to 0}\frac{x-\ln(1+x)}{x^2}=\lim_{x\to 0}\frac{1-\frac{1}{1+x}}{2x}$$

$$=\lim_{x\to 0}\frac{1+x-1}{2x(1+x)}=\lim_{x\to 0}\frac{1}{2(1+x)}=\frac{1}{2}$$

【注】关于洛必达法则的使用.

运用洛必达法则时的注意事项：

（1）洛必达法则可以连续使用，但每次使用前，必须检验是否满足洛必达法则的条件，若不满足，就不能使用该法则；

（2）如果有可约因子，或有非零极限的乘积因子，可先约去或提出，以进行简化；

（3）当 $\lim\frac{f'(x)}{g'(x)}$ 不存在时，并不能断定 $\lim\frac{f(x)}{g(x)}$ 也不存在，尝试用其他方法求极限.

【练习 2.4】

1．【圆柱形蓄水池总造价】欲做一个容积为 $250\pi\,\text{m}^3$ 的无盖圆柱形蓄水池，已知柱底单位造价为周围造价的两倍，问蓄水池的尺寸应怎样设计才能使总造价最低？

2．【建输油管线的成本】超级油轮在离岸 4 英里的船坞卸油，炼油厂在靠近船坞的岸边点往东 9 英里，必须建一条输油管线把船坞和炼油厂连接起来，如果在水下建造输油管线成本为每英里 300 万元，而在陆地上建造输油管线的成本为每英里 200 万元. 请确定水下和陆地的输油管线交接点的位置使建造成本最低.

3．【充分利用纸张的版面】现在要求设计一张单栏的竖向张贴的报纸，它的印刷面积为 128cm^2，上下空白各 2cm，两边空白各 1cm，如何确定报纸的尺寸使四周空白面积为最小？ 若报纸改为左右两栏，印刷面积增加到 180cm^2，要求四周留下空白的宽为 2cm，还要留下 1cm 宽的竖直中缝，如何设计它的尺寸可使总空白面积最小？

4．求下列函数的单调区间.

（1）$y=2+x-x^2$；　　（2）$y=x^4$；

（3）$y=2x^2-\ln x$；　　（4）$y=3x-x^3$.

5．求下列函数的极值.

（1）$y=x+\frac{1}{x}$；　　（2）$y=x-\ln(1+x)$；

（3）$y=-x^4+2x^2$；　　（4）$y=x^3-3x^2+7$.

6．求下列曲线的凹凸区间及拐点.

（1）$y=\ln x$；　　（2）$y=\frac{1}{x}$；

（3）$y=x^3-3x^2-x+1$；　　（4）$y=x\ln x$；

（5）$y=x+\frac{1}{x}\ (x>0)$；　　（6）$y=\ln\left(1+x^2\right)$.

7．求下列函数在指定区间上的最大值和最小值.

（1）$y=2^x, x\in[1,5]$；　　（2）$y=\sqrt{5-4x}, x\in[-1,1]$；

（3）$y=x^4-2x^2+5, x\in[-2,2]$；　　（4）$y=x+\sqrt{x}, x\in[0,4]$.

8．利用洛必达法则求下列极限.

（1）$\lim\limits_{x\to0}\dfrac{2^x-1}{x}$；　　（2）$\lim\limits_{x\to0}\dfrac{\ln(1+x)}{x}$；

（3）$\lim\limits_{x\to0}\dfrac{\sqrt{a+x}-\sqrt{a-x}}{x}(a>0)$；　　（4）$\lim\limits_{x\to0}\dfrac{e^x-e^{-x}}{x}$；

（5）$\lim\limits_{x\to0}\dfrac{x-\sin x}{x^3}$；　　（6）$\lim\limits_{x\to a}\dfrac{\sin x-\sin a}{x-a}$；

（7）$\lim\limits_{x\to+\infty}\dfrac{\ln x}{x+2\sqrt{x}}$；　　（8）$\lim\limits_{x\to0}\left(\dfrac{1}{x}-\dfrac{1}{e^x-1}\right)$.

2.5　一元函数微分的 Python 实现

2.5.1　实验一　变量与函数

实验目的

熟练掌握变量的定义方法，了解基本的运算符和函数表达式.

实验内容

1．Python 标识符和关键字

Python 标识符就是程序员定义的变量名和函数名.

1）Python 标识符的命名规则

（1）必须是不含空格的单个词；

（2）区分大小写；

（3）必须以字母或下划线开头，之后可以是任意字母、数字或下划线，变量名中不允许使用标点符号.

2）Python 关键字

Python 关键字就是在 Python 内部已经使用的标识符，具有特殊的功能和含义，Python 不允许定义和关键字有相同名字的标识符. Python 常见关键字表见表 2-4.

表 2-4　Python 常见关键字表

关键字	含义	关键字	含义
and	用于表达式运算，逻辑与操作	as	类型转换
or	用于表达式运算，逻辑或操作	in	判断变量是否在序列中
not	用于表达式运算，逻辑非操作	is	判断变量是否为某个类型
if	条件语句，与 else，elif 结合使用	assert	判断变量或条件表达式的值是否为真
elif	条件语句，与 if，else 结合使用	import	用于导入模块，与 from 结合使用

（续表）

关键字	含义	关键字	含义
else	条件语句，与 if，elif 结合使用	from	用于导入模块，与 import 结合使用
for	for 循环语句	def	定义函数或方法
while	while 循环语句	class	定义类
continue	继续执行下一次循环	lambda	定义匿名变量
break	中断循环语句的执行	globe	定义全局变量
try	用于异常语句，与 except，finally 结合使用	nonlocal	声明局部变量
except	用于异常语句，与 try，finally 结合使用	del	删除变量或序列的值
finally	用于异常语句，与 try，except 结合使用	print	打印语句
raise	异常抛出操作	return	用于从函数返回计算结果
with	简化 Python 语句	yield	用于从函数依次返回值
exec	执行储存在字符串或文件中的 Python 语句	pass	空的类、方法、函数的占位符
Ture	布尔属性值，真	False	布尔属性值，假

2. 变量赋值

Python 语句由表达式和变量组成，变量赋值通常有以下几种形式.

（1）单个变量赋值：变量=表达式.

其中，“=”为赋值符号，将右边表达式的值赋给左边变量.

（2）同步赋值：变量 1，变量 2，…，变量 n=表达式 1，表达式 2，…，表达式 n.

【例 2-64】 将 0.182 赋值给变量 x，将 0.225 赋值给变量 y.

解 在 IDLE 中按如下操作：

```
>>> x,y=0.182,'Hello'          #将 0.182 赋值给变量 x，将字符串 Hello 赋值给 y
>>> x,y                        #按 Enter 键，该指令被执行
```

命令窗口显示所得结果：

```
(0.182,'Hello')
```

【注】输入时，0.182 也可简化为.182.

【注】当命令行有错误，Python 会用红色字体提示.

【注】有下标变量的输入，如 y_1 只能输入 y1.

【注】#用于注释，#后面的语句不会执行.

3. Python 基本运算符

（1）算术运算符，见表 2-5.

表 2-5 算术运算符

运算类型	数学表达式	Python 运算符	Python 表达式
加法运算	$a+b$	+	a+b
减法运算	$a-b$	-	a-b
乘法运算	$a\times b$	*	a*b
除法运算	$a\div b$	/	a/b
幂运算	a^b	**	a**b

【注】算术运算按照从左到右的顺序进行. 幂运算具有最高优先级，乘法和除法具有相同的次优先级，加法和减法具有相同的最低优先级，括号可用来改变优先次序.

（2）比较运算符，见表 2-6.

表 2-6 比较运算符

运算类型	Python 运算符	运算类型	Python 运算符
小于	<	大于	>
小于或等于	<=	大于或等于	>=
等于	==	不等于	!=

（3）逻辑运算符，见表 2-7.

表 2-7 逻辑运算符

逻辑关系	与	或	非
Python 运算符	&	|	～

4. Python 函数

1）Python 库函数

Python 有丰富的标准库，其中 math 标准库提供了常用数学函数，见表 2-8.

表 2-8 math 标准库中常用数学函数

函数名	数学表达式	Python 命令	函数名	数学表达式	Python 命令
三角函数	$\sin x$	sin(x)	反三角函数	$\arcsin x$	asin(x)
	$\cos x$	cos(x)		$\arccos x$	acos(x)
	$\tan x$	tan(x)		$\arctan x$	atan(x)
幂函数	x^a	x**a	对数函数	$\ln x$	log(x)
	$\sqrt{x}$	sqrt(x)		$\lg x$	log10(x)
指数函数	a^x	a**x 或 pow(a,x)		$\log_3 x$	log3(x)
	e^x	exp(x)	绝对值函数	$\|x\|$	fabs(x)

【例 2-65】 调用 math 标准库，计算 $\sin\left(\frac{\pi}{2}\right)$.

解 在 IDLE 中按如下操作：

```
>>> import math                  #导入 math 标准库
>>> math.sin(math.pi/2)          #调用 math 标准库中的 sin() 函数和 pi 值
```

命令窗口显示所得结果：

```
1.0
```

【注】在导入库后，库函数的调用方式为：库名. 函数名（参数）.

Python 库还有不同的导入方法，而库函数的调用也略有不同. 以完成例 2-65 的任务为例做说明.

方法 1：调用 math 标准库，计算 $\sin\left(\frac{\pi}{2}\right)$，在 IDLE 中按如下操作：

```
>>> import math as m             #导入 math 标准库，简记为 m
>>> m.sin(m.pi/2)                #调用 math 标准库中的 sin() 函数和 pi 值
```

命令窗口显示所得结果：

```
1.0
```

【注】库函数的引用与例 2-65 类似.

方法 2：调用 math 标准库，计算 $\sin\left(\frac{\pi}{2}\right)$，在 IDLE 中按如下操作：

```
>>> from math import sin,pi              #导入 math 标准库中的 sin() 函数和 pi 值
>>> sin(pi/2)                            #调用 math 标准库中的 sin() 函数和 pi 值
```

命令窗口显示所得结果：

```
1.0
```

方法 3：调用 math 标准库，计算 $\sin\left(\frac{\pi}{2}\right)$，在 IDLE 中按如下操作：

```
>>> from math import *               #导入 math 标准库中的所有函数和值
>>> sin(pi/2)                        #调用 math 标准库中的 sin() 函数和 pi 值
```

命令窗口显示所得结果：

```
1.0
```

【注】在方法 2 和方法 3 中，库函数的引用不需要库名，但仅适用于程序只导入一个库的情况.

2）Python 自定义函数

Python 允许用户利用关键字 def 自定义函数，格式如下：

def 函数名(参数): 函数主体

自定义函数主体部分的语句与 def 行存在缩进关系，def 后连续的缩进语句都是这个函数的一部分.

def 所定义的函数在程序中需要通过函数名调用才能够被执行.

【例 2-66】 自定义一个函数，返回用户输入实数的绝对值.

解 在 PyCharn 中新建 lab1_3.py 文件，内容如下：

```
from math import fabs
def main():                              #自定义函数 main()，下面三行是函数 main 的主体
    a=input("Enter a number:")           #input 函数将用户输入的字符串赋值给变量 a
    print(fabs(float(a)))                #函数 float 将变量 a 转化为小数类型
main()                                   #通过函数名 main 调用函数
```

在选择脚本路径后，单击▶按钮，程序运行，命令窗口显示"Enter a number:"作为输入提示符. 从键盘输入"-2.3"，回车.

命令窗口显示所得结果：

```
2.3
```

【注】利用组合键 Ctrl+Shift+F10 也可执行程序.

【注】右击文件名 lab1_3.py，在弹出的快捷菜单中选择"Run' lab1_3.py'"，也可执行程序.

2.5.2 实验二　利用 Python 进行基本数学运算

实验目的

熟练掌握 Python 中相关的运算符、操作符、常用的简单指令及基本的数学函数的功能和使用方法.

实验内容与演示

【例 2-67】 直接输入并计算 $(1.5)^3-\frac{1}{3}\sin\pi+\sqrt{5}$.

解 在 IDLE 中按如下操作：

```
>>>from math import sin,sqrt,pi
>>>1.5**3-sin(pi)/3+sqrt(5)          #回车，该指令被执行
```

命令窗口显示所得结果：

```
5.61106797749979
```

【例 2-68】 设球半径为 $r=2$，求球的体积 $V=\frac{4}{3}\pi r^3$.

解 在 IDLE 中按如下操作：

```
>>> from math import pi
>>> r=2
>>> v=4/3*pi*pow(r,3)
>>> v
```

命令窗口显示所得结果：

```
33.510321638291124
```

【**例 2-69**】 求 $y_1=\dfrac{2\sin(0.3\pi)}{1+\sqrt{5}}$； $y_2=\dfrac{2\cos(0.3\pi)}{1+\sqrt{5}}$.

解 在 PyCharm 中新建 lab2_3.py 文件，内容如下：

```
from math import sin,cos,sqrt,pi
y1=2*sin(0.3*pi)/(1+sqrt(5))
y2=2*cos(0.3*pi)/(1+sqrt(5))
print("y1=",y1,"; y2=%.2f" %y2)
```

运行程序，命令窗口显示所得结果：

```
y1= 0.5; y2=0.36
```

【**注**】%用于控制变量输出的格式. %.2f 表示下一个%后面的变量将以保留 2 位小数的浮点数格式（小数）输出.

实验训练

用指令的续行输入，求 $y=1-\dfrac{1}{2}+\dfrac{1}{3}-\dfrac{1}{4}+\dfrac{1}{5}-\dfrac{1}{6}+\dfrac{1}{7}-\dfrac{1}{8}$ 的值.

2.5.3 实验三 利用 Python 绘制平面曲线

实验目的

通过图像加深对函数性质的认识与理解，掌握用 Python 绘制平面曲线的方法与技巧.

Python 第三方库 Matplotlib 的命令——plot() 绘图函数.

plot（x, y）：若 x 和 y 为长度相等的数组，则绘制以 x 和 y 分别为横、纵坐标的二维曲线.

plot() 是绘制二维曲线的函数，但在使用此函数之前，需先定义曲线上每一点的 x 及 y 的坐标.

【**注**】第三方库的安装方法见 1.4.5 小节.

【**注**】利用 Matplotlib 库中的函数可以绘制更多不同类型的图形，具体内容见 Matplotlib 网站（https://matplotlib.org/users/screenshots.html）.

实验内容与演示

【例 2-70】 用 plot 函数绘制 $y=\sin x$ 在 $x\in[0,2\pi]$ 的图像.

解 在 PyCharn 中新建 pic1.py 文件，内容如下：

```
import matplotlib.pyplot as plt
from numpy import *
x = arange(0,2*pi,0.01)        #利用 numpy 库中的 arange() 函数定义[0, 2π]之间公差为 0.01 的数组
y = sin(x)                     #y 也可输入 = [sin(xx) for xx in x]
plt.figure()                   #在绘图窗口开始绘图
plt.plot(x, y)
plt.show()
```

运行程序，输出图像如图 2-37 所示.

若要同时绘制函数 $y=\sin x$ 和 $y=\cos x$ 的图像，可在例 2-70 的基础上增加绘制 $y=\cos x$ 图像的语句. 在 PyCharn 中新建 pic2.py 文件，内容如下：

```
import matplotlib.pyplot as plt
from numpy import *
x = arange(0,2*pi,0.01)
y1 = sin(x)
y2 = cos(x)
plt.figure()
plt.plot(x, y1, color='r', linestyle='-',label='sin(x)')      #可以控制颜色和线型
plt.plot(x, y2, color='b', linestyle='-.',label='cos(x)')     #plt.plot(x, y1, x, y2)可以输出两条曲线
plt.legend()  #显示图例
plt.show()
```

运行程序，输出图像如图 2-38 所示.

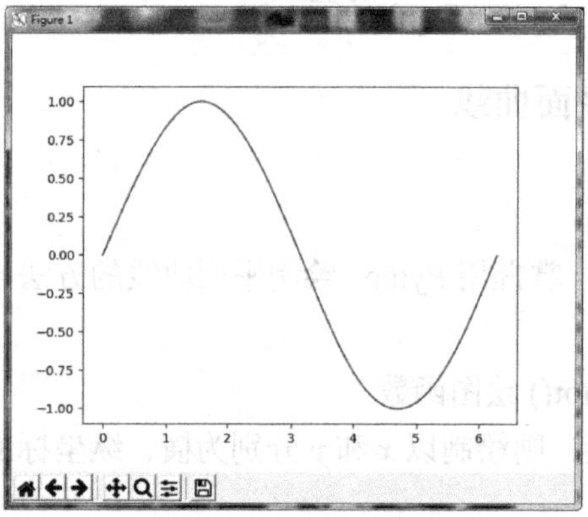

图 2-37 $y=\sin x$ 的图像

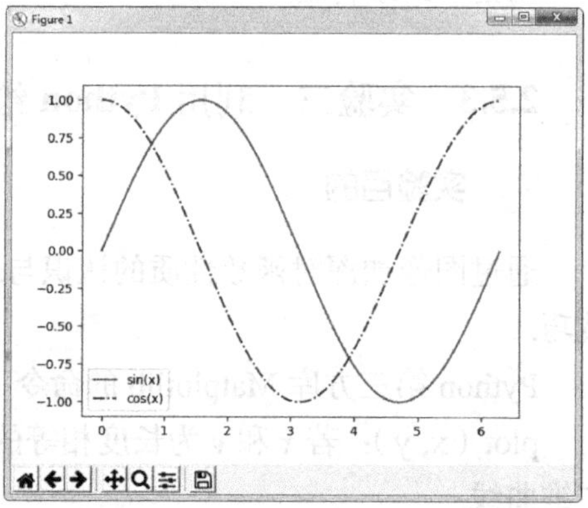

图 2-38 $y=\sin x$ 和 $y=\cos x$ 的图像

【例 2-71】 绘制以下函数的图像，判断其奇偶性，并观察其在 $x=0$ 处的连续性.

（1）$y=\sin x+\cos x+1$；　　（2）$y=\log_2(x+\sqrt{1+x^2})$.

解 （1）在 PyCharn 中新建 pic3.py 文件，内容如下：

```
import matplotlib.pyplot as plt
from numpy import *
```

```
x = arange(-5,5,0.01)
y = sin(x) +cos(x)+1
plt.figure()
plt.plot(x, y)
plt.axis([-6, 6, -3, 3])          #设置坐标范围
plt.grid(True)                    #绘制网格线
plt.show()
```

运行程序，输出图像如图 2-39 所示.

（2）在 PyCharn 中新建 pic4.py 文件，内容如下：

```
import matplotlib.pyplot as plt
from numpy import *
x = arange(-5,5,0.01)
y = log2(x+sqrt(1+x**2))
plt.figure()
plt.plot(x, y)
plt.grid(True)            #绘制网格线
plt.show()
```

运行程序，输出图像如图 2-40 所示.

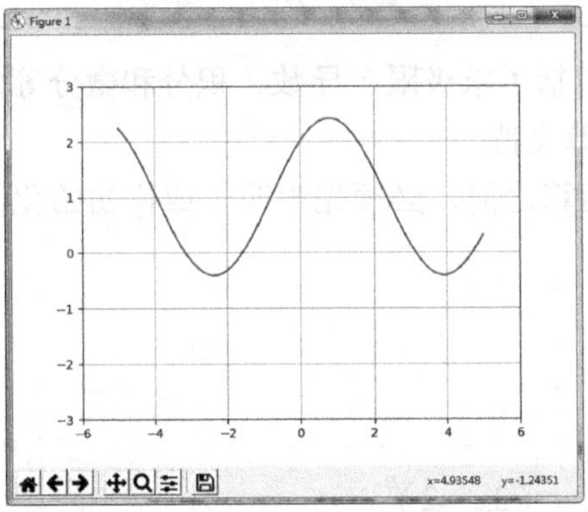

图 2-39　$y=\sin x+\cos x+1$ 的图像

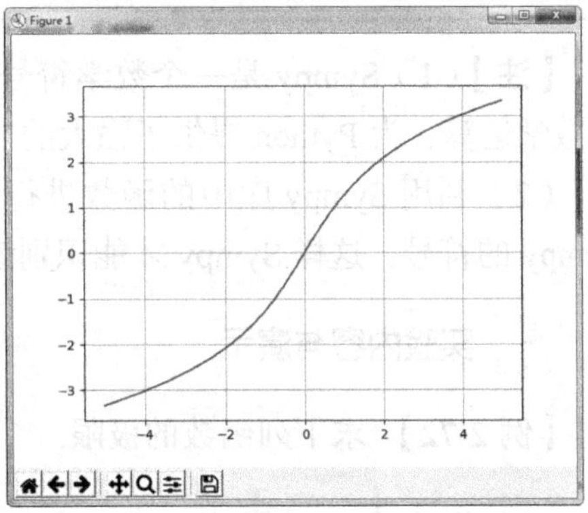

图 2-40　$y=\log_2(x+\sqrt{1+x^2})$ 的图像

由图2-39、图2-40可知，$y=\sin x+\cos x+1$是非奇非偶函数；$y=\log_2(x+\sqrt{1+x^2})$是奇函数，且都在$x=0$处连续.

实验训练

（1）利用绘图命令绘制函数 $f(x)=\sqrt{4-x}+\sin x$ 的图像.

（2）在同一坐标系中绘制函数 $y=\cos x$ 和 $y=\sin 2x$ 的图像.

（3）利用绘图命令绘制函数 $f(x)=\dfrac{1}{\sqrt{2\pi}}\mathrm{e}^{-x^2}$ 的图像.

2.5.4 实验四 求解函数极限

实验目的

（1）掌握用 Python 计算极限的方法；

（2）通过作图，加深对函数极限概念的理解.

Python 的 Sympy 标准库中求极限的常用函数见表 2-9.

表 2-9 Sympy 标准库中求极限的常用函数

数学运算	Python 函数命令
$\lim\limits_{x\to a} f(x)$	limit(f,x,a)
$\lim\limits_{x\to a^-} f(x)$	limit(f,x,a,dir="-")
$\lim\limits_{x\to a^+} f(x)$	limit(f,x,a,dir="+")
$\lim\limits_{x\to +\infty} f(x)$	limit(f,x,oo)
$\lim\limits_{x\to -\infty} f(x)$	limit(f,x,-oo)

【注】（1）Sympy 是一个数学符号库，包括了求极限、导数、积分和微分等多种数学运算，为 Python 提供了强大的数学运算支持.

（2）利用 Sympy 库中的函数进行符号运算之前，必须先声明（或称初始化）Sympy 的符号，这样 Sympy 才能识别该符号.

实验内容与演示

【例 2-72】 求下列函数的极限.

（1）$\lim\limits_{x\to 1}(\frac{1}{x+1}-\frac{2}{x^3-2})$；　　（2）$\lim\limits_{x\to +\infty}\left(\frac{3x-2}{x+3}\right)^n$.

解　（1）在 IDLE 中输入：

```
>>> from sympy import *
>>> x = symbol('x')            #symbol()函数用于初始化单个变量
>>> limit(1/(x+1)-2/(x**3-2),x,1)
```

命令窗口显示所得结果：

```
5/2
```

即

$$\lim_{x\to 1}(\frac{1}{x+1}-\frac{2}{x^3-2})=\frac{5}{2}.$$

（2）在 Pycharm 中新建 limit1.py 文件，内容如下：

```
from sympy import *
x,n = symbols('x n')      #symbols()函数用于初始化多个变量
```

```
print(limit(((3*x-2)/(x+3))**3,x,oo))
```

运行程序，命令窗口显示所得结果：

```
3**n
```

即

$$\lim_{x\to+\infty}\left(\frac{3x-2}{x+3}\right)^n=3^n.$$

【例 2-73】 考察函数 $f(x)=\dfrac{\sin x}{x}$ 在 $x\to 0$ 时的变化趋势，并求其极限.

解 在 PyCharn 中新建 pic5.py 文件，内容如下：

```
import matplotlib.pyplot as plt
from numpy import *
x = arange(-5*pi,5*pi,0.01)
y = sin(x)/x
plt.figure()
plt.plot(x, y)
plt.grid(True)
plt.show()
```

运行程序，输出图像如图 2-41 所示.

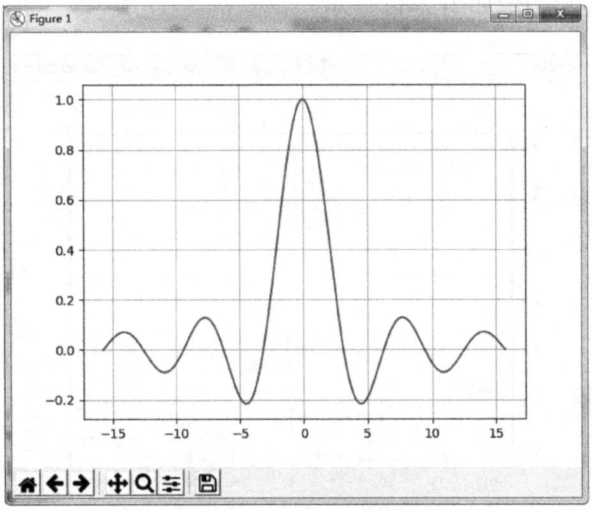

图 2-41 例 2-73 的图像

由图 2-41 可以看出，$f(x)=\dfrac{\sin x}{x}$ 在 $x=0$ 附近连续变化，其值与 1 无限靠近，可见其极限为 1，用 Python 进行验证. 在 PyCharm 中新建 limit2.py 文件，内容如下：

```
from sympy import *
x = symbols('x ')
y = sin(x)/x
```

```
print(limit(y,x,0))
```

运行程序，命令窗口显示所得结果：

```
1
```

即

$$\lim_{x\to 0}\frac{\sin x}{x}=1$$

【例 2-74】 考察函数 $f(x)=(1+\frac{1}{x})^x$ 在 $x\to\infty$ 时的变化趋势，并求其极限.

解 在 PyCharm 中新建 pic6.py 文件，内容如下：

```
import matplotlib.pyplot as plt
from numpy import *
x1 = arange(-100,-2,0.01)
x2 = arange(0,100,0.01)
y1 = (1+1/x1)**x1
y2 = (1+1/x2)**x2
plt.figure()
plt.plot(x1,y1,x2,y2)
plt.grid(True)
plt.show()
```

运行程序，输出图像如图 2-42 所示.

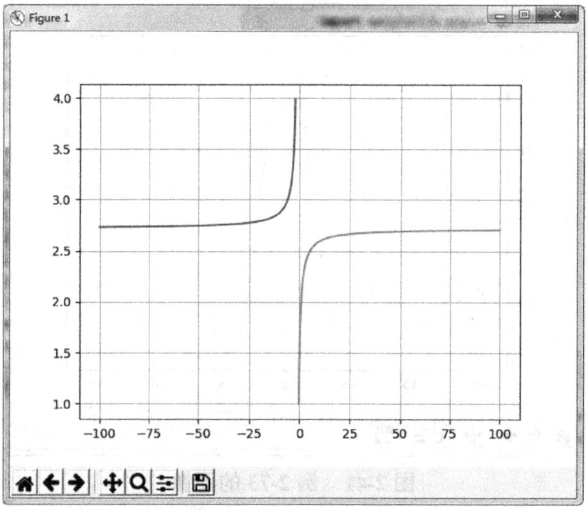

图 2-42 例 2-74 的图像

由图 2-42 可以看出，$f(x)=\left(1+\frac{1}{x}\right)^x$ 分别在 $x\to+\infty$ 和 $x\to-\infty$ 时，函数值与某常数无限接近，该常数为 e，用 Python 进行验证. 在 PyCharm 中新建 limit3.py 文件，内容如下：

```
from sympy import *
x = symbols('x ')
```

```
y = (1+1/x)**x
print(limit(y,x,oo))
print(limit(y,x,-oo))
```

程序运行，命令窗口显示所得结果：

```
E
E
```

即

$$\lim_{x\to+\infty}\left(1+\frac{1}{x}\right)^x = \lim_{x\to-\infty}\left(1+\frac{1}{x}\right)^x = \mathrm{e}$$

因此

$$\lim_{x\to\infty}\left(1+\frac{1}{x}\right)^x = \mathrm{e}$$

【例 2-75】 设有一笔存款的本金为 A_0，年利率为 r，如果一年分 n 期计息，年利率仍为 r，则每期利率为 $\frac{r}{n}$，于是一年后的本利和为 $A = A_0\left(1+\frac{r}{n}\right)^n$. 试求：计息期数无限大的连续复利函数.

解 由题可知，连续复利函数的极限形式为

$$A = \lim_{n\to\infty} A_0\left(1+\frac{r}{n}\right)^n$$

下面利用 Python 求出其极限. 在 PyCharm 中新建 limit4.py 文件，内容如下：

```
from sympy import *
r,n = symbols('r n')
y = (1+r/n)**n
print(limit(y,n,oo))
```

运行程序，命令窗口显示所得结果：

```
exp(r)
```

由结果可知，一年后的本利和为 $A_0\mathrm{e}^r$，说明在连续复利的方式下，本利和为指数函数，利息的增长是非常快的.

实验训练

（1）求下列函数的极限.

① $\lim\limits_{x\to0} x\sin\frac{1}{x}$；　② $\lim\limits_{x\to0+} \frac{\ln x}{x^2}$；　③ $\lim\limits_{x\to0}\frac{\tan x-\sin x}{x^3}$.

（2）【物体的温度】将某种物体加热，它的温度满足模型 $T = -100\mathrm{e}^{-0.029t} + 100\ t$，$t$ 表示时间（单位：min）. 求：

①物体温度达到 100℃所需要的时间；

②当 $t\to+\infty$ 时，物体的温度为多少？

2.5.5 实验五 求解函数导数

实验目的

（1）深入理解导数的意义；
（2）掌握用 Python 求导数、高阶导数及函数在某点的导数值的方法；
（3）掌握求解隐函数的导数的方法.

在 Python 的 Sympy 库中，求函数导数的函数为 diff()，其具体形式如下.
（1）diff（f，x）：函数 f 对符号变量 x 求一阶（偏）导数；
（2）diff（f，x，n）：函数 f 对符号变量 x 求 n 阶（偏）导数.

【例 2-76】 求双曲线 $y=x^2$ 在点 $\left(\frac{1}{2},\frac{1}{4}\right)$ 处的切线方程，并绘制其图像.

解 在 IDLE 中输入：

```
>>> from sympy import *
>>> x = symbols('x')
>>> y = x**2
>>> ds = diff(y,x)
>>> ds
```

命令窗口显示所得结果：

```
2*x
```

在 IDLE 中继续输入：

```
>>> ds.evalf(subs = {x:1/2})    #计算函数 y = x² 在 x = 1/2 处的导数值
```

命令窗口显示所得结果：

```
1.00000000000000
```

所以，其切线方程为 $y-\frac{1}{4}=x-\frac{1}{2}$，即为 $y=x-\frac{1}{4}$.

在 PyCharn 中新建 pic7.py 文件，内容如下：

```
import matplotlib.pyplot as plt
from numpy import *
x = arange(-6,6,0.01)
y1 = x**2
y2 = x-1/4
plt.figure()
plt.plot(x,y1,x,y2)
plt.show()
```

运行程序，输出图像如图 2-43 所示，即在同一坐标系内绘制函数 $y=x^2$ 的图像和它在 $x=\frac{1}{2}$ 处的切线.

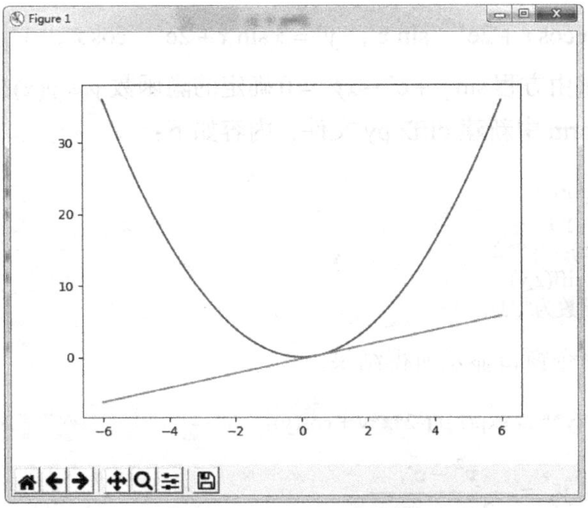

图 2-43　例 2-76 的图像

【注】(1) evalf()函数可求出表达式的浮点数. 使用格式如下：

```
expr.evalf(subs={x1:x1_tmp,x2:x2_tmp,…,xn:xn_tmp })
```

其中，expr 是表达式，x1，x2，⋯，xn 是表达式中的变量，xi_tmp 分别利用 subs()函数替换变量 xi，i=1，2，⋯，n.

(2) subs()函数用于变量替换，其格式如下.

```
expr.subs(x, val):将表达式 expr 中的变量 x 用 val 替换
expr.subs({x1: x1_tmp, x2: x2_tmp, …,xn: xn_tmp }):将表达式 expr 中的变量 xi 用 xi_tmp 替换,其中 i=1，2，…，n.
```

【例 2-77】 已知 $y = 2e^x - x\sin x$，求 y 的一阶导数 y' 和二阶导数 y''，并计算 y 的二阶导数 y'' 在 $x = 0$ 处的值.

解　在 PyCharm 中新建 diff1.py 文件，内容如下：

```
from sympy import *
x = symbols('x ')
y = 2*exp(x)-x*sin(x)
ds_1 = diff(y,x)
ds_2 = diff(y,x,2)
zhi=ds_2.evalf(subs={x:0})
print("一阶导数为", ds_1)          #先计算，再输出结果
print("二阶导数为", ds_2)
print("二阶导数在 x=0 处的值为",zhi )
```

运行程序，命令窗口显示所得结果：

```
一阶导数为-x*cos（x）+2*exp（x）-sin（x）
二阶导数为 x*sin（x）+2*exp（x）-2*cos（x）
二阶导数在 x=0 处的值为 0.e-125
```

即

$$y' = -x\cos x + 2e^x - \sin x\text{，}\quad y'' = x\sin x + 2e^x - \cos x\text{，}\quad y''\big|_{x=0} = 0$$

【例 2-78】 求由方程 $\sin y + e^x - xy^2 = 0$ 确定的隐函数 $y = y(x)$ 的导数 y'_x.

解 在 PyCharm 中新建 diff2.py 文件，内容如下：

```
from sympy import *
x,y = symbols('x y')
z = sin(y)+exp(x)-x*y**2
ds = - diff(z,x)/ diff(z,y)
print("隐函数导数为", ds)
```

运行程序，命令窗口显示所得结果：

```
隐函数导数为 (y**2 - exp(x))/(-2*x*y + cos(y))
```

即此隐函数导数为 $y_x{}' = \dfrac{y^2 - e^x}{-2xy + \cos y}$.

实验训练

（1）根据定义求下列函数的导数或导数值.

① $y = 3x + 2$，求 y'；　　② $f(x) = \sqrt{x}$，求 $f'(4)$.

（2）求曲线 $y = \ln(1 + x)$ 在 $(0,0)$ 处的切线方程，把两者的图像画在同一坐标系上，并观察图像之间的关系.

（3）求下列隐函数的导数 y'_x.

① $x + xy - y^2 = 0$；　　② $y^2 = 2px$；

③ $y = 1 - e^y \cdot x$；　　④ $\dfrac{x^2}{4} + \dfrac{y^2}{9} = 1$.

2.5.6 实验六　导数的应用

实验目的

（1）理解并掌握用函数的导数确定函数的单调区间、凹凸区间的方法；

（2）进一步熟练掌握用 Python 绘制平面图形的方法和技巧，从而结合图形求得函数的极值或最值.

Python 具有求解符号表达式与解方程（组）的工具，其命令格式及功能见表 2-10.

表 2-10　求解符号表达式与解方程工具的命令格式及功能

命令格式	功能
solve(eq, var)	求解含单个未知数 var 的方程 eq
solve([eq1,eq2,…,eqn], [var1,var2,…,varn])	求解有 *n* 个未知数 var1,var2,…,varn 的方程组 eq1,eq2,…,eqn

注：表中 eq 表示方程，var 表示变量.

实验内容与演示

【例 2-79】 确定函数 $f(x)=x^3-3x$ 的单调区间.

解 在 PyCharm 中新建 diff3.py 文件，内容如下：

```
from sympy import *
x = symbols('x')
f = x**3-3*x
ds= diff(f,x)
ans = solve(ds, x)
print("函数的导数为", ds)
print("驻点为", ans)
```

运行程序，命令窗口显示所得结果：

```
函数的导数为 3*x**2-3
```

驻点为［-1，1］，即 $f(x)=x^3-3x$ 有两个驻点，分别为 $x_1=-1$ 和 $x_2=1$.

为确定导数在驻点两侧的符号，在 diff3.py 文件中继续输入如下代码：

```
ans_1 = ds.evalf(subs={x:-2})
ans_2 = ds.evalf(subs={x:0})
ans_3 = ds.evalf(subs={x:2})
print("导数在 x=-2 的值为", ans_1)
print("导数在 x=0 的值为", ans_2)
print("导数在 x=2 的值为", ans_3)
```

运行程序，命令窗口显示所得结果：

```
导数在 x=-2 的值为 9.00000000000000
导数在 x=0 的值为-3.00000000000000
导数在 x=2 的值为 9.00000000000000
```

为结合图像确定单调性，在 PyCharm 中新建 pic8.py 文件，内容如下：

```
import matplotlib.pyplot as plt
from numpy import *
x = arange(-4,4,0.01)
y = x**3 - 3*x
plt.figure()
plt.plot(x,y)
plt.grid(True)
plt.show()
```

运行程序，输出图像如图 2-44 所示.

由程序输出结果可知，函数 $f(x)=x^3-3x$ 单调减区间为 $(-1,1)$，单调增区间分别为 $(-\infty,-1)$ 和 $(1,+\infty)$.

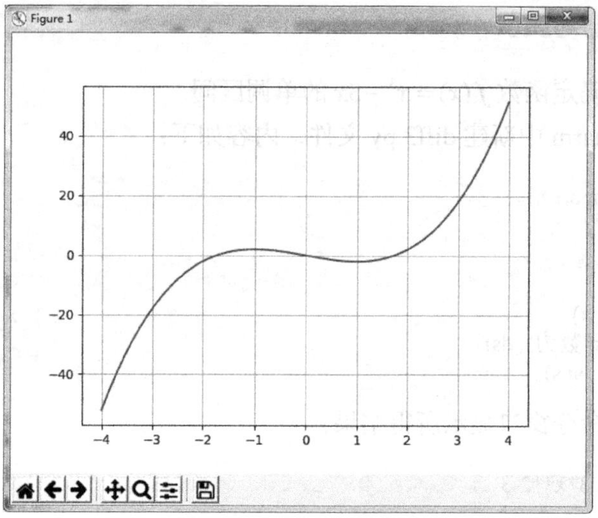

图 2-44　例 2-79 的图像

【例 2-80】 求函数 $y = 2x^3 - 6x^2 - 18x + 7$ 的极值，并作图对照.

解　在 PyCharm 中新建 diff4.py 文件，内容如下：

```
from sympy import *
x = symbols('x')
y = 2*x**3-6*x**2-18*x+7
ds_1= diff(y,x)
ans = solve(ds_1, x)
print("函数的导数为", ds_1)
print("驻点为", ans)
```

运行程序，命令窗口显示所得结果：

```
函数的导数为 6*x**2-12*x-18
```

驻点为 (-1, 3)，即 $y = 2x^3 - 6x^2 - 18x + 7$ 有两个驻点，分别为 $x_1 = -1$ 和 $x_2 = 3$.

在 diff4.py 文件中继续输入如下代码：

```
ds_2= diff(y,x,2)
ans_1 = ds_2.evalf(subs={x:-1})
ans_2 = ds_2.evalf(subs={x:3})
print("二阶导数在 x=-1 的值为", ans_1)
print("二阶导数在 x=3 的值为", ans_2)
```

运行程序，命令窗口显示所得结果：

```
二阶导数在 x=-1 的值为-24.0000000000000
二阶导数在 x=3 的值为 24.0000000000000
```

即，因为 $y''\big|_{x=-1} = -24 < 0$，$y''\big|_{x=1} = 24 > 0$，则函数在 $x = -1$ 处取得极大值，在 $x = 3$ 处取得极小值.

在 diff3.py 文件中继续输入如下代码：

```
ans_3 = y.evalf(subs={x:-1})
ans_4 = y.evalf(subs={x:3})
print("函数的极大值为", ans_3)
print("函数的极小值为", ans_4)
```

运行程序，命令窗口显示所得结果：

```
函数的极大值为 17.0000000000000
函数的极小值为-47.0000000000000
```

即，函数 $y=2x^3-6x^2-18x+7$ 在 $x=-1$ 处取得极大值为 17，在 $x=3$ 处取得极小值为-47.

为结合图像对照函数性质，在 PyCharn 中新建 pic9.py 文件，内容如下：

```
import matplotlib.pyplot as plt
from numpy import *
x = arange(-4,4,0.01)
y = 2*x**3-6*x**2-18*x+7
plt.figure()
plt.plot(x,y)
plt.grid(True)
plt.show()
```

运行程序，输出图形如图 2-45 所示.

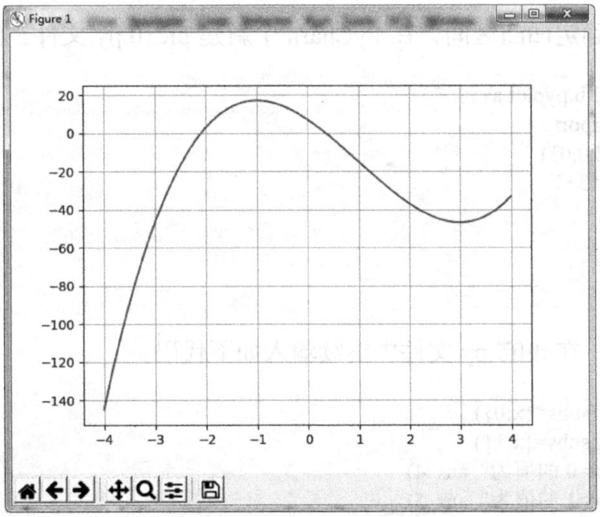

图 2-45 例 2-81 的图像

【例 2-81】 求曲线 $y=x^4-2x^3+1$ 的凹凸区间与拐点.

解 在 PyCharn 中新建 diff5.py 文件，内容如下：

```
from sympy import *
x = symbols('x')
y = x**4-2*x**3+1
ds_1= diff(y,x)
ds_2= diff(y,x,2)
ans = solve(ds_2, x)
```

```
print("函数的导数为", ds_1)
print("函数的导数为", ds_2)
print("二阶导数为 0 的点是", ans)
```

运行程序，命令窗口显示所得结果：

```
函数的导数为 4*x**3-6*x**2
函数的二阶导数为 12*x*（x-1）
```

二阶导数为 0 的点是（0,1），即，$y''=0$有两个根，分别为$x_1=0$和$x_2=1$.

为确定二阶导数在$x_1=0$和$x_2=1$两侧的符号，在 diff5.py 文件中继续输入如下代码：

```
ans_1 = ds_2.evalf(subs={x:-1})
ans_2 = ds_2.evalf(subs={x:1/2})
ans_3 = ds_2.evalf(subs={x:2})
print("二阶导数在 x=-1 的值为", ans_1)
print("二阶导数在 x=1/2 的值为", ans_2)
print("二阶导数在 x=2 的值为", ans_3)
```

运行程序，命令窗口显示所得结果：

```
二阶导数在 x=-1 的值为 24.0000000000000
二阶导数在 x=1/2 的值为-3.00000000000000
二阶导数在 x=2 的值为 24.0000000000000
```

为结合图像确定凹凸区间，在 PyCharn 中新建 pic10.py 文件，内容如下：

```
import matplotlib.pyplot as plt
from numpy import *
x = arange(-1,2,0.01)
y = x**4-2*x**3+1
plt.figure()
plt.plot(x,y)
plt.grid(True)
plt.show()
```

为确定拐点，在 diff5.py 文件中继续输入如下代码：

```
ans_4 = y.evalf(subs={x:0})
ans_5 = y.evalf(subs={x:1})
print("函数在 x=0 的值为", ans_4)
print("函数在 x=1 的值为", ans_5)
```

运行程序，命令窗口显示所得结果：

```
函数在 x=0 的值为 1.00000000000000
函数在 x=1 的值为 0.e-125
```

由程序输出结果和图 2-46 可知，曲线 $y=x^4-2x^3+1$ 在区间 $(-\infty,0)$ 和 $(1,+\infty)$ 凹，在区间 $(0,1)$ 凸，$(0,1)$ 和 $(1,0)$ 是它的两个拐点.

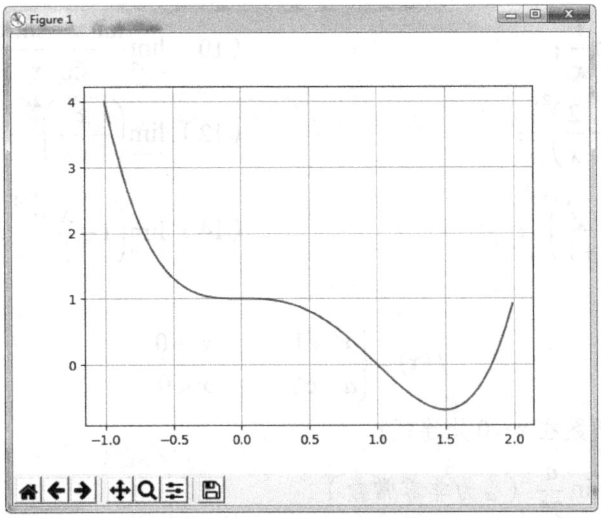

图 2-46 例 2-81 的图像

实验训练

（1）求下列函数的单调区间.

① $y = 2 + x - x^2$； ② $y = x^4$；

③ $y = 2x^2 - \ln x$； ④ $y = 3x - x^3$.

（2）求下列函数的极值.

① $y = x + \dfrac{1}{x}$； ② $y = x - \ln(1 + x)$；

③ $y = -x^4 + 2x^2$； ④ $y = x^3 - 3x^2 + 7$.

（3）求下列曲线的凹凸区间及拐点.

① $y = \ln x$； ② $y = \dfrac{1}{x}$；

③ $y = x^3 - 3x^2 - x + 1$； ④ $y = x\ln x$.

【综合练习】

1．求下列各极限.

（1）$\lim\limits_{x\to1}\dfrac{x^3-4x+6}{3x^2+1}$； （2）$\lim\limits_{x\to1}\dfrac{x^3-3x^2+2x}{x-1}$；

（3）$\lim\limits_{x\to0}\dfrac{x^2}{\sqrt{x^2+1}-1}$； （4）$\lim\limits_{x\to+\infty}\dfrac{2^x-1}{4^x+1}$；

（5）$\lim\limits_{x\to+\infty}\left(\sqrt{x^2+3x}-x\right)$； （6）$\lim\limits_{x\to\infty}\dfrac{(3x-1)^{20}(x+1)^{30}}{(2x-3)^{50}}$；

（7）$\lim\limits_{x\to1}\left(\dfrac{2}{x^2-1}-\dfrac{1}{x-1}\right)$； （8）$\lim\limits_{n\to+\infty}\underbrace{0.99\cdots99}_{n个}$；

（9）$\lim\limits_{x\to\infty} x\sin\frac{1}{x}$；

（10）$\lim\limits_{x\to 0}\frac{\tan x-\sin x}{\sin^3 x}$；

（11）$\lim\limits_{x\to\infty}\left(1-\frac{2}{x}\right)^{2x}$；

（12）$\lim\limits_{x\to\infty}\left(\frac{x}{1+x}\right)^{2x}$；

（13）$\lim\limits_{x\to\infty}\left(\frac{x-2}{x+1}\right)^{x}$；

（14）$\lim\limits_{x\to 0}\left(1-\frac{x}{2}\right)^{\frac{1}{x}+1}$.

2．设函数

$$f(x)=\begin{cases}x^2+1 & x\geqslant 0\\ a-e^x & x<0\end{cases}$$

则 a 为何值时，函数在 $x=0$ 处连续？

3．求 $\lim\limits_{n\to\infty}2^n\sin\frac{a}{2^n}$（$a$ 为非零常数）.

4．求下列函数的导数.

（1）$y=x^3(1-\sqrt{x})$；

（2）$y=\ln(1-2x^2)$；

（3）$y=\sqrt{1+\ln^2 x}$；

（4）$y=\left(x+\ln^2 x\right)^4$；

（5）$y=\frac{1}{1+\sqrt{x}}-\frac{1}{1-\sqrt{x}}$；

（6）$y=\sin^2 x+\sin x^2$；

（7）$y=\ln\sqrt{x^2+1}+\frac{1}{\sqrt{2+x}}$；

（8）$y=\left(1+\frac{1}{x}\right)^x$.

5．求由下列方程所确定的隐函数的导数.

（1）$xe^y+ye^x=0$；

（2）$e^{xy}+y\ln x=\cos 2x$；

（3）$e^{x+y}-xy^2=1$.

6．求下列函数的导数值.

（1）设 $f(x)=\frac{1-\sqrt{x}}{1+\sqrt{x}}$，求 $y'(4)$；

（2）设 $y=x\ln(x+1)$，求 $y''(1)$；

（3）设 $y=y(x)$ 由方程 $x(1+y^2)-\ln(x^2+2y)=0$ 确定，求 $y'(0)$.

7．求下列函数的微分.

（1）$y=x^2e^{-2x}$；

（2）$y=\left(\frac{x}{1+x}\right)^x$；

（3）$y=e^{-3\sin^2\frac{1}{x}}$；

（4）$y=\left(x^2-2x+3\right)e^{-x}$；

（5）$y=\frac{1}{\sqrt{1+x^2}}$；

（6）$y=\ln(\ln x)$；

（7）$y=(3x^2+1)^{\frac{2}{3}}$；

（8）$y=\left[\ln(1-2x)\right]^2$.

8．判断题

（1）若 $f'(x_0)=0$，则 x_0 必为 $f(x)$ 的极值点．（　　）

（2）若 x_0 为函数 $f(x)$ 的极值点，则曲线 $f(x)$ 在点 $(x_0,f(x_0))$ 处必有平行于轴的切线．（　　）

（3）$f(x)$ 的极值点一定是驻点或不可导点，反之则不成立．（　　）

（4）函数 $y=x-\sin x$ 在 $\mathbf{R}$ 上无极值．（　　）

（5）二阶可导的函数 $f(x)$ 在 x_0 处取得极值，则 $f''(x_0)\neq 0$．（　　）

9．求下列极限是否可用洛必达法则，为什么？极限是否存在？

（1）$\lim\limits_{x\to\infty}\dfrac{x+\sin x}{x}$；　（2）$\lim\limits_{x\to 0}\dfrac{x^2\sin\dfrac{1}{x}}{x}$；　（3）$\lim\limits_{x\to 0}\dfrac{e^x-e^{-x}}{e^x+e^{-x}}$．

10．填空题．

（1）曲线 $y=\arctan x$ 在 $(0,+\infty)$ 上是________（填写凹或凸）的．

（2）曲线 $y=x^3$ 的拐点是________，曲线 $y=\sqrt[3]{x}$ 的拐点是________．

（3）设曲线 $y=x^3-3x$ 的，则

一阶导数 $y'=$________，驻点________；曲线 $y=x^3-3x$ 在________区间内单调上升，在区间内________单调下降；

二阶导数 $y''=$________，曲线 $y=x^3-3x$ 在________区间凹，在________区间凸，拐点是________．

11．利用洛必达法则求下列极限．

（1）$\lim\limits_{x\to\pi}\dfrac{\sin 2x}{\sin 3x}$；　（2）$\lim\limits_{x\to a}\dfrac{x^m-a^m}{x^n-a^n}$；

（3）$\lim\limits_{x\to+\infty}\left(\dfrac{x}{x-1}-\dfrac{1}{\ln x}\right)$；　（4）$\lim\limits_{x\to+\infty}\dfrac{\ln^2 x}{x}$．

12．证明：当 $x>0$，$x>\ln(1+x)$，并画出函数 $y=x, y=\ln(1+x)$ 的图像．

13．利用二阶导数，判断函数 $y=(x^2-1)^3+1$ 的极值．

（提示：$y''(-1)=y''(1)=0$，用二阶导数无法判定极值，可用极值的第一充分条件来判断点 $x_1=1,\ x_2=-1$ 的极值）

14．求曲线 $y=\ln(1-x^2)$ 的单调区间和极限、凹凸区间和拐点．

15．已知曲线 $y=x^3+ax^2-9x+4$ 有拐点，其横坐标为 $x=1$，试确定系数 a，并求曲线的凹凸区间和拐点．

16．【传染病感染的人数】假定某种传染病流行 t 天后，感染的人数由下式给出：

$$N=\frac{1000000}{1+5000e^{-0.1t}}$$

问：（1）如果不加控制，那么从长远考虑，将有多少人感染上这种疾病？

（2）有可能到某天为止，共有人100万人染上这种病吗？

17.【物体的温度】将某种物体加热，它的温度满足模型$T=-100\mathrm{e}^{-0.029t}+100$，$t$表示时间（单位：min）. 问：

（1）物体温度达到100°C 所需要的时间；

（2）当$t\to+\infty$时，物体的温度为多少？

18.【放射物衰减】某种放射性材料的衰减模型为$N=100\mathrm{e}^{-0.026t}$（单位：mg）. 求：

（1）该放射性材料最初的质量是多少？　（2）N在$t\to+\infty$时为多少？

19.【切线方程】求曲线$\sqrt{x}+\sqrt{y}=2$在点$(1,1)$处的切线方程.

20.【金属圆管截面面积】金属圆管的内半径为 10cm，当管壁厚度为 0.05cm 时，利用微分来近似计算圆管截面面积.

21.【建堆料场用料最省】某工厂需要建一个面积为 512m^3 的堆料场，一边可以利用原来的墙壁，其他三边需要砌新的墙壁，问堆料场的长和宽各为多少时，才能使砌墙所用的材料最省？

22.【易拉罐外形的最优设计】我们发现销量很大的饮料（例如 355mL 的可口可乐、青岛啤酒等）的易拉罐的形状和尺寸几乎都是一样的. 这并非偶然，是某种意义下的最优设计. 当然，对于单个易拉罐来说，这种最优设计可以节省的费用可能是很有限的，但是如果生产几亿甚至几十亿个易拉罐的话，可以节约的费用就很可观了. 设易拉罐是一个正圆柱体. 什么是它的最优设计？生产易拉罐饮料，其容积V一定时，希望制造易拉罐的材料最省. 假设易拉罐侧面积和底面的厚度相同，而顶部的厚度是底侧面厚度的 3 倍，试求易拉罐的高和底面的直径. 验证市场上的易拉罐，其高和底面直径之比是否符合你的计算.

（附：355mL 的可口可乐易拉罐的数据，圆柱的半径 3.305，圆台上表面半径 2.885，罐的总高度 12.310，圆柱的高度 10.210，顶盖的厚度 0.028，侧壁的厚度 0.011，下底的厚度 0.021，单位均为 cm.）

第3章 一元函数积分及其应用

本书第2章已经介绍了在给定一个函数 $f(x)$ 的前提下，求该函数的导数和微分的方法. 现在来考虑一个相反的问题：如果已知道一个函数的导数或微分，如何来求此函数本身呢？这就是不定积分问题（导数的逆运算问题）.

从本章开始，我们将在微分的基础上学习一元函数积分. 本章重点介绍不定积分的概念、不定积分的基本公式、不定积分的换元法和分部积分法，定积分的概念、性质及应用.

3.1 不定积分的概念及其计算

3.1.1 积分学的起源

积分学的起源要比微分学早得多. 很长一段时间，面积和体积的计算一直是数学家们所感兴趣的问题. 在古代希腊、中国和印度的数学家们的著作中，不乏用无限小求和来计算特殊形状的面积、体积或曲线长的例子，他们的工作是建立一般积分学的基础. 在欧洲，对此类问题的研究兴起于17世纪，其中德国的莱布尼兹接受了意大利数学家卡瓦列里（F.B Cavalieri，1598—1647年）不可分量的原理，将曲边形看成无穷多个宽度为无穷小的矩形之和，从而导致了积分的产生. 牛顿从另一途径引出积分概念，他从确定面积的变化率（导数）入手，通过求变化率的逆过程（反导数）来计算面积. 两人都得到了解决计算特殊形状的面积问题的普遍算法——积分计算法，又几乎同时互相独立地得出了积分和微分的互逆关系，由此创立了积分学. 但是，他们的积分概念缺少逻辑基础，严格的定积分的定义是由19世纪的柯西和黎曼建立的.

3.1.2 原函数与不定积分的概念

1. 原函数

在科学技术的许多问题中，由于函数 $y=F(x)$ 未知，但有可能得到这个函数的导数 $F'(x)$ 或微分 $\mathrm{d}F(x)$，并通过它们来寻求函数 $y=F(x)$. 这类问题是积分学的基本问题.

定义【原函数】 设函数 $f(x)$ 在区间 (a,b) 上有定义，若存在函数 $F(x)$，使得对任意的 $x \in (a,b)$，都有

$$F'(x) = f(x) \text{或} \mathrm{d}F(x) = f(x)\mathrm{d}x$$

则称 $F(x)$ 为 $f(x)$ 在 (a,b) 上的一个原函数.

【例 3-1】 求函数 $f(x) = \sin x$ 的原函数.

解 因为 $(-\cos x)' = \sin x$，由原函数的定义可知 $-\cos x$ 是 $\sin x$ 的一个原函数. 又 $(-\cos x + 1)' = \sin x$，$(-\cos x - 1)' = \sin x$，则 $-\cos x + 1$ 与 $-\cos x - 1$ 都是 $\sin x$ 的原函数. 一般地，$-\cos x + C$（其中，C 为任意常数）都是 $\sin x$ 的原函数.

因此，如果 $F(x)$ 是 $f(x)$ 的一个原函数，则 $F(x) + C$ 就是 $f(x)$ 的原函数.

2. 不定积分

已知函数 $f(x)$，要求出它的原函数 $F(x)$，实际上是导数的逆运算.

关于原函数要理解两点：（1）原函数的个数问题，如果 $f(x)$ 的原函数 $F(x)$ 存在，则原函数有无穷多个；（2）原函数的一般表达式，若 $F(x)$ 是 $f(x)$ 的一个原函数，则 $f(x)$ 的全部原函数可以表示为 $F(x) + C$，其中 C 为任意常数.

定义【不定积分】 若 $f(x)$ 存在原函数，则称 $f(x)$ 的全体原函数 $F(x) + C$ 称为 $f(x)$ 的不定积分，记作

$$\int f(x)\mathrm{d}x = F(x) + C$$

其中，$f(x)$ 称为被积函数，$f(x)\mathrm{d}x$ 称为被积表达式，x 称为积分变量，C 称为积分常数，$\int$ 称为积分符号. 积分与微分的关系如下：

积分与微分的关系

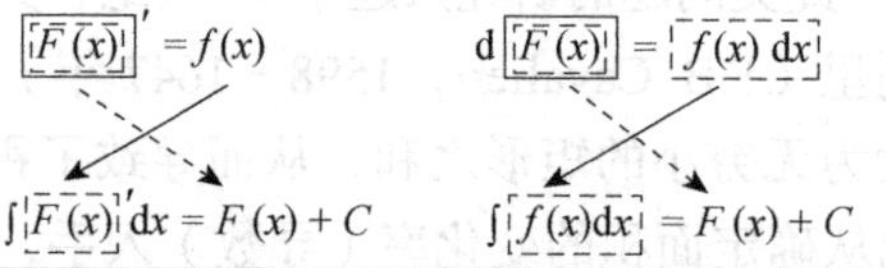

由定义可知，求函数 $f(x)$ 的不定积分，只需求出 $f(x)$ 的一个原函数，然后再加上积分常数 C 即可.

【例 3-2】 求 $\int x^2 \mathrm{d}x$.

解 由于 $\left(\dfrac{x^3}{3}\right)' = x^2$，则 $\dfrac{x^3}{3}$ 是 x^2 的一个原函数，即

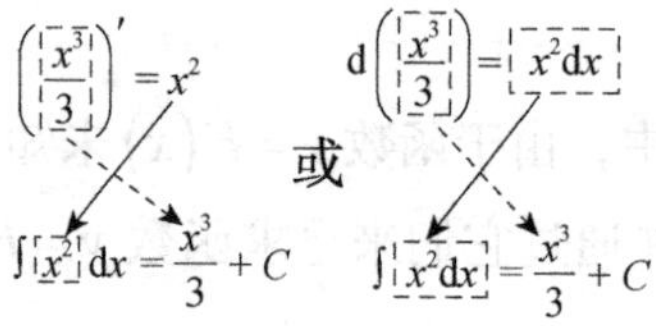

于是，$\int x^2 dx = \frac{x^3}{3} + C$.

【例 3-3】 求函数 $f(x) = e^{-x}$ 的不定积分.

解 因为 $\left(-e^{-x}\right)' = e^{-x}$，所以

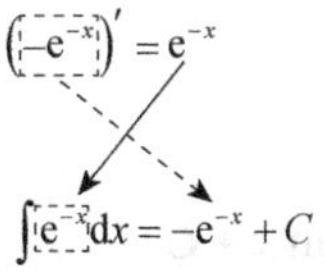

即 $\int e^{-x} dx = -e^{-x} + C$.

3. 不定积分的基本性质与几何意义

1）不定积分的基本性质

性质 1 $\left[\int f(x) dx\right]' = f(x)$，$d\left[\int f(x) dx\right] = f(x) dx$

先积分后求导（微分），结果两种运算抵消.

性质 2 $\int f'(x) dx = f(x) + C$，$\int df(x) = f(x) + C$

先求导（微分）后积分，结果相差一个常数.

2）不定积分的几何意义

$f(x)$ 的一个原函数 $F(x)$ 所确定的曲线称为函数的积分曲线，它的方程是 $y = F(x)$. $f(x)$ 的不定积分 $\int f(x) dx = F(x) + C$，根据 C 的不同取值可以得到相应的积分曲线. 因此，不定积分 $\int f(x) dx$ 表示 $f(x)$ 的一簇积分曲线. 又因为 $(F(x) + C)' = f(x)$，所以积分曲线上横坐标相同的点处的切线斜率 $F'(x)$ 均相等，即这些切线是互相平行的，如图 3-1 所示.

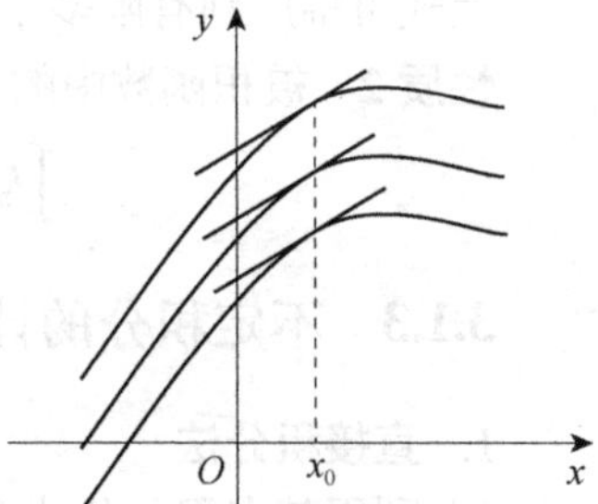

图 3-1 积分曲线

4. 基本积分公式与运算性质

1）基本积分公式

由于求不定积分的运算是微分运算的逆运算，因此从基本初等函数的导数公式可以得到相应的不定积分公式. 对于常数和其他基本初等函数，积分公式和对应导数公式如下：

基本积分公式	导数公式
（1）$\int k dx = kx + C$（k为常数）	$(kx + C)' = k$
（2）$\int x^{\alpha} dx = \frac{1}{\alpha + 1} x^{\alpha+1} + C$ $(\alpha \neq -1)$	$(x^{\alpha})' = \alpha x^{\alpha-1}$
（3）$\int \frac{1}{x} dx = \ln\lvert x\rvert + C$	$(\ln\lvert x\rvert)' = \frac{1}{x}$

（4）$\int e^x dx = e^x + C$	$(e^x)' = e^x$
$\int a^x dx = \dfrac{a^x}{\ln a} + C$	$(a^x)' = a^x \ln a$
（5）$\int \sin x dx = -\cos x + C$	$(\cos x)' = -\sin x$
$\int \cos x dx = \sin x + C$	$(\sin x)' = \cos x$
（6）$\int \dfrac{1}{\cos^2 x} dx = \int \sec^2 x dx = \tan x + C$	$(\tan x)' = \dfrac{1}{\cos^2 x} = \sec^2 x$
$\int \dfrac{1}{\sin^2 x} dx = \int \csc^2 x dx = -\cot x + C$	$(\cot x)' = \dfrac{-1}{\sin^2 x} = -\csc^2 x$
（7）$\int \dfrac{dx}{\sqrt{1-x^2}} = \arcsin x + C$	$(\arcsin x)' = \dfrac{1}{\sqrt{1-x^2}}$
$\int \dfrac{dx}{1+x^2} = \arctan x + C$	$(\arctan x)' = \dfrac{1}{1+x^2}$

2）不定积分的运算性质

性质 1　两个函数的代数和的不定积分等于这两个函数不定积分的代数和，即

$$\int [f(x) \pm g(x)] dx = \int f(x) dx \pm \int g(x) dx$$

上式可推广到有限多个函数的代数和的情况.

性质 2　被积函数中的常数项，可以移到积分符号的外面，即

$$\int kf(x) dx = k\int f(x) dx \qquad (k \neq 0)$$

3.1.3　不定积分的计算

1. 直接积分法

1）利用基本积分公式和运算性质求不定积分

【例 3-4】 求 $\int \dfrac{dx}{x^3}$.

解　$\int \dfrac{1}{x^3} dx = \int x^{-3} dx = \dfrac{x^{-3+1}}{-3+1} + C = -\dfrac{1}{2x^2} + C$

【例 3-5】 求 $\int (x^2 + x + 2) dx$.

解　$\int (x^2 + x + 2) dx = \int x^2 dx + \int x dx + \int 2 dx = \dfrac{x^3}{3} + \dfrac{x^2}{2} + 2x + C$

2）利用恒等变形求积分

【例 3-6】 求 $\int \sin^2 \dfrac{x}{2} dx$.

解　$\int \sin^2 \dfrac{x}{2} dx = \int \dfrac{1-\cos x}{2} dx = \dfrac{1}{2}\left(\int dx - \int \cos x dx\right) = \dfrac{1}{2}(x - \sin x) + C$

【例 3-7】 求 $\int \dfrac{1-x^2}{1+x^2} dx$.

解 $\int\frac{1-x^2}{1+x^2}\mathrm{d}x=\int\frac{2-\left(1+x^2\right)}{1+x^2}\mathrm{d}x=2\int\frac{1}{1+x^2}\mathrm{d}x-\int\mathrm{d}x=2\arctan x-x+C$

【例 3-8】 求 $\int 2^x\mathrm{e}^x\mathrm{d}x$.

解 $\int 2^x\mathrm{e}^x\mathrm{d}x=\int(2\mathrm{e})^x\mathrm{d}x=\frac{1}{\ln 2\mathrm{e}}(2\mathrm{e})^x+C=\frac{2^x\mathrm{e}^x}{1+\ln 2}+C$

【例 3-9】【火车制动距离】 一辆火车制动后的速度为 $v(t)=1-\frac{1}{4}t$（单位：km/s），求火车应该在距离站台停靠点多远的地方开始制动？

解 当速度为零时，即 $1-\frac{1}{4}t=0$，得 $t=4\mathrm{s}$，即开始制动 4s 后火车停下来.

设路程函数为 $s=s(t)$，根据题意 $s'(t)=v(t)=1-\frac{1}{4}t$，则

$$s(t)=\int s'(t)\mathrm{d}t=\int\left(1-\frac{1}{4}t\right)\mathrm{d}t=t-\frac{1}{8}t^2+C$$

当 $t=0$ 时，$s=0$，代入上式，得 $C=0$．于是

$$s(t)=t-\frac{1}{8}t^2$$

将 $t=4$ 代入上式，得

$$s(4)=4-\frac{1}{8}\times 4^2=2\,\mathrm{km}$$

即火车应该在距离站台 2km 时开始制动.

2. 凑微分法

仅仅利用基本积分公式和不定积分的性质，所能求出的不定积分是很有限的. 由复合函数的求导法则可以得到求不定积分最为灵活和最为重要的方法：凑微分法（积分第一换元法）.

不定积分基本公式的推广形式

（1）$\int\boxed{u}^{\alpha}\mathrm{d}\boxed{u}=\frac{\boxed{u}^{\alpha+1}}{\alpha+1}+C\quad(\alpha\neq-1)$

（2）$\int\frac{1}{\boxed{u}}\mathrm{d}\boxed{u}=\ln\left|\boxed{u}\right|+C$

（3）$\int\mathrm{e}^{\boxed{u}}\mathrm{d}\boxed{u}=\mathrm{e}^{\boxed{u}}+C$　　$\int a^{\boxed{u}}\mathrm{d}\boxed{u}=\frac{a^{\boxed{u}}}{\ln a}+C$

（4）$\int\sin\boxed{u}\mathrm{d}\boxed{u}=-\cos\boxed{u}+C$　　$\int\cos\boxed{u}\mathrm{d}\boxed{u}=\sin\boxed{u}+C$

（5）$\int\frac{1}{\cos^2\boxed{u}}\mathrm{d}\boxed{u}=\int\sec^2\boxed{u}\mathrm{d}\boxed{u}=\tan\boxed{u}+C$　　$\int\frac{1}{\sin^2\boxed{u}}\mathrm{d}\boxed{u}=\int\csc^2\boxed{u}\mathrm{d}\boxed{u}=-\cot\boxed{u}+C$

（6）$\int\frac{\mathrm{d}\boxed{u}}{\sqrt{1-\boxed{u}^2}}=\arcsin\boxed{u}+C$　　$\int\frac{1}{1+\boxed{u}^2}\mathrm{d}\boxed{u}=\arctan\boxed{u}+C$

考察不定积分基本公式的推广形式（3）$\int e^u du = e^u + C$，注意公式中的变量 u，当 $u=2x$，下式自然成立：

$$\int e^{2x} d(2x) = e^{2x} + C$$

即

$$\int e^{2x}(2x)'dx = \int e^{2x} d(2x) = e^{2x} + C$$

【例 3-10】 求 $\int e^{2x} dx$.

解 $\int e^{2x} dx = \int e^{2x} \times \frac{1}{2} \times (2x)' dx = \frac{1}{2}\int e^{2x}(2x)' dx = \frac{1}{2}\int e^{2x} d(2x) = \frac{1}{2}e^{2x} + C$

定理【复合函数的积分】 若 $u=\varphi(x)$ 在 $[a,b]$ 内可导，且 $\alpha \leqslant \varphi(x) \leqslant \beta$，如果对于任意的 $u \in [\alpha,\beta]$，有 $\int f(u)du = F(u)+C$，则

$$\int f[\varphi(x)]d\varphi(x) = F[\varphi(x)] + C$$

由例 3-10 可以看出，使用凑微分法求积分，就是把 $\int g(x)dx$ 中的被积表达式"凑"成另一个微分形式 $f(u)du$，其中 $u=\varphi(x)$，目标是使 $\int f(u)du$ 能够用基本积分公式求出，即

凑微分法
$\int g(x)dx = \int f[\varphi(x)]\varphi'(x)dx = \int f[\varphi(x)]d\varphi(x) = F[\varphi(x)] + C$
其中，$F(u)$ 是 $f(u)$ 的一个原函数.

【例 3-11】 求 $\int \cos 2x dx$.

解 $\int \cos 2x dx = \int \cos 2x \times \frac{1}{2} \times (2x)' dx = \frac{1}{2}\int \cos 2x d(2x) = \frac{1}{2}\sin 2x + C$

【例 3-12】 求 $\int \sqrt{2x-1} dx$.

解

$$\int \sqrt{2x-1}dx = \int (2x-1)^{\frac{1}{2}} \times \frac{1}{2} \times (2x-1)'dx = \frac{1}{2}\int (2x-1)^{\frac{1}{2}} d(2x-1)$$

$$= \frac{1}{2} \times \frac{2}{3}(2x-1)^{\frac{3}{2}} + C = \frac{1}{3}(2x-1)^{\frac{3}{2}} + C$$

【例 3-13】 求 $\int \frac{1}{ax+b} dx$.

解 $\int \frac{1}{ax+b}dx = \int \frac{1}{ax+b} \cdot \frac{1}{a} \cdot (ax+b)' dx = \frac{1}{a}\int \frac{1}{ax+b} d(ax+b) = \frac{1}{a}\ln|ax+b| + C$

【例 3-14】 求 $\int x\sqrt{1+x^2} dx$.

解

$$\int x\sqrt{1+x^2}dx = \int (1+x^2)^{\frac{1}{2}} \times \frac{1}{2} \times (1+x^2)' dx = \frac{1}{2}\int (1+x^2)^{\frac{1}{2}} d(1+x^2)$$

$$= \frac{1}{2} \times \frac{2}{3}(1+x^2)^{\frac{3}{2}} + C = \frac{1}{3}(1+x^2)^{\frac{3}{2}} + C$$

【例 3-15】 求$\int \tan x\mathrm{d}x$.

解 $\int \tan x\mathrm{d}x = \int \frac{\sin x}{\cos x}\mathrm{d}x = \int \frac{1}{\cos x}(-1)(\cos x)'\mathrm{d}x = -\int \frac{1}{\cos x}\mathrm{d}(\cos x) = -\ln|\cos x| + C$

为了熟练地掌握不定积分的凑微分法，总结应用凑微分法的常见积分类型，具体如下：

（1） $\int f(ax+b)\mathrm{d}x = \frac{1}{a}\int f(ax+b)\mathrm{d}(ax+b)$

（2） $\int xf(ax^2+b)\mathrm{d}x = \frac{1}{2a}\int f(ax^2+b)\mathrm{d}(ax^2+b)$

（3） $\int \mathrm{e}^x f(\mathrm{e}^x)\mathrm{d}x = \int f(\mathrm{e}^x)\mathrm{d}(\mathrm{e}^x)$

（4） $\int \frac{1}{x} f(\ln x)\mathrm{d}x = \int f(\ln x)\mathrm{d}(\ln x)$

（5） $\int \cos x f(\sin x)\mathrm{d}x = \int f(\sin x)\mathrm{d}(\sin x)$

$\int \sin x f(\cos x)\mathrm{d}x = -\int f(\cos x)\mathrm{d}(\cos x)$

（6） $\int \frac{1}{\cos^2 x} f(\tan x)\mathrm{d}x = \int f(\tan x)\mathrm{d}(\tan x)$

$\int \frac{1}{\sin^2 x} f(\cot x)\mathrm{d}x = -\int f(\cot x)\mathrm{d}(\cot x)$

（7） $\int \frac{1}{\sqrt{1-x^2}} f(\arcsin x)\mathrm{d}x = \int f(\arcsin x)\mathrm{d}(\arcsin x)$

$\int \frac{1}{x^2+1} f(\arctan x)\mathrm{d}x = \int f(\arctan x)\mathrm{d}(\arctan x)$

【例 3-16】 求$\int \frac{1}{x^2-a^2}\mathrm{d}x$.

解 先对被积函数进行恒等变形

$$\frac{1}{x^2-a^2} = \frac{1}{2a}\left(\frac{1}{x-a} - \frac{1}{x+a}\right)$$

于是

$$\begin{aligned}
\int \frac{1}{x^2-a^2}\mathrm{d}x &= \frac{1}{2a}\int\left(\frac{1}{x-a} - \frac{1}{x+a}\right)\mathrm{d}x \\
&= \frac{1}{2a}\left(\int \frac{1}{x-a}\mathrm{d}x - \int \frac{1}{x+a}\mathrm{d}x\right) \\
&= \frac{1}{2a}\left[\int \frac{1}{x-a}(x-a)'\mathrm{d}x - \int \frac{1}{x+a}(x+a)'\mathrm{d}x\right] \\
&= \frac{1}{2a}\left[\int \frac{1}{x-a}\mathrm{d}(x-a) - \int \frac{1}{x+a}\mathrm{d}(x+a)\right] \\
&= \frac{1}{2a}(\ln|x-a| - \ln|x+a|) + C = \frac{1}{2a}\ln\left|\frac{x-a}{x+a}\right| + C
\end{aligned}$$

3. 第二换元法

利用凑微分法解决了一些不定积分，但有些不定积分，如 $\int \frac{\mathrm{d}x}{\sqrt{x^2+a^2}}(a \neq 0)$，$\int \frac{\mathrm{d}x}{1+\sqrt[3]{x}}$ 等，就难以用凑微分法来解决，下面通过做变量代换求不定积分，即利用积分第二换元法来求解.

定理 函数 $x=\varphi(t)$ 在 $[\alpha,\beta]$ 上可导，$a \leqslant \varphi(t) \leqslant b$，且 $\varphi'(t) \neq 0$，又函数 $f(x)$ 在 $[a,b]$ 上有定义，且对于任意的 $t \in [\alpha,\beta]$ 有 $G'(t)=f[\varphi(t)]\varphi'(t)$，则函数 $f(x)$ 在 $[a,b]$ 上存在原函数，且

$$\int f(x)\mathrm{d}x = G\left[\varphi^{-1}(x)\right]+C$$

其中，$t=\varphi^{-1}(x)$ 是 $x=\varphi(t)$ 的反函数.

【例 3-17】 求 $\int \frac{1}{1+\sqrt{1+x}}\mathrm{d}x$.

解 令 $\sqrt{1+x}=t$，则 $x=t^2-1$，$\mathrm{d}x=2t\mathrm{d}t$，于是

$$\begin{aligned}\int \frac{1}{1+\sqrt{1+x}}\mathrm{d}x &= \int \frac{2t}{1+t}\mathrm{d}t = 2\int \frac{t+1-1}{1+t}\mathrm{d}t = 2\left(\int \mathrm{d}t - \int \frac{\mathrm{d}t}{1+t}\right) \\ &= 2t-2\ln|1+t|+C = 2\sqrt{1+x}-2\ln\left(1+\sqrt{1+x}\right)+C\end{aligned}$$

【例 3-18】 求 $\int \frac{x^2}{\sqrt{1-x^2}}\mathrm{d}x$.

解 设 $x=\sin t$，则 $\mathrm{d}x=\cos t\mathrm{d}t$，

当 $-\frac{\pi}{2}<t<\frac{\pi}{2}$ 时，$x=\sin t$ 存在反函数，且 $|\cos t|=\cos t$，所以

$$\begin{aligned}\int \frac{x^2}{\sqrt{1-x^2}}\mathrm{d}x &= \int \frac{\sin^2 t\cos t}{\cos t}\mathrm{d}t = \int \sin^2 t\mathrm{d}t \\ &= \int \frac{1-\cos 2t}{2}\mathrm{d}t = \frac{1}{2}\int \mathrm{d}t - \frac{1}{4}\int \cos 2t\mathrm{d}(2t) \\ &= \frac{1}{2}t-\frac{1}{4}\sin 2t+C = \frac{1}{2}t-\frac{1}{2}\sin t\cos t+C\end{aligned}$$

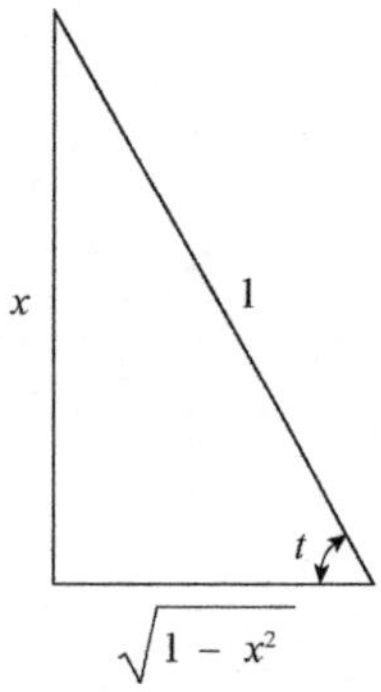

图 3-2 辅助直角三角形

为了将 $\sin t$ 和 $\cos t$ 换成 x 的函数，可根据 $x=\sin t$ 作出辅助直角三角形，如图 3-2 所示，则

$$t=\arcsin x,\quad \cos t=\sqrt{1-x^2}$$

从而有

$$\int \frac{x^2}{\sqrt{1-x^2}}\mathrm{d}x = \frac{1}{2}\arcsin x-\frac{x}{2}\sqrt{1-x^2}+C$$

第二换元法常用于含有根式的积分，有时也用于某些多项

式，像$\int \frac{1}{\left(x^2+a^2\right)^2}dx$也可用函数的三角代换求出结果.

利用第二换元法所设的变量通常有：

（1）当被积分函数含有根式$\sqrt{a^2-x^2}$时，可令$x=a\sin t$，$t\in\left(-\frac{\pi}{2},\frac{\pi}{2}\right)$；

（2）当被积分函数含有根式$\sqrt{a^2+x^2}$时，可令$x=a\tan t$，$t\in\left(-\frac{\pi}{2},\frac{\pi}{2}\right)$；

（3）当被积分函数含有根式$\sqrt{x^2-a^2}$时，可令$x=a\sec t$，$t\in\left(0,\frac{\pi}{2}\right)$.

【例 3-19】 求$\int\sqrt{a^2-x^2}dx\ (a>0)$.

解　设$x=a\sin t$，则$dx=a\cos tdt$. 当$-\frac{\pi}{2}<t<\frac{\pi}{2}$时，$x=a\sin t$存在反函数，且$|\cos t|=\cos t$，则$\sqrt{a^2-x^2}=a\cos t$，如图 3-3 所示.

因此

$$\begin{aligned}\int\sqrt{a^2-x^2}dx&=a^2\int\cos^2 tdt\\&=\frac{a^2}{2}\left(t+\frac{1}{2}\sin 2t\right)+C\\&=\frac{1}{2}[a^2t+(a\sin t)(a\cos t)]+C\\&=\frac{a^2}{2}\arcsin\frac{x}{a}+\frac{x}{2}\sqrt{a^2-x^2}+C\end{aligned}$$

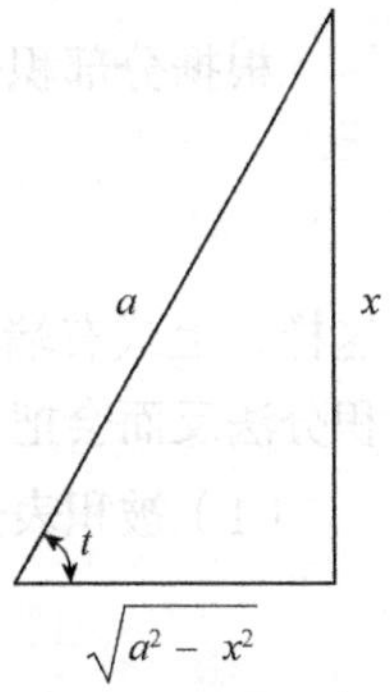

图 3-3　例 3-19 图

4. 分部积分公式

定理【分部积分法】 若$u=u(x)$和$v=v(x)$都可导，且不定积分$\int v(x)du(x)$存在，则$\int u(x)dv(x)$存在，有

$$\int u(x)\,dv(x)=u(x)v(x)-\int v(x)du(x)$$

称为分部积分公式，常简写为

$$\int udv=uv-\int vdu$$

应用分部积分公式的关键是正确选择u和dv，一般原则是：

（1）由$dv=v'dx$，通过对v'积分求出v；（被积函数的一部分先积分，故称分部积分）

（2）新积分$\int v(x)du(x)$要比原积分$\int u(x)dv(x)$容易求得.

正确选择u和dv是关键，用图 3-4 来表示.

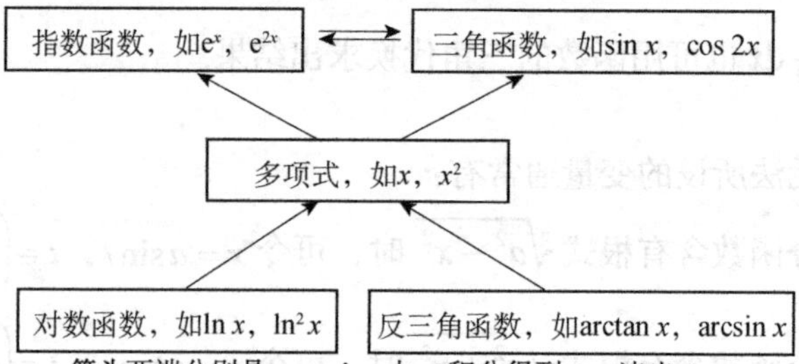

箭头两端分别是 $u \to v'$，由 v' 积分得到 v，凑出 dv.

图 3-4　分部积分法

【例 3-20】 求 $\int x e^x dx$.

解　令 $u = x$，$dv = e^x dx$，则 $du = dx$，由 $v' = e^x$ 积分得 $v = e^x$.

根据分部积分公式，得

$$\int x e^x dx = \int x d\left(e^x\right) = x e^x - \int e^x dx = x e^x - e^x + C$$

【注】 倘若令 $u = e^x$，$dv = x dx$，则 $du = e^x dx$，由 $v' = x$ 积分得 $v = \frac{1}{2}x^2$.

根据分部积分公式，得

$$\int x e^x dx = \int e^x d\left(\frac{x^2}{2}\right) = \frac{1}{2}x^2 e^x - \frac{1}{2}\int x^2 e^x dx$$

这样，上式右端的积分比原积分更难求解. 可见，如果 u 与 dv 选择不恰当，用分部积分法反而会把积分求解变得更复杂，一般要考虑：

（1）被积表达式 $f(x)dx$ 可以写成 $u(x)dv(x)$ 的特殊乘积形式，即

$$\int f(x)dx = \int u(x)dv(x)$$

（2）在分部积分公式中，等式右边的积分 $\int v(x)du(x)$ 容易求解.

【例 3-21】 求 $\int x \ln x dx$.

解　令 $u = \ln x$，$dv = x dx$，则 $du = d(\ln x) = (\ln x)' dx = \frac{1}{x}dx$，由 $v' = x$ 得 $v = \frac{1}{2}x^2$.

根据分部积分公式，得

$$\begin{aligned}\int x \ln x dx &= \int \ln x d\left(\frac{x^2}{2}\right) = \frac{1}{2}x^2 \ln x - \frac{1}{2}\int x^2 \cdot \frac{1}{x}dx \\ &= \frac{1}{2}x^2 \ln x - \frac{1}{2}\int x dx = \frac{1}{2}x^2 \ln x - \frac{1}{4}x^2 + C\end{aligned}$$

【例 3-22】 求 $\int x^2 e^x dx$.

解　$$\begin{aligned}\int x^2 e^x dx &= \int x^2 d\left(e^x\right) = x^2 e^x - 2\int x e^x dx = x^2 e^x - 2\int x d\left(e^x\right) \\ &= x^2 e^x - 2\left(x e^x - \int e^x dx\right) = \left(x^2 - 2x + 2\right)e^x + C\end{aligned}$$

有时，经过几次分部积分，等式右端出现了原来要计算的积分. 这时，把要计算的积分移项至左端合并，用解方程的办法把它求出来. 这种积分也称为循环积分.

【例 3-23】 求$\int e^x \sin x dx$.

解 $\int e^x \sin x dx = -\int e^x d(\cos x) = -e^x \cos x + \int e^x \cos x dx$

对$\int e^x \cos x dx$再进行分部积分，得

$$\int e^x \cos x dx = \int e^x d(\sin x) = e^x \sin x - \int e^x \sin x dx$$

因此，

$$\int e^x \sin x dx = -e^x \cos x + \left(e^x \sin x - \int e^x \sin x dx\right)$$

整理得

$$2\int e^x \sin x dx = e^x(\sin x - \cos x) + C_1$$

等式右端要加上积分常数C_1，两端除以 2，并记$C = \frac{C_1}{2}$，得

$$\int e^x \sin x dx = \frac{1}{2}e^x(\sin x - \cos x) + C$$

下面列出应用分部积分法的常见积分形式及u和dv的选择方法：

（1）$\int x^m \ln x dx$，$\int x^m \arcsin x dx$，$\int x^m \arctan x dx$（$m \neq -1$，且m为整数）应使用分部积分法计算. 一般，设$dv = x^m dx$，而被积表达式的其余部分设为u.

（2）$\int x^n \sin ax dx$，$\int x^n \cos ax dx$，$\int x^n e^{ax} dx$（$n > 0$，n为正整数）应利用分部积分法计算. 一般，设$u = x^n$，被积表达式的其余部分设为dv.

【练习 3.1】

1. 填空题.

（1）$(\quad)' = 3$，$\int 3dx = (\quad)$；

（2）$(\quad)' = 3x^2$，$\int 3x^2 dx = (\quad)$；

（3）$(\quad)' = \sin x$，$\int \sin x dx = (\quad)$；

（4）$(\quad)' = \frac{1}{x^2}$，$\int \frac{1}{x^2} dx = (\quad)$；

（5）x^3的原函数是（　　）.

2. 求下列不定积分.

（1）$\int \frac{dx}{x^2}$；

（2）$\int x\sqrt{x} dx$；

（3）$\int \frac{dx}{x\sqrt{x}}$；

（4）$\int 5x^4 dx$；

（5）$\int (3x^2 - 2x + 1) dx$；

（6）$\int 3(x+1)^2 dx$；

（7）$\int (x + \sqrt{x} + 1)(\sqrt{x} - 1) dx$；

（8）$\int \frac{1 - x^2}{x} dx$；

（9）$\int\left(2e^x-\frac{3}{x}\right)dx$；（10）$\int a^x e^x dx$.

3．求下列不定积分.

（1）$\int\left(3\cos x-\frac{2}{\sqrt{x}}+\frac{5}{x^2}\right)dx$；（2）$\int\frac{2x^3e^x-x^2+1}{x^3}dx$；

（3）$\int\frac{dh}{\sqrt{2gh}}$；（4）$\int\left(1-\frac{1}{\sqrt[3]{y}}\right)^2 dy$；

（5）$\int\cos^2\frac{x}{2}dx$；（6）$\int\left(\sin\frac{\theta}{2}+\cos\frac{\theta}{2}\right)^2 d\theta$；

（7）$\int\left(2^x+3^x\right)^2 dx$；（8）$\int\frac{x^4}{1+x^2}dx$.

4．已知一曲线过点(1,2)，且任意一点的切线斜率为$3x^2$，求此曲线方程.

5．求下列不定积分.

（1）$\int(x+3)^5dx$；（2）$\int(3x-1)^3dx$；

（3）$\int\frac{1}{(2x-3)^2}dx$；（4）$\int\frac{1}{1-2x}dx$；

（5）$\int\cos(2x+1)dx$；（6）$\int x\sin x^2dx$；

（7）$\int x\sqrt{2+x^2}dx$；（8）$\int\frac{x+1}{\sqrt{x^2+2x+3}}dx$；

（9）$\int\frac{1}{x\ln x}dx$；（10）$\int\frac{\sin\sqrt{t}}{\sqrt{t}}dt$；

（11）$\int\frac{1}{x^2}e^{\frac{1}{x}}dx$；（12）$\int\frac{1}{e^t+e^{-t}}dt$.

6．求下列不定积分.

（1）$\int\cos^3 x dx$；（2）$\int\cos^2 t dt$；

（3）$\int\frac{\cos x}{1+\sin x}dx$；（4）$\int\frac{\sin\left(2\sqrt{t}-1\right)}{\sqrt{t}}dt$；

（5）$\int\frac{1}{x(1+x)}dx$；（6）$\int\frac{1}{\sqrt{a^2-x^2}}dx$.

7．利用第二换元法求下列不定积分.

（1）$\int x\sqrt{x-6}dx$；（2）$\int\frac{1}{1+\sqrt{x}}dx$；

（3）$\int\frac{\sqrt{x}-1}{\sqrt{x}+1}dx$；（4）$\int\sqrt{1-4x^2}dx$；

（5）$\int\frac{x^2}{\sqrt{9-x^2}}dx$；（6）$\int\frac{1}{\sqrt{a^2+x^2}}dx$.

8. 求下列不定积分.

（1）$\int x\mathrm{e}^{3x}\mathrm{d}x$； （2）$\int x^2\mathrm{e}^{-x}\mathrm{d}x$；

（3）$\int x\sin x\mathrm{d}x$； （4）$\int \ln x\mathrm{d}x$；

（5）$\int x\ln(x+1)\mathrm{d}x$； （6）$\int (x^2-1)\sin 2x\mathrm{d}x$.

3.2 定积分的概念及其计算

不定积分是微分的逆运算的一个侧面，本节介绍的定积分则是它的另一个侧面. 不定积分和定积分既有区别又有联系. 17 世纪中叶，牛顿和莱布尼兹先后提出了定积分的概念——和式极限，后又发现了积分和微分之间的内在联系，提供了计算定积分的一般方法. 自此，定积分成为解决实际问题的有力工具，而原本各自独立的微分学和积分学则紧密地联系在一起，构成理论体系完整的微积分学.

3.2.1 定积分的概念

1. 定积分的起源

定积分起源于求解图形的面积和几何体的体积等实际问题. 古希腊数学家阿基米德用“穷竭法”，我国的刘徽用“割圆术”，都曾计算过一些图形的面积和几何体的体积，这些均为定积分的雏形. 17 世纪下半叶，欧洲科学技术迅猛发展，由于生产力的提高和社会各方面的迫切需要，经各国科学家的努力与历史的积累，建立在函数与极限概念基础上的微积分理论应运而生了.

2. 定积分的定义

设函数 $f(x)$ 在闭区间 $[a,b]$ 上连续，若 $F(x)$ 是 $f(x)$ 的任意一个原函数，则称函数 $f(x)$ 在闭区间 $[a,b]$ 上可积，称积分值 $F(b)-F(a)$ 为函数 $f(x)$ 在闭区间 $[a,b]$ 上的定积分，记作

$$\int_a^b f(x)\mathrm{d}x = F(x)\Big|_a^b = F(b)-F(a)$$

其中，$f(x)$ 称为被积函数，$f(x)\mathrm{d}x$ 称为被积表达式，x 称为积分变量，$[a, b]$称为积分区间，a 与 b 分别称为积分下限与积分上限，$\int_a^b f(x)\mathrm{d}x$ 读作“从 a 到 b，$f(x)$ 对 x 的积分”. 该式称为牛顿-莱布尼兹公式.

【注】关于定积分定义的说明.

（1）定积分表示一个数值，其值取决于被积函数、积分下限和积分上限，与积分变量采用什么字母表示无关，例如 $\int_a^b f(x)\mathrm{d}x = \int_a^b f(t)\mathrm{d}t$.

（2）关于定积分的次序，定积分的上限与下限互换时，定积分符号改变，即

$$\int_a^b f(x)\mathrm{d}x = -\int_b^a f(x)\mathrm{d}x$$

特别地，当 $a=b$ 时，有 $\int_b^a f(x)\mathrm{d}x = 0$.

3. 定积分的几何意义

设函数 $f(x)$ 在区间 $[a,b]$ 上的定积分为 $\int_a^b f(x)\mathrm{d}x$ ，当 $f(x)\geqslant 0$ 时，其积分值等于曲线 $y=f(x)$ 与直线 $x=a$ ，$x=b$ 在 x 轴的上方部分所围成的平面图形（曲边梯形）的面积，如图 3-5 所示.

【例 3-24】 利用定积分的几何意义求 $\int_0^2 \sqrt{4-x^2}\mathrm{d}x$.

解 函数 $y=\sqrt{4-x^2}$ （ $0\leqslant x\leqslant 2$ ）的图形为圆周 $x^2+y^2=4$ 在第一象限的部分. 而圆 $x^2+y^2=4$ 的面积为 $S=4\pi$ ，所以 $\int_0^2 \sqrt{4-x^2}\mathrm{d}x = \pi$ ，如图 3-6 所示.

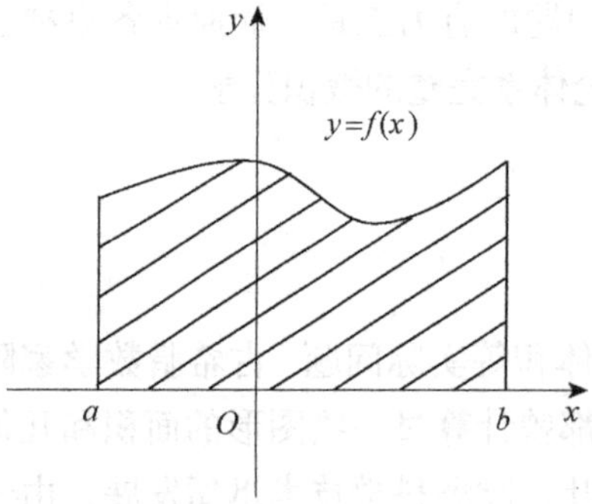

图 3-5 $y=f(x)$

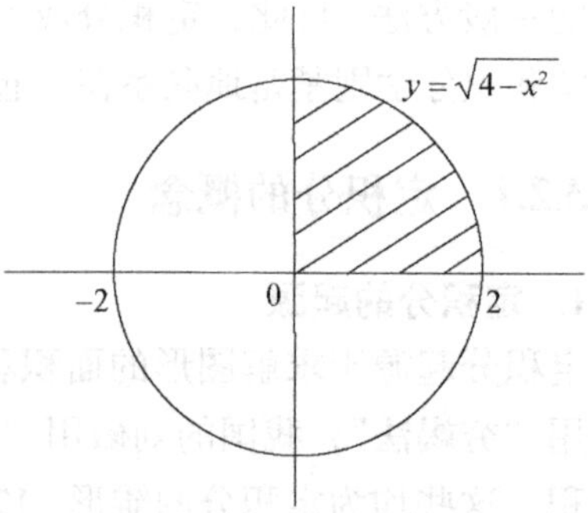

图 3-6 $y=\sqrt{4-x^2}$

4. 定积分的性质

（1）【常倍数】 $\int_a^b kf(x)\mathrm{d}x = k\int_a^b f(x)\mathrm{d}x$（ k 为常数）.

（2）【和与差】 $\int_a^b [f(x)\pm g(x)]\mathrm{d}x = \int_a^b f(x)\mathrm{d}x \pm \int_a^b g(x)\mathrm{d}x$.

（3）【面积与区间长度】如果在区间 $[a,b]$ 上 $f(x)\equiv 1$ ，则 $\int_a^b 1\mathrm{d}x = \int_a^b \mathrm{d}x = b-a$.

（4）【积分的区间可加性】如果 $a<c<b$ ，则

$$\int_a^b f(x)\mathrm{d}x = \int_a^c f(x)\mathrm{d}x + \int_c^b f(x)\mathrm{d}x$$

如图 3-7 所示. 事实上，对任意 $c\in\mathbf{R}$ ，上式均成立.

（5）【积分的比较性质】如果在区间 $[a,b]$ 上有 $f(x)\geqslant g(x)$ ，则

$$\int_a^b f(x)\mathrm{d}x \geqslant \int_a^b g(x)\mathrm{d}x$$

例如，在区间 $[0,1]$ 上，有 $x\geqslant x^2$ ，则 $\int_0^1 x\mathrm{d}x \geqslant \int_0^1 x^2\mathrm{d}x$.

（6）【积分的估值性质】设 M 与 m 分别是函数 $f(x)$ 在闭区间 $[a,b]$ 上的最大值与最小值，则

$$m(b-a)\leqslant \int_a^b f(x)\mathrm{d}x \leqslant M(b-a)$$

（7）【积分中值定理】如果函数 $f(x)$ 在闭区间 $[a,b]$ 上连续，则在区间 $[a,b]$ 上至少存在一点 ξ（见图 3-8），使得

$$\int_a^b f(x)\mathrm{d}x = f(\xi)(b-a)$$

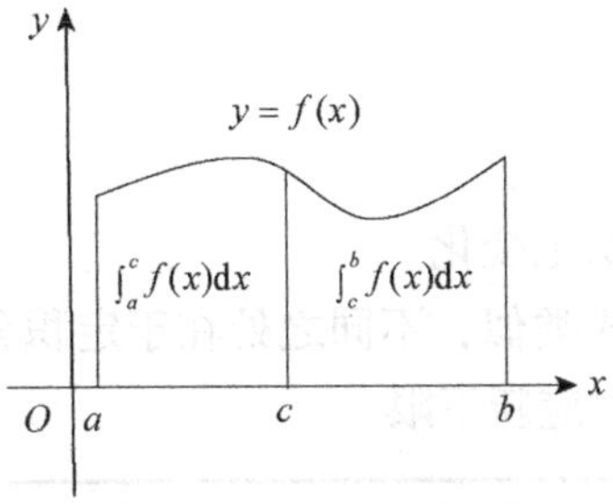

图 3-7　积分的区间可加性

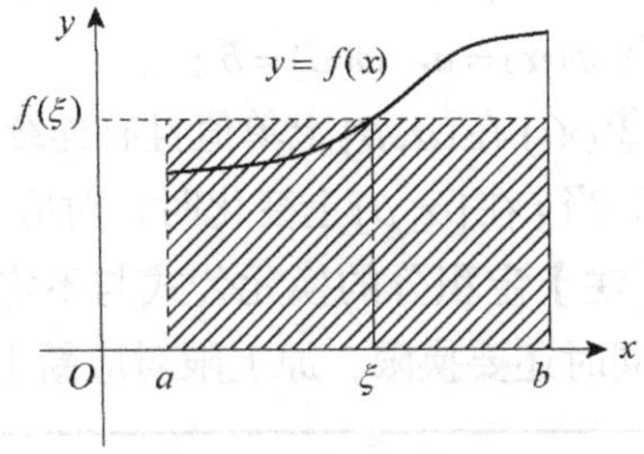

图 3-8　积分中值定理

3.2.2　如何求定积分 $\int_a^b f(x)\mathrm{d}x$ 的值

根据定积分的定义，可以得出求 $\int_a^b f(x)\mathrm{d}x$ 的步骤：

（1）求 $f(x)$ 的原函数，即根据 $f(x)$ 的不定积分求出 $F(x)+C$，选择 $F(x)$.

（2）计算 $F(b)-F(a)$，其值就是 $\int_a^b f(x)\mathrm{d}x$.

【例 3-25】 $\int_{-1}^3 (x^2+1)\mathrm{d}x$.

解 $\int_{-1}^3 (x^2+1)\mathrm{d}x = \left(\frac{1}{3}x^3+x\right)\Big|_{-1}^3 = \left(\frac{1}{3}\times 3^3+3\right)-\left[\frac{1}{3}\times(-1)^3+(-1)\right]=\frac{40}{3}$

【例 3-26】 $\int_{-1}^3 |2-x|\mathrm{d}x$.

解
$$\int_{-1}^3 |2-x|\mathrm{d}x = \int_{-1}^2 (2-x)\mathrm{d}x + \int_2^3 (x-2)\mathrm{d}x$$
$$=\left(2x-\frac{1}{2}x^2\right)\Big|_{-1}^2 + \left(\frac{1}{2}x^2-2x\right)\Big|_2^3 = \frac{9}{2}+\frac{1}{2}=5$$

【例 3-27】【汽车刹车距离】 一辆汽车正以 10m/s 的速度匀速直线行驶，突然发现路面上有一障碍物，于是以 $-1\mathrm{m/s^2}$ 的加速度匀减速停下，求汽车的刹车距离.

解 （1）以 $-1\mathrm{m/s^2}$ 的加速度行驶的速度：

已知 $v'(t)=-1$，则 $v(t)=\int v'(t)\mathrm{d}t=\int(-1)\mathrm{d}t=-t+C$.

把 $v(0)=10$ 代入上式，得 C=10，所以 $v(t)=10-t$.

（2）从开始刹车到汽车停下来（汽车速度为 0 时），求汽车的刹车时间：

令 $v(t)=10-t=0$，得 t=10s

（3）由速度和路程之间的关系，得汽车的刹车距离：

$$s=\int_0^{10} v(t)\mathrm{d}t=\int_0^{10}(10-t)\mathrm{d}t=\left(10t-\frac{1}{2}t^2\right)\Big|_0^{10}=50\mathrm{m}$$

1. 定积分的换元法

定理 设函数 $f(x)$ 在 $[a,b]$ 上连续，令 $x=\varphi(t)$，则有

$$\int_a^b f(x)\mathrm{d}x \xlongequal{x=\varphi(t)} \int_\alpha^\beta f[\varphi(t)]\varphi'(t)\mathrm{d}t .$$

其中，函数 $\varphi(t)$ 应满足以下三个条件：

①$\varphi(\alpha)=a$，$\varphi(\beta)=b$；

②$\varphi(t)$ 在 $[\alpha,\beta]$ 上单值且有连续导数；

③当 t 在 $[\alpha,\beta]$ 上变化时，对应 $x=\varphi(t)$ 在 $[a,b]$ 上变化.

【注】定积分的换元公式与不定积分换元公式类似，不同之处在于定积分在换元的同时还要换限，原上限对应新上限，原下限对应新下限

原积分变量（x）	下限 $x=a\to$ 上限 $x=b$
新积分变量（t）	下限 $t=\alpha\to$ 上限 $t=\beta$

【例 3-28】 求 $\int_0^{\frac{\pi}{2}}\cos^5 x\sin x\mathrm{d}x$.

解 $\int_0^{\frac{\pi}{2}}\cos^5 x\sin x\mathrm{d}x=-\int_0^{\frac{\pi}{2}}\cos^5 x\mathrm{d}(\cos x)$

设 $t=\cos x$，则

原积分变量（x）	下限 $x=0\to$ 上限 $x=\frac{\pi}{2}$
新积分变量（t）	下限 $t=1\to$ 上限 t=0

于是

$$\int_0^{\frac{\pi}{2}}\cos^5 x\sin x\mathrm{d}x=-\int_1^0 t^5\mathrm{d}t=\int_0^1 t^5\mathrm{d}t=\frac{1}{6}t^6\Big|_0^1=\frac{1}{6}$$

【例 3-29】 求 $\int_0^2\sqrt{4-x^2}\mathrm{d}x$.

解 设 $x=2\sin t$，$\mathrm{d}x=2\cos t\mathrm{d}t$，于是 $\sqrt{4-x^2}=\sqrt{4-(2\sin t)^2}=2|\cos t|$，则

原积分变量（x）	下限 $x=0\to$ 上限 x=2
新积分变量（t）	下限 $t=0\to$ 上限 $t=\frac{\pi}{2}$

于是

$$\int_0^2\sqrt{4-x^2}\mathrm{d}x=\int_0^{\frac{\pi}{2}}4|\cos t|\cos t\mathrm{d}t=4\int_0^{\frac{\pi}{2}}\cos^2 t\mathrm{d}t$$

$$=4\int_0^{\frac{\pi}{2}}\frac{1+\cos 2t}{2}\mathrm{d}t=2\left(t+\frac{1}{2}\sin 2t\right)\Bigg|_0^{\frac{\pi}{2}}=2\times\frac{\pi}{2}=\pi$$

【注】【奇函数与偶函数在对称区间上的定积分】设函数 $f(x)$ 分别在关于 y 轴和原点对称的区间 $[-a,a]$ 上连续，则

（1）当 $f(x)$ 为偶函数时，$\int_{-a}^{a} f(x)\mathrm{d}x = 2\int_{0}^{a} f(x)\mathrm{d}x$，如图 3-9 所示；

（2）当 $f(x)$ 为奇函数时，$\int_{-a}^{a} f(x)\mathrm{d}x = 0$，如图 3-10 所示.

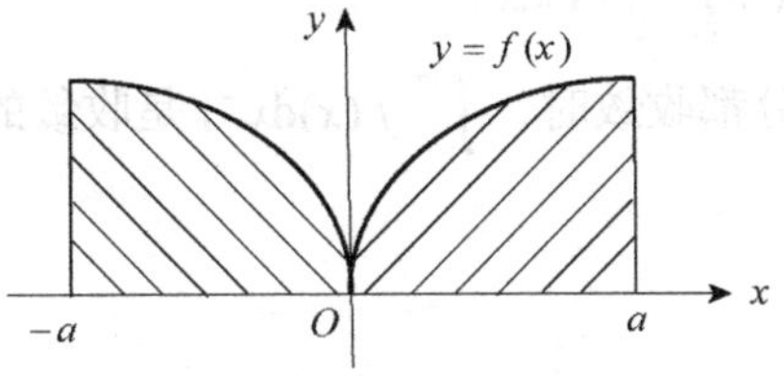

图 3-9　偶函数(关于 y 轴对称)积分

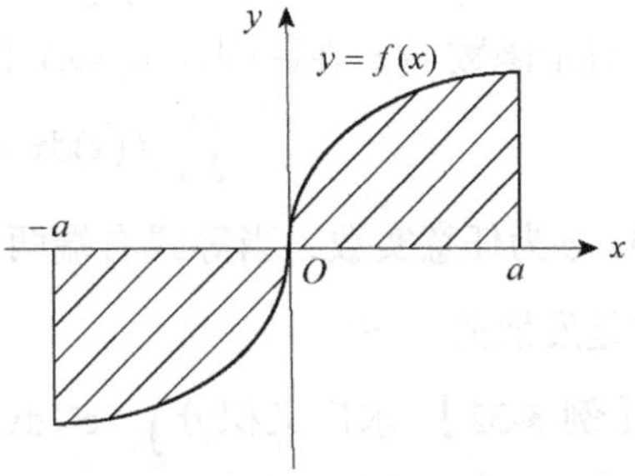

图 3-10　奇函数（关于原点对称）积分

例如：

（1）$\int_{-\pi}^{\pi} x^2 \sin x\mathrm{d}x = 0$；　　　（2）$\int_{-1}^{1} x^2\mathrm{d}x = 2\int_{0}^{1} x^2\mathrm{d}x = 2\times\frac{1}{3} = \frac{2}{3}$.

2. 定积分的分部积分法

定理　设函数 $u(x)$，$v(x)$ 在区间 $[a,b]$ 上均有连续导数，则

$$\int_a^b u\mathrm{d}v = (u\cdot v)\Big|_a^b - \int_a^b v\mathrm{d}u$$

上式称为定积分的分部积分公式.

【例 3-30】 求 $\int_0^1 x\mathrm{e}^x\mathrm{d}x$.

解　$\int_0^1 x\mathrm{e}^x\mathrm{d}x = \int_0^1 x(\mathrm{e}^x)'\mathrm{d}x = \int_0^1 x\mathrm{d}(\mathrm{e}^x) = x\mathrm{e}^x\Big|_0^1 - \int_0^1 \mathrm{e}^x\mathrm{d}x = (\mathrm{e}-\mathrm{e}^x)\Big|_0^1 = \mathrm{e}-\mathrm{e}+1 = 1$

【例 3-31】 求 $\int_1^2 x\ln x\mathrm{d}x$.

解　$$\int_1^2 x\ln x\mathrm{d}x = \int_1^2 \ln x\mathrm{d}\left(\frac{x^2}{2}\right) = \left(\frac{x^2\ln x}{2}\right)\Bigg|_1^2 - \int_1^2 \frac{x^2}{2}\mathrm{d}(\ln x)$$

$$= 2\ln 2 - \int_1^2 \frac{x}{2}\mathrm{d}x = 2\ln 2 - \frac{1}{4}x^2\Big|_1^2 = 2\ln 2 - \frac{3}{4}$$

3. 无穷区间上的广义积分

前面介绍了有限区间 $[a,b](a<b)$ 上的定积分 $\int_a^b f(x)\mathrm{d}x$，当 $f(x)\geqslant 0$ 时，其积分值等于曲线 $y=f(x)$ 与直线 $x=a$，$x=b$ 在 x 轴的上方部分所围成的平面图形的面积（有限面积）. 当区间为无穷区间，如 $[a,+\infty)$，$(-\infty,b]$ 或 $(-\infty,+\infty)$ 时，积分如何理解？

定义【无穷区间上的广义积分】 设函数 $f(x)$ 在 $[a,+\infty)$ 上连续，任取实数 $b>a$，若极限 $\lim\limits_{b\to+\infty}\int_a^b f(x)\mathrm{d}x$ 存在，则称此称广义积分 $\int_a^{+\infty} f(x)\mathrm{d}x$ 收敛，记作

$$\int_a^{+\infty} f(x)\mathrm{d}x = \lim_{b\to+\infty}\int_a^b f(x)\mathrm{d}x$$

否则称广义积分$\int_a^{+\infty} f(x)\mathrm{d}x$发散.

类似地，可定义函数$f(x)$在$(-\infty,b]$上的广义积分

$$\int_{-\infty}^{b} f(x)\mathrm{d}x = \lim_{a\to-\infty}\int_a^b f(x)\mathrm{d}x$$

对于函数$f(x)$在区间$(-\infty,+\infty)$上的广义积分

$$\int_{-\infty}^{+\infty} f(x)\mathrm{d}x = \int_{-\infty}^{c} f(x)\mathrm{d}x + \int_{c}^{+\infty} f(x)\mathrm{d}x$$

其中，c为任意实数，当等式右端两个广义积分都收敛时，$\int_{-\infty}^{+\infty} f(x)\mathrm{d}x$才是收敛的；否则是发散的.

【例 3-32】 求广义积分$\int_0^{+\infty} \mathrm{e}^{-x}\mathrm{d}x$.

解 对任意$b>0$，有

$$\int_0^{+\infty} \mathrm{e}^{-x}\mathrm{d}x = \lim_{b\to+\infty}\int_0^b \mathrm{e}^{-x}\mathrm{d}x = -\lim_{b\to+\infty}\int_0^b \mathrm{e}^{-x}\mathrm{d}(-x) = -\lim_{b\to+\infty}\left(\mathrm{e}^{-x}\Big|_0^b\right) = -\lim_{b\to+\infty}(\mathrm{e}^{-b}-1) = 1$$

因此，$\int_0^{+\infty} \mathrm{e}^{-x}\mathrm{d}x = 1$，如图 3-11 所示.

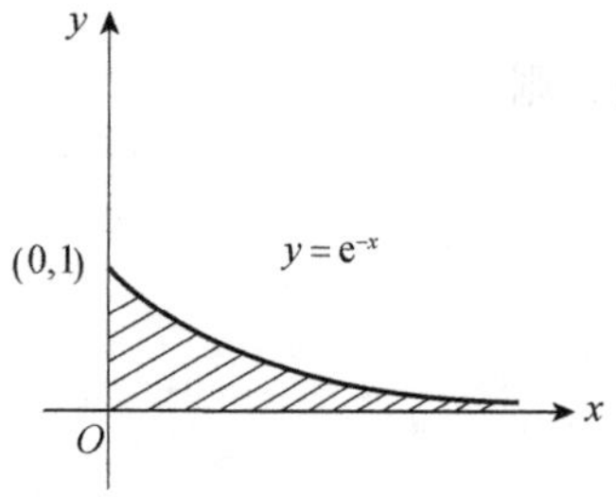

图 3-11 $y=\mathrm{e}^{-x}$

【例 3-33】 讨论广义积分$\int_1^{+\infty} \frac{1}{\sqrt{x}}\mathrm{d}x$的收敛性.

解 对任意$b>0$，有

$$\int_1^{+\infty} \frac{1}{\sqrt{x}}\mathrm{d}x = \lim_{b\to+\infty}\int_1^b \frac{1}{\sqrt{x}}\mathrm{d}x = \lim_{b\to+\infty} 2\sqrt{x}\Big|_1^b = \lim_{b\to+\infty} 2(\sqrt{b}-1) = +\infty$$

因此，原积分发散.

【例 3-34】 求广义积分$\int_{-\infty}^{+\infty} \frac{1}{1+x^2}\mathrm{d}x$.

解 因为$\int_{-\infty}^{+\infty} \frac{1}{1+x^2}\mathrm{d}x = \int_{-\infty}^{0} \frac{1}{1+x^2}\mathrm{d}x + \int_{0}^{+\infty} \frac{1}{1+x^2}\mathrm{d}x$

而
$$\int_{-\infty}^{0} \frac{1}{1+x^2}\mathrm{d}x = \lim_{a\to-\infty}\left(\arctan x\Big|_a^0\right) = \lim_{a\to-\infty}(0-\arctan a) = \frac{\pi}{2}$$

$$\int_{0}^{+\infty} \frac{1}{1+x^2}\mathrm{d}x = \lim_{b\to+\infty}\left(\arctan x\Big|_0^b\right) = \lim_{b\to+\infty}(0-\arctan b-0) = \frac{\pi}{2}$$

所以

$$\int_{-\infty}^{+\infty} \frac{1}{1+x^2}\mathrm{d}x = \frac{\pi}{2}+\frac{\pi}{2}+\pi$$

3.2.3 定积分的应用

1. 定积分的微元法

定义【微元法】

（1）在区间$[a,b]$上任取一个微小区间$[x,x+\Delta x]$，然后求出在这个微小区间上

的部分量ΔA的近似值，记为$dA = f(x)dx$（称为A的微元）；

（2）将微元dA在$[a,b]$上无限“累加”，即在$[a,b]$上积分，得

$$A = \int_a^b f(x)dx$$

上述解决问题的方法称为微元法.

【注】关于微元$dA = f(x)dx$（见图3-12），有两点要说明：

（1）被称为微元的量$f(x)dx$作为ΔA的近似表达式，实际上就是所求量的微分dA.

（2）解决问题的关键是怎样求微元. 一般地，通过分析问题的实际意义及数量关系，利用在微小区间$[x, x+\Delta x]$上以“常代变”“直代曲”等思路（局部线性化）即可求出微元$dA = f(x)dx$.

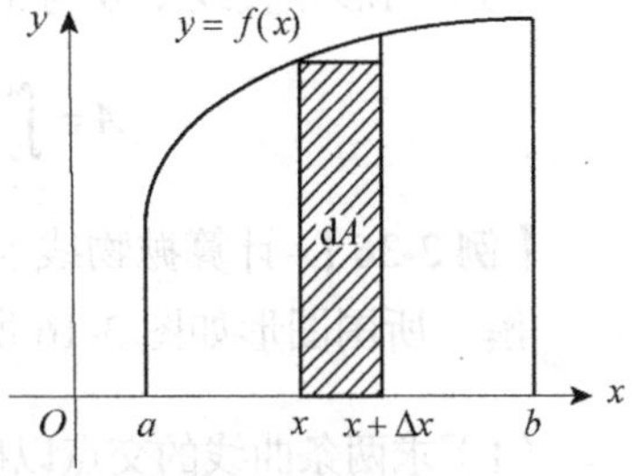

图 3-12 微元法

2. 平面图形的面积

设平面图形是由曲线$y = f(x)$，$y = g(x)$和直线$x = a$，$x = b(a < b)$所围成的，在$[a,b]$上$f(x) \geqslant g(x)$，如图3-13所示. 取x为积分变量，其变化区间为$[a,b]$，在$[a,b]$上任取区间$[x, x+\Delta x]$，相应区间$[x, x+\Delta x]$上的窄条面积近似于高为$f(x) - g(x)$、底为Δx的矩形面积，从而得到面积微元

$$dA = [f(x) - g(x)]dx，x \in [a,b]$$

以面积微元为被积表达式，在$[a,b]$上进行定积分得所求面积.

$$A = \int_a^b [f(x) - g(x)]dx$$

同理，如果平面图形是曲线$x = \varphi(y)$，$y = \psi(y)$和直线$y=c$，$y = d(c < d)$所围成的，且在$[c,d]$上$\varphi(y) \geqslant \psi(y)$（见图3-14），则面积微元为

$$dA = [\varphi(y) - \psi(y)]dy，y \in [c,d]$$

该平面图形的面积为

$$A = \int_c^d [\varphi(y) - \psi(y)]dy$$

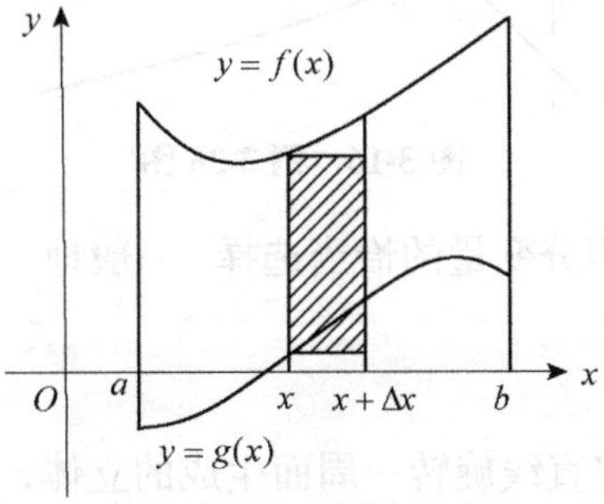

图 3-13 面积微元（1）

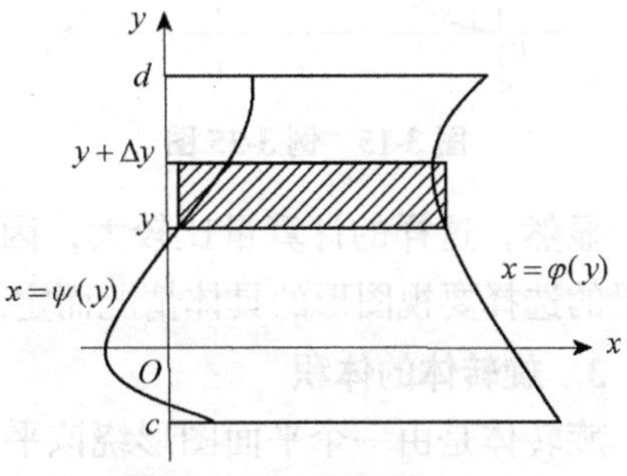

图 3-14 面积微元（2）

【例 3-35】 求由两条抛物线$y = x^2$，$y^2 = x$围成的图形面积.

解 所围图形如图3-15所示，

（1）求两条曲线的交点，解方程组$\begin{cases} y^2 = x \\ y = x^2 \end{cases}$，得交点(0,0)及(1,1).

（2）取 x 为积分变量，得面积微元

$$dA = (\sqrt{x} - x^2)dx, \quad x \in [0,1]$$

（3）图形在直线 x=0 与 x=1 之间，故

$$A = \int_0^1 \left(\sqrt{x} - x^2\right) dx = \left(\frac{2}{3}x^{\frac{3}{2}} - \frac{1}{3}x^3\right)\Bigg|_0^1 = \frac{1}{3}$$

【例 3-36】 计算抛物线 $y^2 = 2x$ 与直线 $y = x - 4$ 所围成图形的面积.

解 所围图形如图 3-16 所示，

（1）求两条曲线的交点以确定图形范围，解方程组$\begin{cases} y^2 = 2x \\ y = x - 4 \end{cases}$，得交点（2,−2）和（8,4）.

（2）取 y 为积分变量，得

$$A = \int_{-2}^{4} (y + 4 - \frac{1}{2}y^2) dy = \left(\frac{y^2}{2} + 4y - \frac{y^3}{6}\right)\Bigg|_{-2}^{4} = 18$$

若选 x 作积分变量，必须过点(2,−2)作直线 x=2 将图形分成两部分，可得

$$A = \int_0^2 [\sqrt{2x} - (-\sqrt{2x})] dx + \int_2^8 [\sqrt{2x} - (x-4)] dx$$

$$= \frac{4\sqrt{2}}{3} x^{\frac{3}{2}}\Bigg|_0^2 + \left(4x + \frac{2\sqrt{2}}{3} x^{\frac{3}{2}} - \frac{1}{2}x^2\right)\Bigg|_2^8 = 18$$

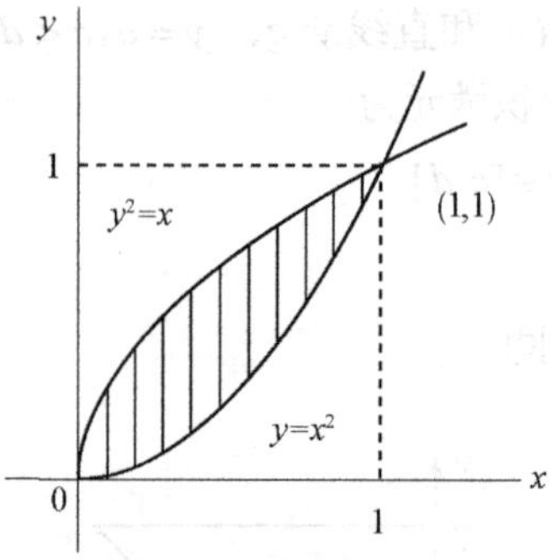

图 3-15 例 3-35 图

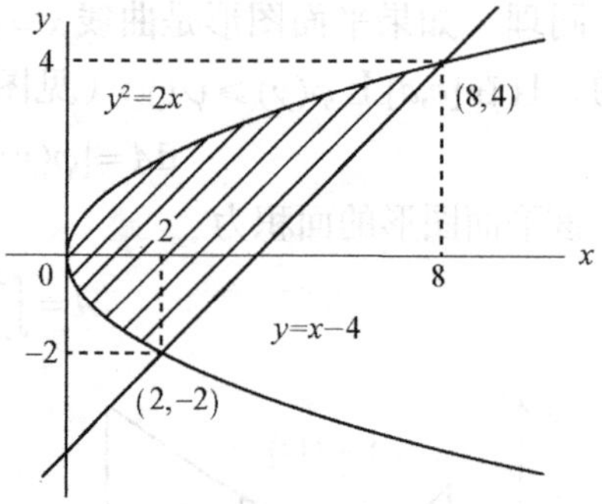

图 3-16 例 3-36 图

显然，这样的计算量比较大，因此要注意积分变量的恰当选择. 一般地，积分变量的选择要视图形的具体情况而定.

3. 旋转体的体积

旋转体是由一个平面图形绕该平面内一条定直线旋转一周而生成的立体，该定直线称为旋转轴.

设一旋转体是由连续曲线 $y = f(x)$ 与直线 $x = a$，$x = b$ 及 x 轴所围成的曲边梯形绕 x 轴旋转一周而成的，如图 3-17 所示，计算它的体积.

取 x 为积分变量，则 $x\in[a,b]$，对于区间 $[a,b]$ 上的任一区间 $[x,x+\Delta x]$，它所对应的窄曲边梯形绕 x 轴旋转而生成的薄片立体的体积近似等于以 $f(x)$ 为底面半径、Δx 为高的圆柱体体积. 则该旋转体的体积微元为

$$\mathrm{d}V=\pi[f(x)]^2\mathrm{d}x=\pi y^2\mathrm{d}x$$

于是旋转体的体积为

$$V_x=\pi\int_a^b[f(x)]^2\mathrm{d}x \quad 或 \quad V_x=\pi\int_a^b y^2\mathrm{d}x$$

同理，由连续曲线 $x=\varphi(y)$ 与直线 $y=c$，$y=d(c<d)$ 及 y 轴所围成的曲边梯形绕 y 轴旋转而成的旋转体（见图 3-18）的体积为

$$V_y=\pi\int_c^d[\varphi(y)]\mathrm{d}y \quad 或 \quad V_y=\pi\int_c^d x^2\mathrm{d}y$$

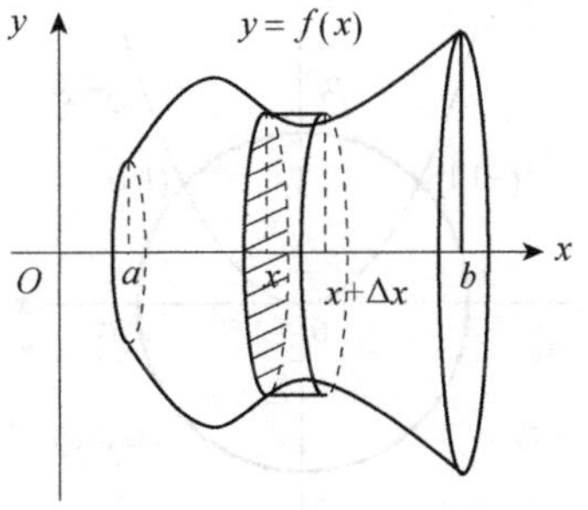

图 3-17　旋转体（1）

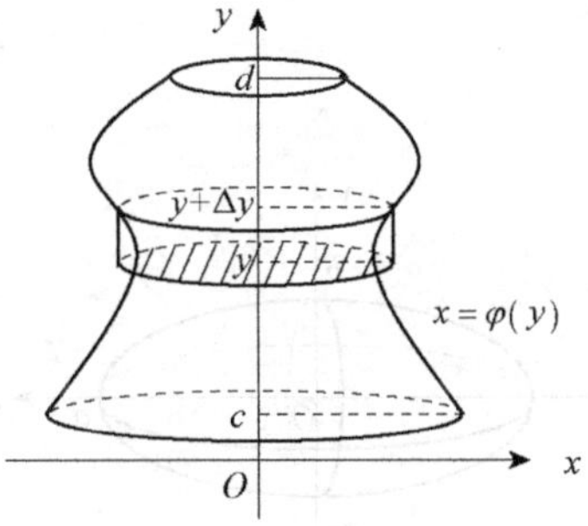

图 3-18　旋转体（2）

【例 3-37】 求由椭圆 $\dfrac{x^2}{a^2}+\dfrac{y^2}{b^2}=1$ 围成的图形分别绕 x 轴和 y 轴旋转而生成的旋转椭球体的体积.

解　（1）绕 x 轴旋转（旋转椭球体见图 3-19），旋转椭球体可看作由上半椭圆 $y=\dfrac{b}{a}\sqrt{a^2-x^2}$ 及 x 轴所围成的图形绕 x 轴旋转而成. 由上述公式可得

$$V_x=\pi\int_{-a}^{a}y^2\mathrm{d}x=\pi\int_{-a}^{a}\left(\frac{b}{a}\sqrt{a^2-x^2}\right)^2\mathrm{d}x$$

$$=2\pi\frac{b^2}{a^2}\int_0^a(a^2-x^2)\mathrm{d}x=2\pi\frac{b^2}{a^2}\left(a^2x\frac{1}{3}x^3\right)\Big|_0^a=\frac{4}{3}\pi ab^2$$

（2）绕 y 轴旋转

旋转椭球体可看作由右半椭圆 $x=\dfrac{a}{b}\sqrt{b^2-y^2}$ 及 y 轴所围成的图形绕 y 轴旋转而成. 由上述公式可得

$$V_y=\pi\int_c^d x^2\mathrm{d}x=\pi\int_{-b}^{b}\left(\frac{a}{b}\sqrt{b^2-y^2}\right)^2\mathrm{d}y=2\pi\frac{a^2}{b^2}\int_0^b(b^2-y^2)\mathrm{d}y=\frac{4}{3}\pi a^2b$$

当 $a=b=r$ 时，这两个旋转体的体积便转化成半径为 r 的球体的体积，即

$$V=\frac{4}{3}\pi r^3$$

【例 3-38】 求由曲线 $x^2+y^2=2$ 与 $y=x^2$ 所围成［包含点(0,1)］的图形（见图 3-20）绕 x 轴旋转的旋转体体积.

解 解方程组 $\begin{cases} x^2+y^2=2 \\ y=x^2 \end{cases}$，得两曲线的交点(1,1)及(−1,1).

该旋转体的体积 V 可以看作以 x 轴上的区间[-1,1]为底边，分别以底边上的圆弧 $y=\sqrt{2-x^2}$，抛物线 $y=x^2$ 为曲边的两个曲边梯形绕 x 轴旋转而成的两个旋转体体积的差，即

$$V=V_1-V_2=\pi\int_{-1}^{1}y_1^2\mathrm{d}x-\pi\int_{-1}^{1}y_2^2\mathrm{d}x=\pi\int_{-1}^{1}(2-x^2)\mathrm{d}x-\pi\int_{-1}^{1}x^4\mathrm{d}x=\frac{44}{15}\pi$$

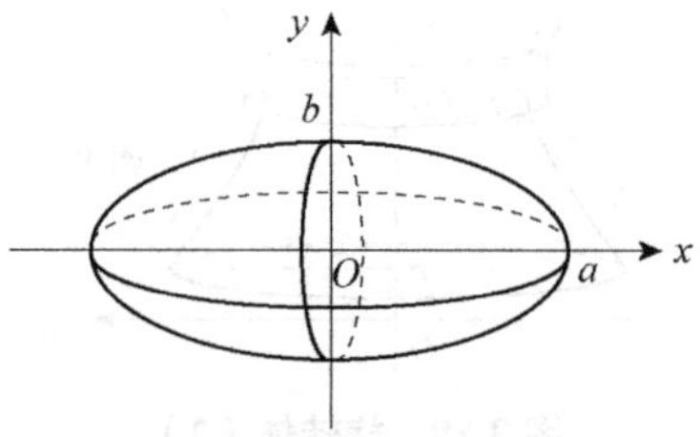

图 3-19 旋转椭球体

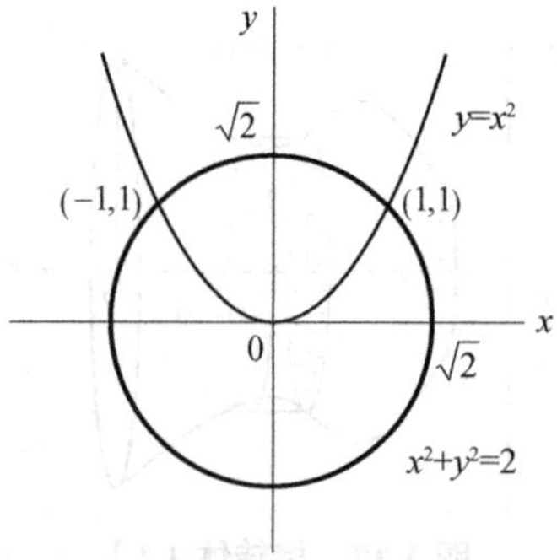

图 3-20 $x^2+y^2=2$ 与 $y=x^2$ 所围成的图形

【练习 3.2】

1．用定积分表示抛物线 $y=x^2+1$ 与直线 x=1，x=2 及 x 轴所围成的图形的面积.

2．用曲边梯形的面积说明下列定积分.

（1）$\int_1^2 0\mathrm{d}x$；（2）$\int_a^b 1\mathrm{d}x \quad (a<b)$；

（3）$\int_a^b x\mathrm{d}x \quad (a<b)$；（4）$\int_0^1 x^2\mathrm{d}x$；

（5）$\int_{-\pi}^{\pi}\sin x\mathrm{d}x$；（6）$\int_{-1}^{1}\sqrt{1-x^2}\mathrm{d}x$.

3．利用定积分的性质，比较下列各题中两个积分值的大小.

（1）$\int_0^1 x\mathrm{d}x$ 与 $\int_0^1 x^3\mathrm{d}x$；（2）$\int_1^2 x^2\mathrm{d}x$ 与 $\int_1^2 x^3\mathrm{d}x$；

（3）$\int_0^{\frac{\pi}{2}}\sin x\mathrm{d}x$ 与 $\int_0^{\frac{\pi}{2}}\sin^2 x\mathrm{d}x$；（4）$\int_0^1 \mathrm{e}^x\mathrm{d}x$ 与 $\int_0^1 \mathrm{e}^{2x}\mathrm{d}x$；

（5）$\int_1^{\mathrm{e}}\ln x\mathrm{d}x$ 与 $\int_1^{\mathrm{e}}\ln^2 x\mathrm{d}x$；（6）$\int_{\mathrm{e}}^3\ln x\mathrm{d}x$ 与 $\int_e^3\ln^2 x\mathrm{d}x$.

4．用牛顿-莱布尼兹公式计算下列定积分.

（1）$\int_0^2(2x-5)\mathrm{d}x$；（2）$\int_1^2\frac{1}{\sqrt{x}}\mathrm{d}x$；

（3）$\int_1^3(3x^2-x+1)\mathrm{d}x$；（4）$\int_0^1 x\sqrt{1-x^2}\mathrm{d}x$；

（5）$\int_0^{\frac{\pi}{2}}\cos^3 x\sin x\mathrm{d}x$；　（6）$\int_1^2\left(x+\frac{1}{x}\right)^2\mathrm{d}x$；

（7）$\int_{-1}^0\frac{1}{\sqrt{1-x}}\mathrm{d}x$；　（8）$\int_0^{\pi}|\cos x|\mathrm{d}x$.

5．设 $f(x)=\begin{cases}\mathrm{e}^x & x<0\\1+x^2 & x\geqslant 0\end{cases}$，计算定积分 $\int_{-1}^2 f(x)\mathrm{d}x$.

6．【下落的距离】某一物体从距地面 40m 的高空自由下落，速度为 $v=9.8t$（m/s）．试用定积分表示物体从 1s 到 2s 间下落的距离 h.

7．【汽车刹车时的加速度】一辆汽车以 90km/h 的速度行驶，假设司机看到前方 50m 处发生事故，司机立即刹车. 问汽车至少应以多大的加速度行驶才能避免事故？

8．利用函数的奇偶性求下列定积分的值.

（1）$\int_{-2}^2(5x^3+3x+1)\mathrm{d}x$；　（2）$\int_{-1}^1 x\cos x\mathrm{d}x$；

（3）$\int_{-\pi}^{\pi}x^2\sin x\mathrm{d}x$；　（4）$\int_{-4}^4 x^3\mathrm{e}^{-x^2}\mathrm{d}x$；

（5）$\int_{-1}^1\mathrm{e}^{|-x|}\mathrm{d}x$；　（6）$\int_{-2}^2\frac{x+|x|}{2+x^2}\mathrm{d}x$.

9．计算下列定积分.

（1）$\int_1^5\frac{\sqrt{x-1}}{x}\mathrm{d}x$；　（2）$\int_{-1}^1\frac{1}{\sqrt{2-x}}\mathrm{d}x$；

（3）$\int_{-1}^1\frac{x}{\sqrt{5-4x}}\mathrm{d}x$；　（4）$\int_0^1 x\mathrm{e}^{-x^2}\mathrm{d}x$；

（5）$\int_{-1}^0 x\sqrt{1+x^2}\mathrm{d}x$；　（6）$\int_1^{\mathrm{e}}\frac{2+\ln x}{x}\mathrm{d}x$.

10．计算下列定积分.

（1）$\int_0^{\frac{\pi}{2}}x\sin x\mathrm{d}x$；　（2）$\int_0^1 x\mathrm{e}^{-x}\mathrm{d}x$；

（3）$\int_1^{\mathrm{e}}\ln x\mathrm{d}x$；　（4）$\int_0^{\frac{\pi}{2}}x\cos 2x\mathrm{d}x$；

（5）$\int_1^4\frac{\ln x}{\sqrt{x}}\mathrm{d}x$；　（6）$\int_0^1 x^2\mathrm{e}^{-x}\mathrm{d}x$.

11．判断下列广义积分的敛散性，若该积分收敛，求其值.

（1）$\int_0^{+\infty}\mathrm{e}^{-x}\mathrm{d}x$；　（2）$\int_{-\infty}^{-1}\frac{1}{x^3}\mathrm{d}x$；

（3）$\int_1^{-\infty}\frac{1}{1+x^2}\mathrm{d}x$；　（4）$\int_0^{-\infty}x\mathrm{e}^{-x}\mathrm{d}x$；

（5）$\int_1^{+\infty}\cos x\mathrm{d}x$；　（6）$\int_{\mathrm{e}}^{+\infty}\frac{\ln x}{x}\mathrm{d}x$.

12．【传染病传染多少头牲畜】在某种牲畜的传染性疾病流行期间，被传染而患病的速度可近似地表示为 $r(t)=100t\mathrm{e}^{-0.5t}$（头/天），其中 t 为传染病开始流行的天数

$t(t \geqslant 0)$. 如果不加控制，最终将会传染多少头牲畜？

13. 求下列各题中平面图形的面积.

（1）曲线 $y=\sqrt{x}$ 与直线 $x=1$，$x=4$，$y=0$ 所围成的图形；

（2）抛物线 $y=x^2$ 与直线 $y=2x$ 所围成的图形；

（3）抛物线 $y=x^2$ 与 $y=2-x^2$ 所围成的图形；

（4）曲线 $y=\dfrac{1}{x}$ 与直线 $y=x$，$x=2$ 所围成的图形；

（5）曲线 $y=\mathrm{e}^x$，$y=\mathrm{e}^{-x}$ 与直线 $x=1$ 所围成的图形.

14. 求由曲线 $y=x^2$ 与 $x=1$，$y=1$ 所围图形分别绕 x 轴和 y 轴旋转而成的旋转体的体积.

15. 求圆 $x^2+(y-5)^2=16$ 绕 x 轴旋转而成的旋转体的体积.

3.3 一元函数积分的 Python 实现——实验七 求解函数积分

实验目的

（1）掌握用 Python 计算不定积分与定积分的方法；

（2）理解广义积分的概念，提高应用定积分解决实际问题的能力.

命令学习

在 Python 的 Sympy 库中，求函数积分的函数为 integrate()，其具体格式见表 3-1.

表 3-1 integrate()函数

数学运算	integrate() 函数
$\int f(x)\mathrm{d}x$	integrate(f(x),x)
$\int_a^b f(x)\mathrm{d}x$	integrate(f(x),(x,a,b))
$\int_a^{+\infty} f(x)\mathrm{d}x$	integrate(f(x),(x,a,oo))
$\int_{-\infty}^b f(x)\mathrm{d}x$	integrate(f(x),(x,-oo,b))
$\int_{-\infty}^{+\infty} f(x)\mathrm{d}x$	integrate(f(x),(x,-oo,oo))

注：利用 Python 计算不定积分时，其结果中省略了任意常数 C.

实验内容与演示

【例 3-39】 求不定积分 $\int \dfrac{\cos x}{\sin x(1+\sin x)^2}\mathrm{d}x$.

解　在 PyCharm 中新建 int1.py 文件，内容如下：

```
from sympy import *
x = symbols('x')
y = cos(x)/((sin(x)*(1+sin(x))**2)
jf = integrate(y,x)
jf = simplify(jf)           #简化计算结果
print("原函数为", jf)
```

运行程序，命令窗口显示所得结果：

```
原函数为 (-log(sin(x) + 1)*sin(x) - log(sin(x) + 1) + log(sin(x))*sin(x) + log(sin(x)) + 1)/(sin(x) + 1)
```

即

$$\int \frac{\cos x}{\sin x(1+\sin x)^2}\mathrm{d}x = \frac{-\ln(\sin x+1)\sin(x)-\ln(\sin x+1)+\ln(\sin x)\sin x+\ln\sin x+1}{\sin x+1}+C$$
$$=\frac{-\ln(\sin x+1)(\sin x+1)+\ln(\sin x)(\sin x+1)+1}{\sin x+1}+C$$
$$=-\ln(\sin x+1)+\ln(\sin x)+\frac{1}{\sin x+1}+C$$

【例 3-40】 求不定积分$\int\sqrt{4-x^2}\mathrm{d}x$.

解　在 PyCharm 中新建 int2.py 文件，内容如下：

```
from sympy import *
x= symbols('x')
f =sqrt(4-x**2)
jf = integrate(f,x)
jf = simplify(jf)           #简化计算结果
print("原函数为", jf)
```

运行程序，命令窗口显示所得结果：

```
原函数为 x*sqrt(4 - x**2)/2 + 2*asin(x/2)
```

即

$$\int\sqrt{4-x^2}\mathrm{d}x=\frac{x\sqrt{4-x^2}}{2}+2\arcsin\left(\frac{x}{2}\right)+C$$

【例 3-41】 求定积分$\int_0^{\frac{\pi}{2}}x^2\sin x\mathrm{d}x$.

解　在 PyCharm 中新建 int3.py 文件，内容如下：

```
from sympy import *
x= symbols('x')
f = x**2*sin(x)
jf = integrate(f,(x,0,pi/2))
print("定积分为", jf)
```

运行程序，命令窗口显示所得结果：

```
定积分为-2+pi
```

即

$$\int_0^{\frac{\pi}{2}} x^2 \sin x \mathrm{d}x = -2 + \pi$$

【例 3-42】 求广义积分 $\int_0^{+\infty} x\mathrm{e}^{-x}\mathrm{d}x$.

解 在 PyCharm 中新建 int4.py 文件，内容如下：

```
from sympy import *
x= symbols('x')
f = x*exp(-x)
jf = integrate(f,(x,0,oo))
print("广义积分为", jf)
```

运行程序，命令窗口显示所得结果：

```
广义积分为 1
```

即

$$\int_0^{+\infty} x\mathrm{e}^{-x}\mathrm{d}x = 1$$

【例 3-43】 计算曲线 $f(x)=8-x^2$ ， $g(x)=x+1$ 与 $x=-1$ 和 $x=2$ 所围成的图形的面积.

解 为确定所围的图形，在 PyCharm 中新建 pic11.py 文件，内容如下：

```
import matplotlib.pyplot as plt
from numpy import *
x = arange(-2,3,0.01)
y1 = 8-x**2
y2 = x+1
plt.figure()
plt.plot(x,y1,x,y2,[-1,-1],[-2,8],[2,2],[-2,8])
plt.show()
```

运行程序，输出图形如图 3-21 所示.

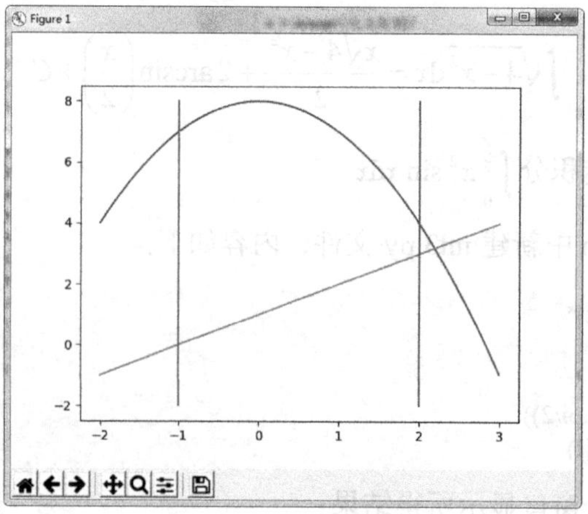

图 3-21 例 3-43 图形

为计算封闭图形面积，在 PyCharm 中新建 int5.py 文件，输入如下代码：

```
from sympy import *
x= symbols('x')
f = 8-x**2
g = x+1
jf = integrate(f-g,(x,-1,2))
print("面积为", jf)
```

运行程序，命令窗口显示所得结果：

```
面积为 33/2
```

即所围成的图形面积为 $\frac{33}{2}$.

实验训练

（1）求下列不定积分.

① $\int xe^{-2x^2}dx$；　　② $\int \frac{1}{\sqrt{x}+1}dx$；

③ $\int e^{2\sqrt{x}}dx$；　　④ $\int \cos\sqrt{t}dt$.

（2）计算下列定积分.

① $\int_0^1 \frac{x}{(x^2+1)^2}dx$；　　② $\int_1^e \frac{dx}{x\sqrt{1+\ln x}}$；

③ $\int_0^{\pi} \sin^4\frac{x}{2}dx$；　　④ $\int_0^{\ln 2}\sqrt{e^x-1}dx$.

（3）判断下列广义积分的敛散性，若该积分收敛，求其值.

① $\int_1^{+\infty}\frac{1}{1+x^2}dx$；　　② $\int_{-\infty}^{-1}\frac{1}{x^3}dx$；

③ $\int_1^{+\infty}\cos xdx$；　　④ $\int_e^{+\infty}\frac{\ln x}{x}dx$.

（4）求曲线 $y=\sqrt{x}$ 与直线 $x=1$，$x=4$，$y=0$ 所围成的图形的面积.

【综合练习】

1．求下列不定积分.

（1）$\int\left(4x^{\frac{3}{2}}-x^{\frac{1}{2}}\right)dx$；　　（2）$\int\left(2^x-\frac{1}{x}\right)dx$；

（3）$\int\sqrt{x\sqrt{x}}dx$；　　（4）$\int\frac{1}{(3+5x)^2}dx$；

（5）$\int\frac{2x}{1+x^2}dx$；　　（6）$\int\frac{\left(\sqrt{x}+1\right)^5}{\sqrt{x}}dx$；

（7）$\int x\mathrm{e}^{-2x^2}\mathrm{d}x$；（8）$\int \frac{1}{\sqrt{x}+1}\mathrm{d}x$；

（9）$\int \mathrm{e}^{2\sqrt{x}}\mathrm{d}x$；（10）$\int \cos\sqrt{t}\mathrm{d}t$；

（11）$\int x\mathrm{e}^{4x}\mathrm{d}x$；（12）$\int x\cos 3x\mathrm{d}x$；

（13）$\int (x+1)\ln x\mathrm{d}x$；（14）$\int \frac{\ln x}{\sqrt{x}}\mathrm{d}x$；

（15）$\int \frac{1}{\cos^3 x}\mathrm{d}x$；（16）$\int \frac{\arctan^2 x}{1+x^2}\mathrm{d}x$.

2．已知函数 $f(x)$ 的导数为 $\sin x+\cos x$，且当 $x=\frac{\pi}{2}$ 时，$y=2$，求此函数.

3．设曲线在任一点 $x(x>0)$ 处的切线斜率为 $\frac{1}{\sqrt{x}}+3$，且过 $(1,5)$ 点，求该曲线的方程.

4．设某函数 $y=y(x)$ 当 $x=1$ 时有极小值，当 $x=-1$ 时有极大值 4，又知其导数具有形式 $y'=3x^2+ax+b$，求此函数.

5．设 $f(x)=\int(1+\sin x)\mathrm{d}x$，求 $f(x)$ 在闭区间 $[0,2\pi]$ 上的最大值和最小值之差.

6．试证明：

$$0\leqslant \int_0^{10}\frac{x}{x^3+16}\mathrm{d}x\leqslant \frac{5}{6}$$

7．计算下列定积分.

（1）$\int_0^1 \frac{x}{(x^2+1)^2}\mathrm{d}x$；（2）$\int_1^{\mathrm{e}} \frac{\mathrm{d}x}{x\sqrt{1+\ln x}}$；

（3）$\int_0^{\pi} \sin^4\frac{x}{2}\mathrm{d}x$；（4）$\int_0^{\ln 2}\sqrt{\mathrm{e}^x-1}\mathrm{d}x$.

8．求抛物线 $y=-x^2+4x-3$ 与过 $(0,-3)$，$(3,0)$ 处的直线所围成的图形的面积.

9．求数值 C，使 $y=C$ 平分由 $y=x^2$ 和 $y=1$ 所围成的图形的面积.

10．求由曲线 $y=x^2$ 与 $x=y^2$ 所围图形分别绕 x 轴和 y 轴旋转而成的旋转体的体积.

第 4 章 线性代数初步

4.1 矩阵及其运算

4.1.1 矩阵的概念

1. 矩阵的定义

将线性方程组$\begin{cases} a_{11}x_1 + a_{12}x_2 + \cdots + a_{1n}x_n = b_1 \\ a_{21}x_1 + a_{22}x_2 + \cdots + a_{2n}x_n = b_2 \\ \cdots \\ a_{m1}x_1 + a_{m2}x_2 + \cdots + a_{mn}x_n = b_m \end{cases}$的未知量的系数按照原有的相应位置排成一个矩形数表，如下：

$$\begin{pmatrix} a_{11} & a_{12} & \cdots & a_{1n} \\ a_{21} & a_{22} & \cdots & a_{2n} \\ \vdots & \vdots & & \vdots \\ a_{m1} & a_{m2} & \cdots & a_{mn} \end{pmatrix}$$

称这样的矩形数表为矩阵.

定义【矩阵】 由$m \times n$个数$a_{ij}(i=1,2,\cdots,m; j=1,2,\cdots,n)$排成$m$行$n$列，并以方括号（或圆括号）表示的数表

$$\begin{pmatrix} a_{11} & a_{12} & \cdots & a_{1n} \\ a_{21} & a_{22} & \cdots & a_{2n} \\ \cdots & \cdots & & \cdots \\ a_{m1} & a_{m2} & \cdots & a_{mn} \end{pmatrix}$$

称为$m \times n$矩阵，通常记作$\boldsymbol{A}$，或$\boldsymbol{A}_{m \times n}$，或$\boldsymbol{A} = (a_{ij})_{m \times n}$. 其中$a_{ij}$是第$i$行、第$j$列的元素，称为矩阵的元素.

例如，$\begin{pmatrix} 0 & 1 & 6 & 7 \\ 2 & -1 & 9 & 8 \\ 4 & 3 & -2 & 1 \end{pmatrix}$表示一个$3 \times 4$矩阵；$\boldsymbol{A} = \begin{pmatrix} 1 & -3 & 4 \\ 0 & 5 & -2 \end{pmatrix}$表示一个$2 \times 3$矩阵，且$a_{11} = 1$，$a_{13} = 4$，$a_{23} = -2$.

由矩阵的定义可知，矩阵是一张数表. 矩阵在日常生活和国民经济各方面都有

着广泛的应用. 实际上，用数表表示一些量或关系的方法，在生活和工作中是常用的，如银行的利率表、工厂的产量统计表、通航信息表等，我们把这种数表的实际意义隐去，抽象出来的就是矩阵.

【例 4-1】 在市场中，五种食品在四家商场销售，单位售价（以某货币单位计）可以用以下矩阵给出：

$$\begin{matrix} & F_1 & F_2 & F_3 & F_4 & F_5 & \\ \end{matrix}$$
$$\begin{pmatrix} 12 & 7 & 10 & 21 & 5 \\ 13 & 6.5 & 11 & 19 & 5 \\ 12 & 7.3 & 9 & 20 & 6 \\ 11 & 6.8 & 12 & 21 & 4 \end{pmatrix}\begin{matrix} S_1 \\ S_2 \\ S_3 \\ S_4 \end{matrix}$$

我们称其为价格矩阵，其中行表示商店，列表示食品，其中元素 a_{ij} 表示第 j 种食品在第 i 个商店的销售价格.

2. 几类特殊的矩阵

1）行矩阵

当 $m=1$ 时，矩阵只有一行，如 $\begin{pmatrix} a_{11} & a_{12} & \cdots & a_{1n} \end{pmatrix}$，称为 n 元行矩阵.

2）列矩阵

当 $n=1$ 时，矩阵只有一列，如 $\begin{pmatrix} a_{11} \\ a_{21} \\ \vdots \\ a_{m1} \end{pmatrix}$，称为 m 元列矩阵，又称列向量.

3）零矩阵

如果矩阵 $\boldsymbol{A}$ 的所有元素都为零，称 $\boldsymbol{A}$ 为零矩阵，记作 $\boldsymbol{O}$.

$$\boldsymbol{O}_{m\times n}=\boldsymbol{O}=\begin{pmatrix} 0 & 0 & \cdots & 0 \\ 0 & 0 & \cdots & 0 \\ \vdots & \vdots & & \vdots \\ 0 & 0 & \cdots & 0 \end{pmatrix}$$

4）负矩阵

在矩阵 $\boldsymbol{A}$ 的所有元素前添加一个负号得到的矩阵，称为 $\boldsymbol{A}$ 的负矩阵，记作 $-\boldsymbol{A}$.

如 $\boldsymbol{A}=\begin{pmatrix} a_{11} & a_{12} & \cdots & a_{1n} \\ a_{21} & a_{22} & \cdots & a_{2n} \\ \vdots & \vdots & & \vdots \\ a_{m1} & a_{m2} & \cdots & a_{mn} \end{pmatrix}$，则 $-\boldsymbol{A}=\begin{pmatrix} -a_{11} & -a_{12} & \cdots & -a_{1n} \\ -a_{21} & -a_{22} & \cdots & -a_{2n} \\ \vdots & \vdots & & \vdots \\ -a_{m1} & -a_{m2} & \cdots & -a_{mn} \end{pmatrix}$.

5）n 阶方阵

当 $m=n$ 时，矩阵 $\boldsymbol{A}$ 称为 n 阶矩阵（或 n 阶方阵），n 阶矩阵 $\boldsymbol{A}$ 也记作 $\boldsymbol{A}_n$.

$$A_n=\begin{pmatrix} a_{11} & a_{12} & \cdots & a_{1n} \\ a_{21} & a_{22} & \cdots & a_{2n} \\ \vdots & \vdots & & \vdots \\ a_{n1} & a_{n2} & \cdots & a_{nn} \end{pmatrix}$$

6）对角矩阵

如果 n 阶方阵主对角线以外的元素全为零，则这个方阵称为对角矩阵.

例如，3 阶对角矩阵 $A_3=\begin{pmatrix} a_{11} & 0 & 0 \\ 0 & a_{22} & 0 \\ 0 & 0 & a_{33} \end{pmatrix}$，$O=\begin{pmatrix} 0 & 0 & 0 \\ 0 & 0 & 0 \\ 0 & 0 & 0 \end{pmatrix}$.

7）数量矩阵

在 n 阶对角矩阵中，如果主对角线上的元素都相等，则称它为数量矩阵.

$$A=\begin{pmatrix} a & 0 & \cdots & 0 \\ 0 & a & \cdots & 0 \\ \vdots & \vdots & & \vdots \\ 0 & 0 & \cdots & a \end{pmatrix}$$

8）n 阶单位矩阵

在 n 阶对角矩阵中，如果对角线上的元素都为 1，则称它为 n 阶单位矩阵，记作 E_n. 例如，3 阶单位矩阵 $E_3=\begin{pmatrix} 1 & 0 & 0 \\ 0 & 1 & 0 \\ 0 & 0 & 1 \end{pmatrix}$，4 阶单位矩阵 $E_4=\begin{pmatrix} 1 & 0 & 0 & 0 \\ 0 & 1 & 0 & 0 \\ 0 & 0 & 1 & 0 \\ 0 & 0 & 0 & 1 \end{pmatrix}$.

9）上三角形矩阵

在 n 阶方阵中，如果主对角线左下方的元素全为零，则称它为上三角矩阵.

例如，$A_3=\begin{pmatrix} a_{11} & a_{12} & a_{13} \\ 0 & a_{22} & a_{23} \\ 0 & 0 & a_{33} \end{pmatrix}$. 同理有下三角矩阵，例如，$A=\begin{pmatrix} a_{11} & 0 & 0 \\ a_{21} & a_{22} & 0 \\ a_{31} & a_{32} & a_{33} \end{pmatrix}$.

4.1.2 矩阵的运算

1. 矩阵的加法运算

定义【矩阵相等】 若矩阵 A 和 B 是两个同型矩阵（行数与列数分别相同），并且对应位置的元素都相等，则称矩阵 A 与矩阵 B 相等，记为 $A=B$.

【例 4-2】 已知 $A=B$，其中 $A=\begin{pmatrix} x & y & z \\ -1 & 0 & 2 \end{pmatrix}$，$B=\begin{pmatrix} 5 & 8 & 3 \\ u & 0 & 2 \end{pmatrix}$，求 x，y，z，u 的值.

解 由矩阵相等的定义有

$$x=5, \quad y=8, \quad z=3, \quad u=-1$$

定义【矩阵的加法】 设$A=\left(a_{ij}\right)_{m\times n}$，$B=\left(b_{ij}\right)_{m\times n}$均是$m\times n$的同型矩阵，其对应位置的元素相加（或相减），称为$A$与$B$之和（或差），记为$A\pm B=\left(a_{ij}\pm b_{ij}\right)_{m\times n}$.

【例 4-3】 设$A=\begin{pmatrix}2&3&5\\-1&4&-6\end{pmatrix}$，$B=\begin{pmatrix}4&-3&1\\0&-7&8\end{pmatrix}$，求$A+B$，$A-B$.

解 $$A+B=\begin{pmatrix}2+4&3+(-3)&5+1\\(-1)+0&4+(-7)&(-6)+8\end{pmatrix}=\begin{pmatrix}6&0&6\\-1&-3&2\end{pmatrix},$$

$$A-B=\begin{pmatrix}2-4&3-(-3)&5-1\\(-1)-0&4-(-7)&(-6)-8\end{pmatrix}=\begin{pmatrix}-2&6&4\\-1&11&-14\end{pmatrix}.$$

矩阵的加法满足以下运算规律（其中A，B，C，O都是$m\times n$矩阵）：

（1）$A+B=B+A$.

（2）$(A+B)+C=A+(B+C)$.

（3）$A+O=A$（O是零矩阵）.

2. 矩阵的数乘运算

定义【矩阵的数乘】 一个数k与矩阵$A=\left(a_{ij}\right)_{m\times n}$相乘，它们的乘积为$kA=\left(ka_{ij}\right)_{m\times n}$.

【例 4-4】 已知$A=\begin{pmatrix}3&7&5&2\\0&2&1&4\\1&3&0&6\end{pmatrix}$，$B=\begin{pmatrix}1&0&1&2\\3&2&4&3\\0&1&5&2\end{pmatrix}$，求$3A$，$-B$.

解 $$3A=\begin{pmatrix}9&21&15&6\\0&6&3&12\\3&9&0&18\end{pmatrix},\quad -B=\begin{pmatrix}-1&0&-1&-2\\-3&-2&-4&-3\\0&-1&-5&-2\end{pmatrix}.$$

数乘矩阵满足以下运算规律：设k和l都是任意常数，$A=\left(a_{ij}\right)_{m\times n}$，$B=\left(b_{ij}\right)_{m\times n}$，那么，

（1）分配律 $k(A+B)=kA+kB$，$(k+l)A=kA+lA$.

（2）结合律 $k(lA)=(kl)A$.

（3）$1\cdot A=A$；$(-1)A=-A$.

3. 矩阵的乘法

一般地，对矩阵的乘法做如下定义：

定义【矩阵的乘法】 设矩阵A是一个$m\times s$矩阵，矩阵B是一个$s\times n$矩阵，则以

$$c_{ij}=a_{i1}b_{1j}+a_{i2}b_{2j}+\cdots+a_{is}b_{sj}=\sum_{k=1}^{s}a_{ik}b_{kj}\quad(i=1,2,\cdots,m;j=1,2,\cdots,n)$$

为元素的矩阵$C=\left(c_{ij}\right)_{m\times n}$称为矩阵$A$与$B$的乘积，记为$C=AB$.

【注】矩阵乘法的步骤：

①可乘条件的验证 矩阵A的列数与矩阵B的行数相同时，矩阵A与B才能

相乘；

②确定乘积矩阵的阶数 乘积 $\boldsymbol{AB}$ 的行数等于矩阵 $\boldsymbol{A}$ 的行数，它的列数等于矩阵 $\boldsymbol{B}$ 的列数，即 $\boldsymbol{A}_{m\times s}\boldsymbol{B}_{s\times n}=\boldsymbol{C}_{m\times n}$；

③行乘列的法则 矩阵乘积 $\boldsymbol{AB}$ 中的第 i 行第 j 列的元素 c_{ij} 等于矩阵 $\boldsymbol{A}$ 的第 i 行与矩阵 $\boldsymbol{B}$ 的第 j 列对应元素乘积之和，即 $c_{ij}=a_{i1}b_{1j}+a_{i2}b_{2j}+\cdots+a_{is}b_{sj}=\sum_{k=1}^{s}a_{ik}b_{kj}$.

$$\begin{pmatrix} a_{11} & a_{12} & \cdots & a_{1s} \\ \vdots & \vdots & \vdots & \vdots \\ \boxed{a_{i1}} & \boxed{a_{i2}} & \cdots & \boxed{a_{is}} \\ \vdots & \vdots & \vdots & \vdots \\ a_{m1} & a_{m2} & \cdots & a_{ms} \end{pmatrix}\begin{pmatrix} b_{11} & \cdots & \boxed{b_{1j}} & \cdots & b_{1n} \\ b_{21} & \cdots & \boxed{b_{2j}} & \cdots & b_{2n} \\ \vdots & & \vdots & & \vdots \\ b_{s1} & \cdots & \boxed{b_{sj}} & \cdots & b_{sn} \end{pmatrix}=\begin{pmatrix} c_{11} & \cdots & c_{1j} & \cdots & c_{1n} \\ \vdots & & \vdots & & \vdots \\ c_{i1} & \cdots & \boxed{c_{ij}} & \cdots & c_{in} \\ \vdots & & \vdots & & \vdots \\ c_{m1} & \cdots & c_{mj} & \cdots & c_{mn} \end{pmatrix}$$

【例 4-5】 设 $\boldsymbol{A}=\begin{pmatrix} 1 & 3 \\ 2 & 6 \\ -1 & -2 \end{pmatrix}$，$\boldsymbol{B}=\begin{pmatrix} 2 & 1 & 1 & 6 \\ 5 & -1 & 0 & 2 \end{pmatrix}$，求$\boldsymbol{AB}$.

解

$$\boldsymbol{AB}=\begin{pmatrix} 1\times2+3\times5 & 1\times1+3\times(-1) & 1\times1+3\times0 & 1\times6+3\times2 \\ 2\times2+6\times5 & 2\times1+6\times(-1) & 2\times1+6\times0 & 2\times6+6\times2 \\ (-1)\times2+(-2)\times5 & (-1)\times1+(-2)\times(-1) & (-1)\times1+(-2)\times0 & (-1)\times6+(-2)\times2 \end{pmatrix}$$

$$=\begin{pmatrix} 17 & -2 & 1 & 12 \\ 34 & -4 & 2 & 24 \\ -12 & 1 & -1 & -10 \end{pmatrix}.$$

【例 4-6】 设矩阵 $\boldsymbol{A}=\begin{bmatrix} 1 & 3 & 5 \end{bmatrix}$，$\boldsymbol{B}=\begin{pmatrix} 6 \\ 2 \\ 4 \end{pmatrix}$，$\boldsymbol{C}=\begin{pmatrix} 1 & 1 \\ 1 & 0 \\ -1 & -1 \end{pmatrix}$，求 $\boldsymbol{AB}$，$\boldsymbol{BA}$，$\boldsymbol{AC}$.

解 $\boldsymbol{AB}=\begin{pmatrix} 1 & 3 & 5 \end{pmatrix}\begin{pmatrix} 6 \\ 2 \\ 4 \end{pmatrix}=(1\times6+3\times2+5\times4)=(32)$，

$$\boldsymbol{BA}=\begin{pmatrix} 6 \\ 2 \\ 4 \end{pmatrix}\begin{pmatrix} 1 & 3 & 5 \end{pmatrix}=\begin{pmatrix} 6 & 18 & 30 \\ 2 & 6 & 10 \\ 4 & 12 & 20 \end{pmatrix}，\boldsymbol{AC}=\begin{pmatrix} 1 & 3 & 5 \end{pmatrix}\begin{pmatrix} 1 & 1 \\ 1 & 0 \\ -1 & -1 \end{pmatrix}=\begin{pmatrix} -1 & -4 \end{pmatrix}.$$

【注】矩阵的乘法一般不满足交换律.

矩阵乘法满足以下运算规律：

（1）$(\boldsymbol{AB})\boldsymbol{C}=\boldsymbol{A}(\boldsymbol{BC})$，$k(\boldsymbol{AB})=(k\boldsymbol{A})\boldsymbol{B}=\boldsymbol{A}(k\boldsymbol{B})$.

（2）$\boldsymbol{A}(\boldsymbol{B}+\boldsymbol{C})=\boldsymbol{AB}+\boldsymbol{AC}$，$(\boldsymbol{B}+\boldsymbol{C})\boldsymbol{A}=\boldsymbol{BA}+\boldsymbol{CA}$.

（3）当 $\boldsymbol{A}$ 为 n 阶方阵时，$\boldsymbol{A}^k=\underbrace{\boldsymbol{A}\cdot\boldsymbol{A}\cdots\boldsymbol{A}}_{k个}$.

（4）$\boldsymbol{E}$ 为单位矩阵时，$\boldsymbol{A}_{m\times n}\boldsymbol{E}_n=\boldsymbol{E}_m\boldsymbol{A}_{m\times n}=\boldsymbol{A}_{m\times n}$.

【注】(1) 由 $AB=O$，不一定能得出 $A=O$ 或 $B=O$；$A\neq O$ 或 $B\neq O$ 时，也有 $AB=O$. 例如，$A=\begin{pmatrix}1&1\\-1&-1\end{pmatrix}$，$B=\begin{pmatrix}1&-1\\-1&1\end{pmatrix}$，则 $AB=\begin{pmatrix}0&0\\0&0\end{pmatrix}$.

(2) 一般情况下，当 $AB=AC$，且 $A\neq O$，不能消去 A 而得到 $B=C$.

例如，$A=\begin{pmatrix}1&0\\0&0\end{pmatrix}$，$B=\begin{pmatrix}4&5\\6&7\end{pmatrix}$，$C=\begin{pmatrix}4&5\\-1&2\end{pmatrix}$，$AB=AC=\begin{pmatrix}4&5\\0&0\end{pmatrix}$，但 $B\neq C$.

4.1.3 矩阵的转置

定义【转置矩阵】 把矩阵 A 的行与列依次对换所得的矩阵，称为 A 的转置矩阵，记为 A^{T}.

设 $A=\begin{pmatrix}a_{11}&a_{12}&\cdots&a_{1n}\\a_{21}&a_{22}&\cdots&a_{2n}\\\vdots&\vdots&&\vdots\\a_{m1}&a_{m2}&\cdots&a_{mn}\end{pmatrix}$，则 $A^{\mathrm{T}}=\begin{pmatrix}a_{11}&a_{21}&\cdots&a_{m1}\\a_{12}&a_{22}&\cdots&a_{m2}\\\vdots&\vdots&&\vdots\\a_{1n}&a_{2n}&\cdots&a_{mn}\end{pmatrix}$.

例如，$A=\begin{pmatrix}1&-1&2\\0&1&3\\1&2&1\end{pmatrix}$，$B=\begin{pmatrix}3&1\\2&2\\1&-1\end{pmatrix}$，则 $A^{\mathrm{T}}=\begin{pmatrix}1&0&1\\-1&1&2\\2&3&1\end{pmatrix}$，$B^{\mathrm{T}}=\begin{pmatrix}3&2&1\\1&2&-1\end{pmatrix}$.

【例 4-7】 设 $A=\begin{pmatrix}2&0&-1\\1&3&2\end{pmatrix}$，$B=\begin{pmatrix}1&7&-1\\4&2&3\\2&0&1\end{pmatrix}$，求 $(AB)^{\mathrm{T}}$，$B^{\mathrm{T}}A^{\mathrm{T}}$.

解 因为 $AB=\begin{pmatrix}2&0&-1\\1&3&2\end{pmatrix}\begin{pmatrix}1&7&-1\\4&2&3\\2&0&1\end{pmatrix}=\begin{pmatrix}0&14&-3\\17&13&10\end{pmatrix}$，

所以

$$(AB)^{\mathrm{T}}=\begin{pmatrix}0&17\\14&13\\-3&10\end{pmatrix}.$$

而

$$B^{\mathrm{T}}A^{\mathrm{T}}=\begin{pmatrix}1&4&2\\7&2&0\\-1&3&1\end{pmatrix}\begin{pmatrix}2&1\\0&3\\-1&2\end{pmatrix}=\begin{pmatrix}0&17\\14&13\\-3&10\end{pmatrix}.$$

由此例可知：$(AB)^{\mathrm{T}}=B^{\mathrm{T}}A^{\mathrm{T}}$.

转置矩阵满足以下运算规律：

(1) $(A^{\mathrm{T}})^{\mathrm{T}}=A$.　　(2) $(A+B)^{\mathrm{T}}=A^{\mathrm{T}}+B^{\mathrm{T}}$.

(3) $(kA)^{\mathrm{T}}=kA^{\mathrm{T}}$.　　(4) $(AB)^{\mathrm{T}}=B^{\mathrm{T}}A^{\mathrm{T}}$.

4.1.4 逆矩阵

1. 线性方程的矩阵表示法

一般的线性方程组 $\begin{cases} a_{11}x_1+a_{12}x_2+\cdots+a_{1n}x_n=b_1 \\ a_{21}x_1+a_{22}x_2+\cdots+a_{2n}x_n=b_2 \\ \cdots \\ a_{m1}x_1+a_{m2}x_2+\cdots+a_{mn}x_n=b_m \end{cases}$，设 （4-1）

$$\boldsymbol{A}=\begin{pmatrix} a_{11} & a_{12} & \cdots & a_{1n} \\ a_{21} & a_{22} & \cdots & a_{2n} \\ \vdots & \vdots & & \vdots \\ a_{m1} & a_{m2} & \cdots & a_{mn} \end{pmatrix},\ \boldsymbol{X}=\begin{pmatrix} x_1 \\ x_2 \\ \vdots \\ x_n \end{pmatrix},\ \boldsymbol{B}=\begin{pmatrix} b_1 \\ b_2 \\ \vdots \\ b_m \end{pmatrix}$$

其中，$\boldsymbol{A}$，$\boldsymbol{X}$，$\boldsymbol{B}$ 分别称为线性方程组（4-1）的系数矩阵、未知数矩阵和常数矩阵.这样，线性方程组（4-1）的矩阵形式是：

$$\begin{pmatrix} a_{11} & a_{12} & \cdots & a_{1n} \\ a_{21} & a_{22} & \cdots & a_{2n} \\ \vdots & \vdots & & \vdots \\ a_{m1} & a_{m2} & \cdots & a_{mn} \end{pmatrix}\begin{pmatrix} x_1 \\ x_2 \\ \vdots \\ x_n \end{pmatrix}=\begin{pmatrix} b_1 \\ b_2 \\ \vdots \\ b_m \end{pmatrix} \tag{4-2}$$

可表示为

$$\boldsymbol{AX}=\boldsymbol{B} \tag{4-3}$$

方程（4-2）和方程（4-3）也称为矩阵方程，这样解线性方程组的问题就转化为求未知数矩阵 $\boldsymbol{X}$ 的问题了.

2. 逆矩阵的定义和性质

对于一元一次线性方程 $ax=b$，当 $a\neq 0$ 时，在方程两边同乘 a^{-1} 就能得到它的解 $x=a^{-1}b$. 对于矩阵方程 $\boldsymbol{AX}=\boldsymbol{B}$，提出如下问题：（1）什么条件下，有矩阵 $\boldsymbol{A}^{-1}$，满足 $\boldsymbol{A}^{-1}\boldsymbol{A}=\boldsymbol{E}$，则矩阵方程（4-3）的解就是 $\boldsymbol{X}=\boldsymbol{A}^{-1}\boldsymbol{B}$；（2）$\boldsymbol{A}^{-1}$ 具有什么性质？如何求取 $\boldsymbol{A}^{-1}$？

定义【逆矩阵】 设 $\boldsymbol{A}$ 为 n 阶方阵，如果存在 n 阶方阵 $\boldsymbol{B}$，使得 $\boldsymbol{AB}=\boldsymbol{BA}=\boldsymbol{E}$，则称矩阵 $\boldsymbol{A}$ 是可逆的，并称矩阵 $\boldsymbol{B}$ 为 $\boldsymbol{A}$ 的逆矩阵，记作 $\boldsymbol{A}^{-1}$.

【注】 在定义中也可说 $\boldsymbol{B}$ 是可逆的，称 $\boldsymbol{A}$ 为 $\boldsymbol{B}$ 的逆矩阵，即 $\boldsymbol{B}^{-1}=\boldsymbol{A}$.

【例 4-8】 设有方阵 $\boldsymbol{A}=\begin{pmatrix} 1 & -4 & -3 \\ 1 & -5 & -3 \\ -1 & 6 & 4 \end{pmatrix}$，$\boldsymbol{B}=\begin{pmatrix} 2 & 2 & 3 \\ 1 & -1 & 0 \\ -1 & 2 & 1 \end{pmatrix}$，验证 $\boldsymbol{B}$ 与 $\boldsymbol{A}$ 是否可逆.

解 因为 $\boldsymbol{AB}=\begin{pmatrix} 1 & 0 & 0 \\ 0 & 1 & 0 \\ 0 & 0 & 1 \end{pmatrix}=\boldsymbol{E}=\boldsymbol{BA}$. 所以 $\boldsymbol{A}$ 是 $\boldsymbol{B}$ 的逆矩阵，同样 $\boldsymbol{B}$ 也是 $\boldsymbol{A}$ 逆矩阵，即

$$A^{-1}=\begin{pmatrix}2&2&3\\1&-1&0\\-1&2&1\end{pmatrix},\quad B^{-1}=\begin{pmatrix}1&-4&-3\\1&-5&-3\\-1&6&4\end{pmatrix}$$

逆矩阵的性质：

（1）若 $\boldsymbol{A}$ 可逆，则 $\boldsymbol{A}^{-1}$ 是唯一的.

（2）若 $\boldsymbol{A}$ 可逆，则 $\boldsymbol{A}^{-1}$ 也可逆，并且 $(\boldsymbol{A}^{-1})^{-1}=\boldsymbol{A}$.

（3）若 $\boldsymbol{A}$ 可逆，常数 $k\neq 0$，则 $(k\boldsymbol{A})^{-1}=\dfrac{1}{k}\boldsymbol{A}^{-1}$.

（4）若 $\boldsymbol{A}$ 可逆，则 $\boldsymbol{A}^{\mathrm{T}}$ 也可逆，并且 $(\boldsymbol{A}^{\mathrm{T}})^{-1}=(\boldsymbol{A}^{-1})^{\mathrm{T}}$.

（5）若 n 阶方阵 $\boldsymbol{A}$ 与 $\boldsymbol{B}$ 都可逆，则 $\boldsymbol{AB}$ 也可逆，并且 $(\boldsymbol{AB})^{-1}=\boldsymbol{B}^{-1}\boldsymbol{A}^{-1}$.

4.1.5 矩阵的初等行变换

定义【初等行变换】 矩阵的初等行变换是指对矩阵进行下列三种变换.

（1）对换变换：将矩阵中第 i 行与第 j 行交换位置，用记号 $r_i\leftrightarrow r_j$ 表示.

（2）倍乘变换：将第 i 行遍乘一个非零常数 k，用记号 kr_i 表示.

（3）倍加变换：将矩阵的某一行（第 i 行）遍乘一个常数 k 加至另一行（第 j 行），用记号 r_j+kr_i 表示.

【例 4-9】 利用初等行变换，将矩阵 $\boldsymbol{A}=\begin{pmatrix}2&3&1\\0&1&3\\1&2&5\end{pmatrix}$ 化为单位矩阵.

解

$$\boldsymbol{A}=\begin{pmatrix}2&3&1\\0&1&3\\1&2&5\end{pmatrix}\xrightarrow{r_1\leftrightarrow r_3}\begin{pmatrix}1&2&5\\0&1&3\\2&3&1\end{pmatrix}\xrightarrow{r_3+(-2)r_1}\begin{pmatrix}1&2&5\\0&1&3\\0&-1&-9\end{pmatrix}$$

$$\xrightarrow{r_3+r_2}\begin{pmatrix}1&2&5\\0&1&3\\0&0&-6\end{pmatrix}\xrightarrow{(-\frac{1}{6})r_3}\begin{pmatrix}1&2&5\\0&1&3\\0&0&1\end{pmatrix}\xrightarrow[r_2+(-3)r_3]{r_1+(-5)r_3}\begin{pmatrix}1&2&0\\0&1&0\\0&0&1\end{pmatrix}$$

$$\xrightarrow{r_1+(-2)r_2}\begin{pmatrix}1&0&0\\0&1&0\\0&0&1\end{pmatrix}$$

4.1.6 阶梯形矩阵

定义【阶梯形矩阵】 如果矩阵满足：各行第一个非零元素所在列严格增大（或者说其列标一定不小于行标），也就是首个非零元素之前的零元素个数随行的序数增大而增大，零行在最下方，则称这样的矩阵为阶梯形矩阵.

$$\begin{pmatrix}4&5&6&7\\3&0&1&4\\1&0&0&0\end{pmatrix},\begin{pmatrix}1&2&3&4\\0&1&2&3\\0&0&0&0\\0&0&1&2\end{pmatrix},\begin{pmatrix}1&0&0&0&2\\0&0&0&0&1\\0&0&0&1&1\end{pmatrix},\begin{pmatrix}1&0&0&4\\0&1&0&5\\0&0&1&2\\0&0&1&0\\0&0&0&0\end{pmatrix}$$ 不是阶梯形矩阵.

下列矩阵都是阶梯形矩阵：

$$\begin{pmatrix}1&2&-3&0&1\\0&0&5&2&-4\\0&0&0&7&-3\end{pmatrix},\begin{pmatrix}0&1&7&-5&1\\0&0&1&0&4\\0&0&0&2&1\\0&0&0&0&0\end{pmatrix},$$

$$\begin{pmatrix}1&0&5&6\\0&1&2&1\\0&0&0&7\end{pmatrix}.$$

定义【行简化阶梯形矩阵】 对于阶梯形矩阵，若满足：

（1）各非零行的第一个非零元素均为1；

（2）各非零行的第一个非零元素所在列的其余元素均为零.

则称该矩阵为行简化阶梯形矩阵.

例如，矩阵

$$\begin{pmatrix}\textcircled{1}&0&0&2\\0&\textcircled{1}&0&-4\\0&0&\textcircled{1}&3\end{pmatrix},\begin{pmatrix}\textcircled{1}&3&4&0&-6\\0&0&0&\textcircled{1}&5\\0&0&0&0&0\end{pmatrix}$$

都是行简化阶梯形矩阵.

【例 4-10】 设矩阵 $\boldsymbol{A}=\begin{pmatrix}1&2&1&-1\\3&6&-1&-3\\5&10&1&-5\end{pmatrix}$，对 $\boldsymbol{A}$ 进行初等行变换将其转化为阶梯形矩阵.

解 $\begin{pmatrix}1&2&1&-1\\3&6&-1&-3\\5&10&1&-5\end{pmatrix}\xrightarrow[r_3+(-5)r_1]{r_2+(-3)r_1}\begin{pmatrix}1&2&1&-1\\0&0&-4&0\\0&0&-4&0\end{pmatrix}\xrightarrow{r_3+(-1)r_2}\begin{pmatrix}1&2&1&-1\\0&0&-4&0\\0&0&0&0\end{pmatrix}$

如果对此阶梯形矩阵进一步实施初等行变换，可将它转化为行简化阶梯形矩阵.

$$\begin{pmatrix}1&2&1&-1\\0&0&-4&0\\0&0&0&0\end{pmatrix}\xrightarrow{(-\frac{1}{4})r_2}\begin{pmatrix}1&2&1&-1\\0&0&1&0\\0&0&0&0\end{pmatrix}\xrightarrow{r_1+(-1)r_2}\begin{pmatrix}1&2&0&-1\\0&0&1&0\\0&0&0&0\end{pmatrix}.$$

定理 任一个 $m\times n$ 矩阵 $\boldsymbol{A}$，经过若干次初等行变换都可以简化为阶梯形矩阵，并且利用初等行变换可以把阶梯形矩阵转化为行简化阶梯形矩阵.

【例 4-11】 将矩阵 $\boldsymbol{A}=\begin{pmatrix}1&-2&3\\2&-1&2\\3&1&2\end{pmatrix}$ 转化为行简化阶梯形矩阵.

解

$$\boldsymbol{A}=\begin{pmatrix}1&-2&3\\2&-1&2\\3&1&2\end{pmatrix}\xrightarrow[r_3+(-3)r_1]{r_2+(-2)r_1}\begin{pmatrix}1&-2&3\\0&3&-4\\0&7&-7\end{pmatrix}\xrightarrow{(-\frac{3}{7})r_3}\begin{pmatrix}1&-2&3\\0&3&-4\\0&-3&3\end{pmatrix}\xrightarrow{r_3+r_2}\begin{pmatrix}1&-2&3\\0&3&-4\\0&0&-1\end{pmatrix}$$

$$\xrightarrow[(-1)r_3]{\frac{1}{3}r_2}\begin{pmatrix}1&-2&3\\0&1&-\frac{4}{3}\\0&0&1\end{pmatrix}\xrightarrow{r_2+\frac{4}{3}r_3}\begin{pmatrix}1&-2&3\\0&1&0\\0&0&1\end{pmatrix}\xrightarrow[r_1+(-3)r_3]{r_1+2r_2}\begin{pmatrix}1&0&0\\0&1&0\\0&0&1\end{pmatrix}$$

4.1.7 矩阵的秩

矩阵的秩是线性代数中一个非常重要的概念，它不仅与可逆矩阵问题有关，而且在讨论线性方程组解的情况中也起着重要的作用.

一个矩阵的阶梯形矩阵并不是唯一的，但它的阶梯形矩阵的非零行的行数却是唯一的，由此可以刻画出初等行变换过程中矩阵之间的内在关系，这个性质对于解线性方程组是非常重要的.

定义 矩阵经过初等行变换后转化为阶梯形矩阵，非零行的行数即为矩阵的秩.

【注】 对于任一矩阵来说，其秩是唯一确定的.

定理 设 $\boldsymbol{A}$ 为 $m\times n$ 矩阵，其秩用 $r(\boldsymbol{A})$ 表示，则

（1）$0\leqslant r(\boldsymbol{A})\leqslant\min\{m,n\}$.

（2）$r(\boldsymbol{A})=r(\boldsymbol{A}^{\mathrm{T}})$.

定理 对矩阵进行初等行变换后，矩阵的秩不会改变.

【例 4-12】 利用初等行变换将矩阵 $\boldsymbol{A}=\begin{pmatrix}1&2&-2&-2\\2&1&-1&5\\1&-1&1&7\end{pmatrix}$ 转化为行简化阶梯形矩

阵，并求矩阵 $\boldsymbol{A}$ 的秩 $r(\boldsymbol{A})$.

解 $\boldsymbol{A}=\begin{pmatrix}1&2&-2&-2\\2&1&-1&5\\1&-1&1&7\end{pmatrix}\xrightarrow[r_3+(-1)r_1]{r_2+(-2)r_1}\begin{pmatrix}1&2&-2&-2\\0&-3&3&9\\0&-3&3&9\end{pmatrix}\xrightarrow{r_3+(-1)r_2}\begin{pmatrix}1&2&-2&-2\\0&-3&3&9\\0&0&0&0\end{pmatrix}$

$$\xrightarrow{(-\frac{1}{3})r_2}\begin{pmatrix}1&2&-2&-2\\0&1&-1&-3\\0&0&0&0\end{pmatrix}\xrightarrow{r_1+(-2)r_2}\begin{pmatrix}1&0&0&4\\0&1&-1&-3\\0&0&0&0\end{pmatrix}.$$

因此，矩阵 $\boldsymbol{A}$ 的秩 $r(\boldsymbol{A})=2$.

应用初等行变换把矩阵转化为阶梯形矩阵和行简化阶梯形矩阵，在讨论矩阵的逆矩阵、矩阵的秩和线性方程组时起到重要的作用.

定理 n 阶方阵 $\boldsymbol{A}$ 可逆的充要条件是 $r(\boldsymbol{A})=n$，即 $\boldsymbol{A}$ 满秩.

在例 4-11 中，矩阵 $\boldsymbol{A}=\begin{pmatrix}1&-2&3\\2&-1&2\\3&1&2\end{pmatrix}\longrightarrow\begin{pmatrix}1&-2&3\\0&3&-4\\0&0&-1\end{pmatrix}$，则它的秩 $r(\boldsymbol{A})=3$，因此，$\boldsymbol{A}$ 可逆. 而矩阵 $\boldsymbol{B}=\begin{pmatrix}1&2&-1\\0&0&1\\0&0&0\end{pmatrix}$ 的秩 $r(\boldsymbol{B})=2$，则 $\boldsymbol{B}$ 不可逆.

4.1.8 用初等行变换求逆矩阵

用初等行变换求逆矩阵的方法

对给定的 n 阶方阵 $\boldsymbol{A}$（$|\boldsymbol{A}|\neq 0$），先在其右边并一个同阶的单位矩阵 $\boldsymbol{E}$，形成一个 $n\times 2n$ 矩阵，记为 $(\boldsymbol{A}\vdots\boldsymbol{E})$. 对该矩阵 $(\boldsymbol{A}\vdots\boldsymbol{E})$ 实施初等行变换，当"⋮"左边的方阵 $\boldsymbol{A}$ 变成单位矩阵 $\boldsymbol{E}$ 时，"⋮"右边的单位矩阵 $\boldsymbol{E}$ 变成 $\boldsymbol{A}^{-1}$. 即

$$(\boldsymbol{A}\vdots\boldsymbol{E})\xrightarrow{\text{初等行变换}}(\boldsymbol{E}\vdots\boldsymbol{A}^{-1})$$

【例 4-13】 已知矩阵 $\boldsymbol{A}=\begin{pmatrix}1&0&0\\2&1&0\\-3&2&1\end{pmatrix}$，求 $\boldsymbol{A}^{-1}$.

解 对矩阵 $[\boldsymbol{A}\vdots\boldsymbol{E}]$ 进行初等行变换：

$$(\boldsymbol{A}\vdots\boldsymbol{E})=\left(\begin{array}{ccc:ccc}1&0&0&1&0&0\\2&1&0&0&1&0\\-3&2&1&0&0&1\end{array}\right)\xrightarrow[r_3+3r_1]{r_2+(-2)r_1}\left(\begin{array}{ccc:ccc}1&0&0&1&0&0\\0&1&0&-2&1&0\\0&2&1&3&0&1\end{array}\right)$$

$$\xrightarrow{r_3+(-2)r_2}\left(\begin{array}{ccc:ccc}1&0&0&1&0&0\\0&1&0&-2&1&0\\0&0&1&7&-2&1\end{array}\right)=(\boldsymbol{E}\vdots\boldsymbol{A}^{-1}).$$

即

$$A^{-1}=\begin{pmatrix}1&0&0\\-2&1&0\\7&-2&1\end{pmatrix}$$

【例 4-14】 解线性方程组$\begin{cases}2x_2-x_3=1\\x_1+x_2+2x_3=0\\-x_1-x_2-x_3=-1\end{cases}$.

解 设$A=\begin{pmatrix}0&2&-1\\1&1&2\\-1&-1&-1\end{pmatrix}$, $X=\begin{pmatrix}x_1\\x_2\\x_3\end{pmatrix}$, $B=\begin{pmatrix}1\\0\\-1\end{pmatrix}$

方程组表示为成$AX=B$，先求A的逆矩阵：

$$(A\vdots E)=\begin{pmatrix}0&2&-1&\vdots&1&0&0\\1&1&2&\vdots&0&1&0\\-1&-1&-1&\vdots&0&0&1\end{pmatrix}\xrightarrow{r_1\leftrightarrow r_2}\begin{pmatrix}1&1&2&\vdots&0&1&0\\0&2&-1&\vdots&1&0&0\\-1&-1&-1&\vdots&0&0&1\end{pmatrix}$$

$$\xrightarrow{r_3+r_1}\begin{pmatrix}1&1&2&\vdots&0&1&0\\0&2&-1&\vdots&1&0&0\\0&0&1&\vdots&0&1&1\end{pmatrix}\xrightarrow{r_2+r_3}\begin{pmatrix}1&1&2&\vdots&0&1&0\\0&2&0&\vdots&1&1&1\\0&0&1&\vdots&0&1&1\end{pmatrix}$$

$$\xrightarrow{\frac{1}{2}r_2}\begin{pmatrix}1&1&2&\vdots&0&1&0\\0&1&0&\vdots&\frac{1}{2}&\frac{1}{2}&\frac{1}{2}\\0&0&1&\vdots&0&1&1\end{pmatrix}\xrightarrow{r_1+(-2)r_3}\begin{pmatrix}1&1&0&\vdots&0&-1&-2\\0&1&0&\vdots&\frac{1}{2}&\frac{1}{2}&\frac{1}{2}\\0&0&1&\vdots&0&1&1\end{pmatrix}$$

$$\xrightarrow{r_1+(-1)r_2}\begin{pmatrix}1&0&0&\vdots&-\frac{1}{2}&-\frac{3}{2}&-\frac{5}{2}\\0&1&0&\vdots&\frac{1}{2}&\frac{1}{2}&\frac{1}{2}\\0&0&1&\vdots&0&1&1\end{pmatrix}\quad A^{-1}=\begin{pmatrix}-\frac{1}{2}&-\frac{3}{2}&-\frac{5}{2}\\\frac{1}{2}&\frac{1}{2}&\frac{1}{2}\\0&1&1\end{pmatrix}=\frac{1}{2}\begin{pmatrix}-1&-3&-5\\1&1&1\\0&2&2\end{pmatrix}$$

由$X=A^{-1}B$，有$X=\begin{pmatrix}x_1\\x_2\\x_3\end{pmatrix}=A^{-1}B=\frac{1}{2}\begin{pmatrix}-1&-3&-5\\1&1&1\\0&2&2\end{pmatrix}\begin{pmatrix}1\\0\\-1\end{pmatrix}=\frac{1}{2}\begin{pmatrix}4\\0\\-2\end{pmatrix}=\begin{pmatrix}2\\0\\-1\end{pmatrix}$

于是，方程组的解是$\begin{cases}x_1=2\\x_2=0\\x_3=-1\end{cases}$.

【练习 4.1】

1．设矩阵

$$A=\begin{pmatrix}17&7&-10&21\\12&5&12&5\\11&9&-13&7\end{pmatrix}$$

是个3×4矩阵，且有$a_{21}=$________，$a_{32}=$________，$a_{14}=$________.

2．写出4×3的零矩阵.

3．设$\boldsymbol{A}=\begin{pmatrix}1&2\\-3&5\end{pmatrix}$，$\boldsymbol{B}=\begin{pmatrix}-1&1\\1&3\end{pmatrix}$，$\boldsymbol{C}=\begin{pmatrix}5&4\\3&-1\end{pmatrix}$.

求（1）$\boldsymbol{A}+\boldsymbol{B}$；（2）$2\boldsymbol{A}+3\boldsymbol{C}$；（3）$\boldsymbol{AB}$.

4．计算下列矩阵的乘积.

（1）$\begin{pmatrix}4&3&1\\1&-2&3\\5&7&0\end{pmatrix}\begin{pmatrix}7&-1\\2&1\\1&0\end{pmatrix}$；（2）$\begin{pmatrix}0&1&0\\1&0&0\\0&0&1\end{pmatrix}\begin{pmatrix}1&2&3&4\\5&6&7&8\\9&10&11&12\end{pmatrix}$；

（3）$\begin{pmatrix}3&1&2\end{pmatrix}\begin{pmatrix}4\\6\\5\end{pmatrix}$；（4）$\begin{pmatrix}4\\6\\5\end{pmatrix}\begin{pmatrix}3&1&2\end{pmatrix}$；

（5）$\begin{pmatrix}1&1\\-1&-1\end{pmatrix}\begin{pmatrix}1&-1\\-1&1\end{pmatrix}$；（6）$\begin{pmatrix}2&-1&5&7\\3&0&-2&-5\\4&6&1&1\end{pmatrix}\begin{pmatrix}x_1\\x_2\\x_3\\x_4\end{pmatrix}$.

5．计算$\begin{pmatrix}1&2&3\\-1&2&1\\1&-3&2\end{pmatrix}\begin{pmatrix}1&2&4\\2&-4&1\\-1&1&0\end{pmatrix}+\begin{pmatrix}2&4&5\\5&1&-1\\3&-2&7\end{pmatrix}$.

6．已知$\boldsymbol{A}=\begin{pmatrix}3&1&0\\-1&2&1\\3&4&2\end{pmatrix}$，$\boldsymbol{B}=\begin{pmatrix}1&0&2\\-1&1&1\\2&1&1\end{pmatrix}$. 求满足方程$3\boldsymbol{A}-2\boldsymbol{X}=\boldsymbol{B}$的$\boldsymbol{X}$.

7．设$\boldsymbol{A}=\begin{pmatrix}1&1&0\\0&1&-1\\1&-1&1\end{pmatrix}$，$\boldsymbol{B}=\begin{pmatrix}1&2&3\\-1&-2&-4\\0&2&1\end{pmatrix}$.

求$\boldsymbol{A}^{\mathrm{T}}\boldsymbol{B}$，$\boldsymbol{B}^{\mathrm{T}}\boldsymbol{A}$，$\boldsymbol{A}^{\mathrm{T}}\boldsymbol{B}^{\mathrm{T}}$，$(\boldsymbol{AB})^{\mathrm{T}}$.

8．设$\boldsymbol{A}=\begin{pmatrix}1&2&3&4\end{pmatrix}$. 求$\boldsymbol{AA}^{\mathrm{T}}$，$\boldsymbol{A}^{\mathrm{T}}\boldsymbol{A}$.

9．验证下列$\boldsymbol{A}$和$\boldsymbol{B}$是否互为逆矩阵.

（1）$\boldsymbol{A}=\begin{pmatrix}1&-1\\1&1\end{pmatrix}$，$\boldsymbol{B}=\begin{pmatrix}\frac{1}{2}&\frac{1}{2}\\-\frac{1}{2}&\frac{1}{2}\end{pmatrix}$；（2）$\boldsymbol{A}=\begin{pmatrix}1&1&2\\1&2&2\\1&2&3\end{pmatrix}$，$\boldsymbol{B}=\begin{pmatrix}2&-1&0\\1&1&-1\\-2&0&1\end{pmatrix}$；

（3）$\boldsymbol{A}=\begin{pmatrix}1&2&3\\2&1&2\\1&3&3\end{pmatrix}$，$\boldsymbol{B}=\begin{pmatrix}-\frac{3}{4}&\frac{3}{4}&\frac{1}{4}\\-1&0&1\\\frac{5}{4}&-\frac{1}{4}&-\frac{3}{4}\end{pmatrix}$.

10．用初等行变换求下列矩阵的逆矩阵.

（1）$\begin{pmatrix}1&2&2\\2&1&-2\\2&-2&1\end{pmatrix}$；　（2）$\begin{pmatrix}0&1&2\\1&1&4\\2&-1&0\end{pmatrix}$；

（3）$\begin{pmatrix}1&3&1\\2&2&1\\3&4&2\end{pmatrix}$；　（4）$\begin{pmatrix}1&1&0\\2&1&-1\\3&4&2\end{pmatrix}$；

（5）$\begin{pmatrix}1&0&0&0\\1&1&0&0\\1&1&1&0\\1&1&1&1\end{pmatrix}$；　（6）$\begin{pmatrix}1&-1&-1&-1\\-1&1&-1&-1\\-1&-1&1&-1\\-1&-1&-1&1\end{pmatrix}$.

11．求满足下列方程的矩阵 $\boldsymbol{X}$.

（1）$\begin{pmatrix}1&2&3\\2&-1&2\\1&3&0\end{pmatrix}\boldsymbol{X}=\begin{pmatrix}-7\\-8\\7\end{pmatrix}$；　（2）$\boldsymbol{X}\begin{pmatrix}0&1&-1\\2&1&0\\1&-1&1\end{pmatrix}=\begin{pmatrix}1&-1&3\\4&3&2\\1&-2&5\end{pmatrix}$.

12．求下列矩阵的秩.

（1）$\begin{pmatrix}1&1&0&1&0&0&1\\1&1&1&0&1&1&0\\2&2&1&1&0&1&1\end{pmatrix}$；　（2）$\begin{pmatrix}1&0&0\\0&1&0\\1&0&1\\0&1&1\\1&1&0\end{pmatrix}$；

（3）$\begin{pmatrix}-1&3&0&1\\4&-1&1&-2\\2&-2&0&1\end{pmatrix}$；　（4）$\begin{pmatrix}2&0&2&0&2\\0&1&0&1&0\\2&1&0&2&1\\0&1&0&1&0\end{pmatrix}$.

4.2　线性方程组的求解

当线性方程组中未知数的个数与方程的个数相等时，如果可逆，则可使用逆矩阵法求解. 对于线性方程组的一般情形：有 m 个方程、n 个未知数，但 m 不一定等于 n，这时方程组应该怎样求解？

对于上述问题，需要回答：如何判定线性方程组是否有解？在有解的情况下，解是否唯一？在有解且解并不唯一时，解的结构如何？如何求出所有解？

4.2.1　n 元线性方程组的基本概念

线性方程组的一般形式为

$$\begin{cases} a_{11}x_1 + a_{12}x_2 + \cdots + a_{1n}x_n = b_1 \\ a_{21}x_1 + a_{22}x_2 + \cdots + a_{2n}x_n = b_2 \\ \cdots \\ a_{m1}x_1 + a_{m2}x_2 + \cdots + a_{mn}x_n = b_m \end{cases} \tag{4-4}$$

其中，x_j 是未知量（也称元），a_{ij} 是第 i 个方程第 j 个未知量的系数，b_i 是第 i 个方程的常数项 $(i=1,2,\cdots,m; j=1,2,\cdots,n)$. 当方程组右端常数项 b_i 不全为 0 时，称方程组（4-4）为 n 元非齐次线性方程组；而方程组（4-5）

$$\begin{cases} a_{11}x_1 + a_{12}x_2 + \cdots + a_{1n}x_n = 0 \\ a_{21}x_1 + a_{22}x_2 + \cdots + a_{2n}x_n = 0 \\ \cdots \\ a_{m1}x_1 + a_{m2}x_2 + \cdots + a_{mn}x_n = 0 \end{cases} \tag{4-5}$$

称为 n 元齐次线性方程组.

显然，由 $x_1=0$，$x_2=0$，…，$x_n=0$ 组成的有序数组 $(0,0,\cdots,0)$ 是齐次线性方程组（4-5）的一个解，称这个解为齐次线性方程组（4-5）的零解，而称未知数取值不全为 0 的解 $(x_1,x_2,\cdots,x_n)$ 为齐线性方程组（4-5）的非零解.

线性方程组可以用矩阵的形式表示，如线性方程组（4-4）写成矩阵表达式：

$$\begin{pmatrix} a_{11} & a_{12} & \cdots & a_{1n} \\ a_{21} & a_{22} & \cdots & a_{2n} \\ \vdots & \vdots & & \vdots \\ a_{m1} & a_{m2} & \cdots & a_{mn} \end{pmatrix}\begin{pmatrix} x_1 \\ x_2 \\ \vdots \\ x_n \end{pmatrix} = \begin{pmatrix} b_1 \\ b_2 \\ \vdots \\ b_m \end{pmatrix}$$

n 元线性方程组简记为

$$\boldsymbol{AX} = \boldsymbol{B} \tag{4-6}$$

这样，解 n 元线性方程组（4-4）等价于从矩阵方程（4-6）中解出未知数矩阵 $\boldsymbol{X}$.

由 n 元线性方程组（4-4）系数和常数项组成的矩阵

$$\left(\begin{array}{cccc:c} a_{11} & a_{12} & \cdots & a_{1n} & b_1 \\ a_{21} & a_{22} & \cdots & a_{2n} & b_2 \\ \vdots & \vdots & & \vdots & \vdots \\ a_{m1} & a_{m2} & \cdots & a_{mn} & b_n \end{array}\right)$$

称为线性方程组（4-4）的增广矩阵，记为 $(\boldsymbol{A} \vdots \boldsymbol{B})$.

【例 4-15】 写出线性方程组 $\begin{cases} 4x_1 - 5x_2 - x_3 = 1 \\ -x_1 + 3x_2 + x_3 = 2 \\ x_2 + x_3 = 0 \\ 5x_1 - x_2 + 3x_3 = 4 \end{cases}$ 的增广矩阵和矩阵形式.

解 增广矩阵是 $(A\vdots B)=\begin{pmatrix}4&-5&-1&1\\-1&3&1&2\\0&1&1&0\\5&-1&3&4\end{pmatrix}$，

矩阵形式是 $\begin{pmatrix}4&-5&-1\\-1&3&1\\0&1&1\\5&-1&3\end{pmatrix}\begin{pmatrix}x_1\\x_2\\x_3\end{pmatrix}=\begin{pmatrix}1\\2\\0\\4\end{pmatrix}$.

4.2.2 高斯消元法

在中学阶段就学习过使用消元法解线性方程组，实际上就是反复地对方程组进行以下三种基本变换：①互换两个方程的位置；②用一个非零数乘某一个方程；③把一个方程的 k 倍加到另一个方程. 这三种基本变换都是对线性方程组施行同解变换.

当引入了增广矩阵 $(A\vdots B)$ 的概念后，对方程组进行的三种基本变换恰巧对应着增广矩阵的初等行变换. 即，①互换两个方程的位置→对换变换；②用一个非零数乘某一个方程→倍乘变换；③把一个方程的 k 倍加到另一个方程→倍加变换.

定理（同解定理） 若将增广矩阵 $(A\vdots B)$ 用初等行变换转化为 $(U\vdots V)$，则线性方程组 $AX=B$ 与线性方程组 $UX=V$ 同解.

根据同解定理，为了求线性方程组（4-4）的解，可用初等行变换把增广矩阵 $(A\vdots B)$ 化简为阶梯形矩阵，再求出阶梯形矩阵所表达的线性方程组的解，由于两者同解，故也就得到原线性方程组（4-4）的解. 这种方法称为高斯消元法.

下面举例具体说明使用高斯消元法解一般线性方程组的方法和步骤.

【例 4-16】 解线性方程组 $\begin{cases}2x_1-3x_2+x_3=-1\\x_1+2x_2-x_3=4\\-2x_1-x_2+x_3=-3\end{cases}$.

解 先写出线性方程组的增广矩阵：$(A\vdots B)=\begin{pmatrix}2&-3&1&-1\\1&2&-1&4\\-2&-1&1&-3\end{pmatrix}$.

用初等行变换逐步将增广矩阵转化为阶梯形矩阵：

$$(A\vdots B)=\begin{pmatrix}2&-3&1&-1\\1&2&-1&4\\-2&-1&1&-3\end{pmatrix}\xrightarrow{r_1\leftrightarrow r_2}\begin{pmatrix}1&2&-1&4\\2&-3&1&-1\\-2&-1&1&-3\end{pmatrix}\xrightarrow[r_3+2r_1]{r_2+(-2)r_1}\begin{pmatrix}1&2&-1&4\\0&-7&3&-9\\0&3&-1&5\end{pmatrix}$$

$$\xrightarrow{r_2+2r_3}\begin{pmatrix}1&2&-1&4\\0&-1&1&1\\0&3&-1&5\end{pmatrix}\xrightarrow{(-1)r_2}\begin{pmatrix}1&2&-1&4\\0&1&-1&-1\\0&3&-1&5\end{pmatrix}\xrightarrow{r_3+(-3)r_2}\begin{pmatrix}1&2&-1&4\\0&1&-1&-1\\0&0&2&8\end{pmatrix}$$

可以看出 $r(\boldsymbol{A})=r((\boldsymbol{A}\vdots\boldsymbol{B}))=3$，等于未知数的个数 3. 方程组有唯一解 $\begin{cases}x_1=2\\x_2=3\\x_3=4\end{cases}$.

4.2.3 线性方程组解的判定

定理 n 元非齐次线性方程组

$$\begin{cases}a_{11}x_1+a_{12}x_2+\cdots+a_{1n}x_n=b_1\\a_{21}x_1+a_{22}x_2+\cdots+a_{2n}x_n=b_2\\\cdots\\a_{m1}x_1+a_{m2}x_2+\cdots+a_{mn}x_n=b_m\end{cases}\tag{4-7}$$

有解的充分必要条件是

$$r(\boldsymbol{A})=r((\boldsymbol{A}\vdots\boldsymbol{B}))$$

推论 若 n 元非齐次线性方程组 $\boldsymbol{AX}=\boldsymbol{B}$ 有 $r(\boldsymbol{A})\neq r((\boldsymbol{A}\vdots\boldsymbol{B}))$ 时，该方程组无解.

定理和推论圆满地回答了 4.2.1 小节开头提出的关于线性方程组的第一个问题. 至于第二个问题，即在有解的情况下，如何判定解是否唯一？这归结为下述定理.

定理 对于 n 元非齐次线性方程组 $\boldsymbol{AX}=\boldsymbol{B}$，如果 $r(\boldsymbol{A})=r((\boldsymbol{A}\vdots\boldsymbol{B}))=r$，则 $\boldsymbol{AX}=\boldsymbol{B}$ 有解.

（1）当 $r=n$ 时，线性方程组 $\boldsymbol{AX}=\boldsymbol{B}$ 有唯一解.

（2）当 $r<n$ 时，线性方程组 $\boldsymbol{AX}=\boldsymbol{B}$ 有无穷多组解.

【例 4-17】 判定下列线性方程组解的个数.

（1）$\begin{cases}x_1+\ x_2-2x_3=2\\2x_1-3x_2+5x_3=1\\4x_1-\ x_2+\ x_3=5\\5x_1\qquad\ -\ x_3=2\end{cases}$；（2）$\begin{cases}x_1+\ x_2-2x_3=2\\2x_1-3x_2+5x_3=1\\4x_1-\ x_2+\ x_3=5\\5x_1\qquad\ -\ x_3=7\end{cases}$；（3）$\begin{cases}x_1+\ x_2-2x_3=2\\2x_1-3x_2+5x_3=1\\4x_1-\ x_2+\ x_3=5\\5x_1\qquad\ +\ x_3=7\end{cases}$.

解 （1）写出第一个线性方程组的增广矩阵，并转化为阶梯形矩阵.

$$(\boldsymbol{A}\vdots\boldsymbol{B})=\begin{pmatrix}1&1&-2&2\\2&-3&5&1\\4&-1&1&5\\5&0&-1&2\end{pmatrix}\longrightarrow\begin{pmatrix}1&1&-2&2\\0&-5&9&-3\\0&0&0&-5\\0&0&0&0\end{pmatrix}$$

由阶梯形矩阵可以看出，$r(\boldsymbol{A})=2$，$r((\boldsymbol{A}\vdots\boldsymbol{B}))=3$，两者不等，所以线性方程组无解.

（2）写出第二个线性方程组的增广矩阵，并转化为阶梯形矩阵.

$$(\boldsymbol{A}\vdots\boldsymbol{B})=\begin{pmatrix}1&1&-2&2\\2&-3&5&1\\4&-1&1&5\\5&0&-1&7\end{pmatrix}\longrightarrow\begin{pmatrix}1&1&-2&2\\0&-5&9&-3\\0&0&0&0\\0&0&0&0\end{pmatrix}$$

由阶梯形矩阵可以看出，$r(A)=r((A\vdots B))=2<n(=3)$，所以线性方程组有无穷多组解.

（3）写出第三个线性方程组的增广矩阵，并转化为阶梯形矩阵.

$$(A\vdots B)=\begin{pmatrix}1 & 1 & -2 & 2\\ 2 & -3 & 5 & 1\\ 4 & -1 & 1 & 5\\ 5 & 0 & 1 & 7\end{pmatrix}\longrightarrow\begin{pmatrix}1 & 1 & -2 & 2\\ 0 & -5 & 9 & -3\\ 0 & 0 & 2 & 0\\ 0 & 0 & 0 & 0\end{pmatrix}$$

由阶梯形矩阵可以看出，$r(A)=r((A\vdots B))=3=n$，所以线性方程组有唯一解.

【例 4-18】 求解线性方程组 $\begin{cases}x_1-2x_2+x_3+3x_4=5\\ 2x_1+x_2-x_3+x_4=2\\ 3x_1+4x_2-3x_3-x_4=-1\\ x_1+3x_2-2x_4=-1\end{cases}$. （4-8）

解 线性方程组的增广矩阵 $(A\vdots B)=\begin{pmatrix}1 & -2 & 1 & 3 & 5\\ 2 & 1 & -1 & 1 & 2\\ 3 & 4 & -3 & -1 & -1\\ 1 & 3 & 0 & -2 & -1\end{pmatrix}$.

再施行初等行变换转化为阶梯形矩阵：

$$(A\vdots B)\xrightarrow[r_4+(-1)r_1]{\substack{r_2+(-2)r_1\\ r_3+(-3)r_1}}\begin{pmatrix}1 & -2 & 1 & 3 & 5\\ 0 & 5 & -3 & -5 & -8\\ 0 & 10 & -6 & -10 & -16\\ 0 & 5 & -1 & -5 & -6\end{pmatrix}\xrightarrow[r_4+(-1)r_2]{r_3+(-2)r_2}\begin{pmatrix}1 & -2 & 1 & 3 & 5\\ 0 & 5 & -3 & -5 & -8\\ 0 & 0 & 0 & 0 & 0\\ 0 & 0 & 2 & 0 & 2\end{pmatrix}$$

$$\xrightarrow{r_3\leftrightarrow r_4}\begin{pmatrix}1 & -2 & 1 & 3 & 5\\ 0 & 5 & -3 & -5 & -8\\ 0 & 0 & 2 & 0 & 2\\ 0 & 0 & 0 & 0 & 0\end{pmatrix}\xrightarrow{\frac{1}{2}r_3}\begin{pmatrix}1 & -2 & 1 & 3 & 5\\ 0 & 5 & -3 & -5 & -8\\ 0 & 0 & 1 & 0 & 1\\ 0 & 0 & 0 & 0 & 0\end{pmatrix}$$

进一步施行初等行变换转化为行简化阶梯形矩阵：

$$\xrightarrow[r_2+3r_3]{r_1+(-2)r_3}\begin{pmatrix}1 & -2 & 0 & 3 & 4\\ 0 & 5 & 0 & -5 & -5\\ 0 & 0 & 1 & 0 & 1\\ 0 & 0 & 0 & 0 & 0\end{pmatrix}\xrightarrow{\frac{1}{5}r_2}\begin{pmatrix}1 & -2 & 0 & 3 & 4\\ 0 & 1 & 0 & -1 & -1\\ 0 & 0 & 1 & 0 & 1\\ 0 & 0 & 0 & 0 & 0\end{pmatrix}$$

$$\xrightarrow{r_1+2r_2}\begin{pmatrix}1 & 0 & 0 & 1 & 2\\ 0 & 1 & 0 & -1 & -1\\ 0 & 0 & 1 & 0 & 1\\ 0 & 0 & 0 & 0 & 0\end{pmatrix}$$

上面 8 个增广矩阵所表示的 8 个线性方程组都是同解方程组，最后一个增广矩阵表示的线性方程组为

$$\begin{cases} x_1 \quad\quad + x_4 = 2 \\ \quad x_2 \quad - x_4 = -1 \\ \quad\quad x_3 \quad = 1 \end{cases} \tag{4-9}$$

即

$$\begin{cases} x_1 = 2 - x_4 \\ x_2 = -1 + x_4 \\ x_3 = 1 \end{cases} \tag{4-10}$$

线性方程组（4-10）中右端的未知数 x_4 称为自由未知数（或称自由元），x_1，x_2，x_3 称为基本未知数（或称基本元），用自由元表达其他未知数的表达式（4-10）称为线性方程组（4-8）的一般解（或称通解）. 在一般解中，如自由未知数取某一固定值，所得到的解称为方程组的特解. 如当 $x_4 = 0$ 时，得线性方程组（4-8）的一个特解为

$$\begin{cases} x_1 = 2 \\ x_2 = -1 \\ x_3 = 1 \\ x_4 = 0 \end{cases}.$$

观察线性方程组（4-10）的结构，若未知数 x_4 任意取定一个值，代入方程组（4-10）可求得 x_1，x_2，x_3 的一组相应的值，即是原线性方程组（4-8）的一个特解，因此线性方程组（4-8）有无穷多组解. 若令自由元 $x_4 = k$（其中，k 为任意常数），则可以把一般解（4-10）改写为

$$\begin{cases} x_1 = 2 - k \\ x_2 = -1 + k \\ x_3 = 1 \\ x_4 = k \end{cases} \text{（其中，} k \text{ 为任意常数）} \tag{4-11}$$

这样就可以写出线性方程组（4-8）所有解（通解）的矩阵形式，具体如下：

$$\begin{pmatrix} x_1 \\ x_2 \\ x_3 \\ x_4 \end{pmatrix} = \begin{pmatrix} 2 + k \cdot (-1) \\ -1 + k \cdot 1 \\ 1 + k \cdot 0 \\ 0 + k \cdot 1 \end{pmatrix} = \begin{pmatrix} 2 \\ -1 \\ 1 \\ 0 \end{pmatrix} + k \begin{pmatrix} -1 \\ 1 \\ 0 \\ 1 \end{pmatrix} \text{（其中，} k \text{ 为任意常数）} \tag{4-12}$$

需要说明的是若方程组有无穷多解时，自由元的取法并不唯一. 本例也可以将 x_2 取作自由元，由线性方程组（4-9）得 $\begin{cases} x_1 = 1 - x_2 \\ x_3 = 1 \\ x_4 = 1 + x_2 \end{cases}$，因此方程组的通解是

$$\begin{pmatrix} x_1 \\ x_2 \\ x_3 \\ x_4 \end{pmatrix} = \begin{pmatrix} 1 \\ 0 \\ 1 \\ 1 \end{pmatrix} + k \begin{pmatrix} -1 \\ 1 \\ 0 \\ 1 \end{pmatrix} \text{（其中，} k \text{ 为任意常数）} \tag{4-13}$$

式（4-13）也是线性方程组（4-8）的一般解. 式（4-12）与式（4-13）虽然形式上不一样，但它们本质上是一样的，它们都表示了线性方程组（4-8）的通解.

【例 4-19】 给出线性方程组$\begin{pmatrix} 1 & 0 & 2 \\ -1 & 1 & -3 \\ 2 & -1 & \lambda \end{pmatrix}\begin{pmatrix} x_1 \\ x_2 \\ x_3 \end{pmatrix} = \begin{pmatrix} -1 \\ 2 \\ \mu \end{pmatrix}$，问$\lambda$和$\mu$为何值时，

（1）线性方程组无解？有唯一解？有无穷多组解？

（2）有无穷多组解时，写出其通解.

解 将线性方程组的增广矩阵进行初等行变换.

$$(\boldsymbol{A} \vdots \boldsymbol{B}) = \begin{pmatrix} 1 & 0 & 2 & -1 \\ -1 & 1 & -3 & 2 \\ 2 & -1 & \lambda & \mu \end{pmatrix} \xrightarrow[r_3+(-2)r_1]{r_2+r_1} \begin{pmatrix} 1 & 0 & 2 & -1 \\ 0 & 1 & -1 & 1 \\ 0 & -1 & \lambda-4 & \mu+2 \end{pmatrix}$$

$$\xrightarrow{r_3+r_2} \begin{pmatrix} 1 & 0 & 2 & -1 \\ 0 & 1 & -1 & 1 \\ 0 & 0 & \lambda-5 & \mu+3 \end{pmatrix}.$$

因此，

（1）当$\lambda = 5$且$\mu \neq -3$时，$r((\boldsymbol{A} \vdots \boldsymbol{B})) = 3 \neq r(\boldsymbol{A}) = 2$，线性方程组无解；

当$\lambda \neq 5$，μ为任意实数时，$r((\boldsymbol{A} \vdots \boldsymbol{B})) = 3 = r(\boldsymbol{A})$，线性方程组有唯一解；

当$\lambda = 5$且$\mu = -3$时，$r((\boldsymbol{A} \vdots \boldsymbol{B})) = 2 = r(\boldsymbol{A}) < 3$，线性方程组有无穷多组解.

（2）当$\lambda = 5$且$\mu = -3$时，线性方程组有无穷多组解. 则

$$(\boldsymbol{A} \vdots \boldsymbol{B}) \longrightarrow \begin{pmatrix} 1 & 0 & 2 & -1 \\ 0 & 1 & -1 & 1 \\ 0 & 0 & \lambda-5 & \mu+3 \end{pmatrix} \xlongequal{\lambda=5,\mu=-3} \begin{pmatrix} 1 & 0 & 2 & -1 \\ 0 & 1 & -1 & 1 \\ 0 & 0 & 0 & 0 \end{pmatrix}$$

则阶梯形矩阵对应的线性方程组为

$$\begin{cases} x_1 \quad + 2x_3 = -1 \\ x_2 - x_3 = 1 \end{cases}，\text{即} \begin{cases} x_1 = -1 - 2x_3 \\ x_2 = 1 + x_3 \end{cases}.$$

取x_3为自由未知数，令$x_3 = k$，即得到线性方程组的通解为

$$\begin{cases} x_1 = -1 - 2k \\ x_2 = 1 + k \\ x_3 = k \end{cases} \text{（} k \text{ 为任意常数），即 } \boldsymbol{X} = \begin{pmatrix} x_1 \\ x_2 \\ x_3 \end{pmatrix} = \begin{pmatrix} -1 \\ 1 \\ 0 \end{pmatrix} + k \begin{pmatrix} -2 \\ 1 \\ 1 \end{pmatrix} \text{（} k \text{ 为任意常数）}.$$

4.2.4 n元齐次线性方程组解的判定

定理 n元齐次线性方程组

$$\begin{cases} a_{11}x_1 + a_{12}x_2 + \cdots + a_{1n}x_n = 0 \\ a_{21}x_1 + a_{22}x_2 + \cdots + a_{2n}x_n = 0 \\ \cdots \\ a_{m1}x_1 + a_{m2}x_2 + \cdots + a_{mn}x_n = 0 \end{cases}$$

有非零解的充要条件为 $r(A) < n$，而有唯一零解的充要条件为 $r(A) = n$.

【**注**】由于 n 元齐次线性方程组 $\boldsymbol{AX} = \boldsymbol{O}$ 的增广矩阵最后一列全为 0，因此讨论其是否有非零解时，只需要对其系数矩阵 $\boldsymbol{A}$ 进行初等行变换即可.

【**例 4-20**】 不解齐次线性方程组 $\begin{cases} x_1 + x_2 - 2x_3 + 3x_4 = 0 \\ x_1 - x_2 + 5x_3 - x_4 = 0 \\ x_1 + 3x_2 - 9x_3 + 7x_4 = 0 \\ 3x_1 - x_2 + 8x_3 + x_4 = 0 \end{cases}$，判定它的解的情况.

解 对方程组的系数矩阵 $\boldsymbol{A}$ 施行初等行变换：

$$\boldsymbol{A} = \begin{pmatrix} 1 & 1 & -2 & 3 \\ 1 & -1 & 5 & -1 \\ 1 & 3 & -9 & 7 \\ 3 & -1 & 8 & 1 \end{pmatrix} \xrightarrow[r_4+(-3)r_1]{\substack{r_2+(-1)r_1 \\ r_3+(-1)r_1}} \begin{pmatrix} 1 & 1 & -2 & 3 \\ 0 & -2 & 7 & -4 \\ 0 & 2 & -7 & 4 \\ 0 & -4 & 14 & -8 \end{pmatrix} \xrightarrow[r_4+(-2)r_2]{r_3+r_2} \begin{pmatrix} 1 & 1 & -2 & 3 \\ 0 & -2 & 7 & -4 \\ 0 & 0 & 0 & 0 \\ 0 & 0 & 0 & 0 \end{pmatrix}$$

$\because r(\boldsymbol{A}) = 2 < 4$，$\therefore$该齐次线性方程组除了零解外，还有无数多组非零解.

其解的一般形式为

$$\begin{pmatrix} x_1 \\ x_2 \\ x_3 \\ x_4 \end{pmatrix} = k_1 \begin{pmatrix} -\frac{3}{2} \\ \frac{7}{2} \\ 1 \\ 0 \end{pmatrix} + k_2 \begin{pmatrix} -1 \\ -2 \\ 0 \\ 1 \end{pmatrix}$$

其中，k_1，k_2 为任意常数.

由定理可以得到下面推论.

推论 若齐次线性方程组的方程个数小于未知数的个数，则它必有非零解.

【练习 4.2】

1．把下列方程组写成矩阵形式，再写出其增广矩阵.

（1）$\begin{cases} 2x_1 + x_2 = 1 \\ -x_1 + x_2 + 2x_3 = 3 \\ 3x_1 - 2x_2 - 4x_3 = 2 \end{cases}$；（2）$\begin{cases} 5x_1 + 6x_2 = 1 \\ x_1 + 5x_2 + 6x_3 = -2 \\ x_2 + 5x_3 + 6x_4 = 2 \\ x_3 + 5x_4 + 6x_5 = -2 \\ 5x_4 + 6x_5 = -1 \end{cases}$.

2. 解下列线性方程组.

（1）$\begin{pmatrix}1 & 2 & 3\\3 & 5 & 7\\5 & 8 & 11\end{pmatrix}\begin{pmatrix}x_1\\x_2\\x_3\end{pmatrix}=\begin{pmatrix}4\\9\\14\end{pmatrix}$；　（2）$\begin{pmatrix}1 & -1 & 1 & -1\\2 & -2 & 3 & -2\\3 & -3 & -1 & 2\end{pmatrix}\begin{pmatrix}x_1\\x_2\\x_3\\x_4\end{pmatrix}=\begin{pmatrix}0\\-1\\4\end{pmatrix}$；

（3）$\begin{cases}x_1-2x_2+3x_3=4\\2x_1+x_2-3x_3=5\\-x_1+2x_2+2x_3=6\\3x_1-3x_2+2x_3=7\end{cases}$；　（4）$\begin{cases}2x_1-3x_2+x_3+5x_4=6\\-3x_1+x_2+2x_3-4x_4=5\\-x_1-2x_2+3x_3+x_4=2\end{cases}$；

（5）$\begin{cases}3x_1-5x_2+x_3-2x_4=0\\2x_1+3x_2-5x_3+x_4=0\\-x_1+7x_2-4x_3+3x_4=0\\4x_1+15x_2-7x_3+9x_4=0\end{cases}$；　（6）$\begin{cases}x_1+x_2+2x_3+3x_4=1\\2x_1+3x_2+5x_3+2x_4=-3\\3x_1-x_2-x_3-2x_4=-4\\3x_1+5x_2+2x_3-2x_4=-10\end{cases}$；

（7）$\begin{cases}2x_1-x_2-x_3=2\\x_1+x_2+4x_3=0\\3x_1+5x_3=3\end{cases}$；　（8）$\begin{cases}4x_1+2x_2-x_3=2\\3x_1-x_2+2x_3=10\\11x_1+3x_2=8\end{cases}$；

（9）$\begin{cases}2x_1+3x_2+x_3=4\\x_1-2x_2+4x_3=-5\\3x_1+8x_2-2x_3=13\\4x_1-x_2+9x_3=-6\end{cases}$；　（10）$\begin{cases}x_1-2x_2-2x_3+2x_4=2\\x_2-x_3-x_4=1\\x_1+x_2-x_3+3x_4=1\\x_1-x_2+x_3+5x_4=-1\end{cases}$.

3. 利用线性方程组增广矩阵的秩，判定下列线性方程组解的个数.

（1）$\begin{pmatrix}1 & 1 & -3\\2 & 2 & -2\\1 & 1 & 1\\3 & 3 & -5\end{pmatrix}\begin{pmatrix}x_1\\x_2\\x_3\end{pmatrix}=\begin{pmatrix}-3\\-2\\1\\-5\end{pmatrix}$；　（2）$\begin{pmatrix}2 & 1 & -1 & 1\\3 & -2 & 2 & -3\\5 & 1 & -1 & 2\\2 & -1 & 1 & -3\end{pmatrix}\begin{pmatrix}x_1\\x_2\\x_3\\x_4\end{pmatrix}=\begin{pmatrix}1\\2\\-1\\4\end{pmatrix}$；

（3）$\begin{cases}x_1-x_2+3x_3=-8\\2x_1+3x_2+x_3=4\\3x_1-x_2+2x_3=-1\\x_1+2x_2-3x_3=13\end{cases}$；　（4）$\begin{cases}x_1-x_2+2x_3=3\\4x_1+x_2=8\\2x_1+3x_2-4x_3=2\\5x_1+2x_2=9\end{cases}$.

4. 用消元法解线性方程组，并说明方程组解的情况.

（1）$\begin{cases}x_1+3x_2-7x_3=-8\\2x_1+5x_2+4x_3=4\\-3x_1-7x_2-2x_3=-3\\x_1+4x_2-12x_3=-15\end{cases}$；　（2）$\begin{cases}2x_1-3x_2+x_3+5x_4=6\\-3x_1+x_2+2x_3-4x_4=5\\-x_1-2x_2+3x_3+x_4=11\end{cases}$；

(3) $\begin{cases} 2x_1+x_2-5x_3=0 \\ x_1+3x_2=-5 \\ -x_1+x_2+4x_3=-3 \\ 4x_1+5x_2-7x_3=-6 \end{cases}$；　　(4) $\begin{pmatrix} 1 & -1 & 1 & -1 \\ 2 & -1 & 3 & -2 \\ 3 & -2 & -1 & 2 \end{pmatrix}\begin{pmatrix} x_1 \\ x_2 \\ x_3 \\ x_4 \end{pmatrix}=\begin{pmatrix} 0 \\ -1 \\ 4 \end{pmatrix}$.

5．设有线性方程组 $\begin{pmatrix} 1 & 2 & 3 & -1 \\ -1 & 1 & 0 & 4 \\ 2 & 3 & 5 & \lambda \end{pmatrix}\begin{pmatrix} x_1 \\ x_2 \\ x_3 \\ x_4 \end{pmatrix}=\begin{pmatrix} \mu \\ 3-\mu \\ 1 \end{pmatrix}$，$\lambda$ 和 μ 取何值时，此方程组有解？

6．判别下列齐次方程组是有唯一零解还是有非零解.

(1) $\begin{pmatrix} 3 & 1 & -8 & 2 & 1 \\ 2 & -2 & -3 & -7 & 2 \\ 1 & 11 & -12 & 34 & -5 \\ 1 & -5 & 2 & -16 & 3 \end{pmatrix}\begin{pmatrix} x_1 \\ x_2 \\ x_3 \\ x_4 \\ x_5 \end{pmatrix}=\begin{pmatrix} 0 \\ 0 \\ 0 \\ 0 \end{pmatrix}$；(2) $\begin{cases} x_1+2x_2-4x_3+2x_4=0 \\ 3x_1-x_2+2x_3-x_4=0 \\ -2x_1+4x_2-x_3+3x_4=0 \\ 3x_1+9x_2-7x_3+6x_4=0 \end{cases}$.

4.3　线性规划初步

在工程技术和经济学中，数学规划通常用于研究资源的最优利用问题. 例如，在任务确定的条件下，如何投入最少的资源或成本（如资金、原材料、人工、时间、设备等）去完成任务；或在资源一定的条件下，如何组织生产，使得成本最小，或者利润最大；或在物资调配时，如何决定产地和销售地之间的运输量，既满足需求，又使得运费最少，等等.

线性规划是运筹学中较成熟的一个重要分支. 常见的线性规划问题可以分为连续规划、整数规划和 0—1 规划.

本节内容无意涉及数学规划问题（或运筹学）的具体计算方法，而着重于从数学建模的角度，介绍如何建立若干实际优化问题的模型，并且用 Python 求解.

4.3.1　线性规划的基本概念

1. 线性规划问题的案例

【案例 1】【生产组织与计划】 某企业生产甲、乙两种产品，需要 A，B，C 三种不同的原料，每生产一件甲产品与乙产品所需的原料及获得的利润见表 4-1. 企业应如何安排生产计划，使得一天的总利润最大？

表 4-1 案例 1 表格

原料 \ 单位产品所需原料/kg	产品		
	甲	乙	原料供应量/kg
A	1	1	6
B	1	2	8
C	0	1	3
单位利润/千元	3	4	求最大值

【分析】设企业每天生产甲、乙两种产品的产量分别为 x_1 与 x_2（件），要求使得利润 $L=3x_1+4x_2$ 达到最大.

该问题限制条件如下。

（1）每天 A 原料最大供应量：$x_1+x_2\leqslant 6$；

（2）每天 B 原料最大供应量：$x_1+2x_2\leqslant 8$；

（3）每天 C 原料最大供应量：$x_2\leqslant 3$；

（4）两种产品的产量都必须是非负的：$x_1\geqslant 0$，$x_2\geqslant 0$.

由此，把上述实际问题转化为如下数学表达形式：

$$\max L=3x_1+4x_2$$

$$\text{s.t.}\begin{cases}x_1+x_2\leqslant 6\\ x_1+2x_2\leqslant 8\\ x_2\leqslant 3\\ x_1\geqslant 0,\ x_2\geqslant 0\end{cases}.$$

2. 线性规划问题的数学表达式

由案例 1 可以看出，线性规划问题的数学表达式有如下特征：

（1）每一个问题都用一组未知变量 x_1，x_2，…，x_n（称为决策变量）来表示，通常要求这些未知变量的取值是非负的；

（2）存在一定的限制条件（称为约束条件），且可以用一组线性等式或线性不等式来表示；

（3）都有一个目标要求，并且这个目标可以表示为一组未知变量的线性函数（称为目标函数）. 按研究的问题不同，要求目标函数实现最大化或者最小化.

我们把具有共同特征的数学表达式称为线性规划问题的数学模型.

3. 线性规划问题数学模型的一般形式

一般来说，线性规划问题可用数学语言描述如下：

$$\max(\text{或}\min) f=c_1x_1+c_2x_2+\cdots+c_nx_n \quad (4\text{-}14)$$

$$
\text{s.t.}\begin{cases} a_{11}x_1 + a_{12}x_2 + \cdots + a_{1n}x_n \leqslant (\text{或}=，\text{或}\geqslant) b_1 \\ a_{21}x_1 + a_{22}x_2 + \cdots + a_{2n}x_n \leqslant (\text{或}=，\text{或}\geqslant) b_2 \\ \cdots \\ a_{m1}x_1 + a_{m2}x_2 + \cdots + a_{mn}x_n \leqslant (\text{或}=，\text{或}\geqslant) b_m \\ x_1, x_2, \cdots, x_n \geqslant 0 \end{cases} \tag{4-15}
$$

其中，x_i，$i=1$，2，…，n 称为决策变量；$f = c_1x_1 + c_2x_2 + \cdots + c_nx_n$ 称为目标函数；max（或 min）表示对目标函数求最大值（或最小值）；s.t.表示约束条件，由一些等式或不等式组成.

由式（4-14）和式（4-15）表示的规划问题也称为连续线性规划问题. 符合约束条件的解称为可行解，使得目标函数取得最大值或最小值的可行解称为最优解，相应的目标函数值称为最优值.

4.3.2　线性规划问题简介

1. 连续线性规划问题

【案例 2】【奶制品生产规划问题】 一个奶制品加工厂用牛奶生产 A_1 和 A_2 两种奶制品，1 桶牛奶可以在甲车间用 12h 加工成 3kg A_1，或者在乙车间用 8h 加工成 4kg A_2. 根据市场需求，生产出来的 A_1 和 A_2 能够全部售出，且售出每千克 A_1 获利 24 元，售出每千克 A_2 获利 16 元. 现在加工厂每天能得到 50 桶牛奶，每天正式工人总劳动时间为 480h，并且甲车间的设备每天至多能加工 100kg A_1，乙车间的设备的加工能力没有上限（加工能力足够大），试为该厂制订一个生产计划，使得每天的获利最大.

【分析】

第一步，提出问题.

设每天用 x_1 桶牛奶生产 A_1，用 x_2 桶牛奶生产 A_2，每天获利 f 元.

首先，分析目标函数. x_1 桶牛奶可以生产 $3x_1$ kg 的 A_1，获利 $24\times 3x_1$ 元；x_2 桶牛奶可以生产 $4x_2$ kg 的 A_2，获利 $16\times 4x_2$ 元. 所以每天利润为

$$f = 72x_1 + 64x_2$$

其次，分析约束条件.

原料供应约束为　$x_1 + x_2 \leqslant 50$

劳动时间约束为　$12x_1 + 8x_2 \leqslant 480$

设备加工能力约束为　$3x_1 \leqslant 100$

变量约束为　$x_1 \geqslant 0$，$x_2 \geqslant 0$

问题转化为如何在约束条件下求目标函数 f 的最大值.

第二步，选择建模方法.

由于牛奶是任意可分的，可以假定决策变量 x_1 和 x_2 在非负实数范围内取值，又因为目标函数和约束条件对于决策变量而言都是线性的，所以这是一个连续线性规划问题. 因此，选择线性规划方法来建立模型.

第三步，建立模型.

综上所述，建立连续线性规划模型为

$$\max f = 72x_1 + 64x_2$$
$$\text{s.t.}\begin{cases} x_1 + x_2 \leqslant 50 \\ 12x_1 + 8x_2 \leqslant 480 \\ 3x_1 \leqslant 100 \\ x_1 \geqslant 0, \ x_2 \geqslant 0 \end{cases}$$

【求解和问题回答】

（1）求解模型

使用 Python 求解此连续线性规划模型，详见 4.4.3 小节例 4-27，得 $x_1 = 20$，$x_2 = 30$，$f = 3360$.

（2）回答问题

每天用 20 桶牛奶生产 A_1，用 30 桶牛奶生产 A_2，可获得最大利润 3360 元.

2. 整数规划问题

1）整数规划问题的一般形式

当决策变量限定为整数时，即连续线性规划模（4-15）中将决策变量的约束条件改为整数约束，其余都不变，则为整数线性规划模型.

$$\max(\text{或}\min) f = c_1x_1 + c_2x_2 + \cdots + c_nx_n \tag{4-16}$$

$$\text{s.t.}\begin{cases} a_{11}x_1 + a_{12}x_2 + \cdots + a_{1n}x_n \leqslant (\text{或}=，\text{或}\geqslant) b_1 \\ a_{21}x_1 + a_{22}x_2 + \cdots + a_{2n}x_n \leqslant (\text{或}=，\text{或}\geqslant) b_2 \\ \cdots \\ a_{m1}x_1 + a_{m2}x_2 + \cdots + a_{mn}x_n \leqslant (\text{或}=，\text{或}\geqslant) b_m \\ x_1，x_2，\cdots，x_n \geqslant 0，\text{且为整数} \end{cases} \tag{4-17}$$

2）案例

【案例 3】【零件加工】 某产品由 2 件甲零件和 3 件乙零件组装而成. 两种零件必须在设备 A 和 B 上加工，每件甲零件在 A 和 B 上的加工时间分别为 5min 和 9min，每件乙零件在 A 和 B 上的加工时间分别为 4min 和 10min. 现有 2 台设备 A 和 3 台设备 B，每天加工时间为 8h. 为了保持两种设备均衡负荷生产，要求一种设备每天加工的总时间不超过另一种设备加工总时间 1h. 请问怎样安排生产可使得每天加工的产品产量最大?

【分析】

第一步，提出问题.

设每天加工甲、乙两种零件分别为 x_1 和 x_2 件，每天加工的产品产量为 y 件，则

$$y = \min\left(\frac{1}{2}x_1, \frac{1}{3}x_2\right)$$

设备 A 和 B 每天加工时间约束分别为 $5x_1 + 4x_2 \leqslant 2\times8\times60$，$9x_1 + 10x_2 \leqslant 3\times8\times60$.

一种设备每天加工的总时间不超过另一种设备加工总时间 1h 的约束为

$$\left|(5x_1+4x_2)-(9x_1+10x_2)\right|\leqslant 60$$

变量约束为 $x_1\geqslant 0$， $x_2\geqslant 0$， $y\geqslant 0$，且为整数.

问题转化为如何在约束下求目标函数 y 的最大值.

第二步，选择建模方法.

由于决策变量是整数，所以选择整数线性规划方法来建立模型.

第三步，建立模型.

首先，将目标函数线性化，得 $y\leqslant\frac{1}{2}x_1$， $y\leqslant\frac{1}{3}x_2$.

然后，将约束条件 $\left|(5x_1+4x_2)-(9x_1+10x_2)\right|\leqslant 60$ 线性化，得

$$(5x_1+4x_2)-(9x_1+10x_2)\geqslant -60$$
$$(5x_1+4x_2)-(9x_1+10x_2)\leqslant 60$$

于是，建立整数线性规划模型为

$$\max y$$
$$\text{s.t.}\begin{cases} y\leqslant\frac{1}{2}x_1,\ y\leqslant\frac{1}{3}x_2 \\ 5x_1+4x_2\leqslant 960 \\ 9x_1+10x_2\leqslant 1440 \\ (5x_1+4x_2)-(9x_1+10x_2)\geqslant -60 \\ (5x_1+4x_2)-(9x_1+10x_2)\leqslant 60 \\ x_1\geqslant 0,\ x_2\geqslant 0,\ y\geqslant 0，且为整数 \end{cases}.$$

【求解和问题回答】

（1）求解模型

使用 Python 求解此整数线性规划模型，详见 4.4.3 小节例 4-28，得到计算结果 x_1=4， x_2=7， $y=2$.

（2）回答问题

每天加工甲、乙两种零件的件数分别为 4 件和 7 件时，每天加工的产品最大产量为 2 台. 这样安排生产，每天甲零件全部用完，乙零件剩余 1 件.

3. 0–1 规划问题

1）0–1 规划问题的一般形式

若决策变量只取值 0 或 1，称为 0–1 变量. 0–1 变量通常用于表示“否”和“是”. 在连续线性规划模型中将决策变量的约束条件改为 0–1 变量，其余都不变，则为 0–1 线性规划模型.

$$\max(或\min)f=c_1x_1+c_2x_2+\cdots+c_nx_n \tag{4-18}$$

$$\text{s.t.}\begin{cases} a_{11}x_1 + a_{12}x_2 + \cdots + a_{1n}x_n \leqslant (\text{或}=，\text{或}\geqslant) b_1 \\ a_{21}x_1 + a_{22}x_2 + \cdots + a_{2n}x_n \leqslant (\text{或}=，\text{或}\geqslant) b_2 \\ \cdots \\ a_{m1}x_1 + a_{m2}x_2 + \cdots + a_{mn}x_n \leqslant (\text{或}=，\text{或}\geqslant) b_m \\ x_i = 0\text{或}1，i=1，2，\cdots，n \end{cases} \tag{4-19}$$

2）案例

【案例 4】【背包问题】 一个旅行者的背包最多只能装 20 kg 物品. 现有 4 件物品的质量分别为 4kg、6kg、6kg 和 8kg，4 件物品的价值分别为 1000 元、1500 元、900 元、2100 元. 这位旅行者应携带哪些物品使得携带物品的总价值最大？

【分析】

第一步，提出问题.

由于每件物品要么携带，要么不携带，只有两种选择，所以决策变量可以设为

$$x_i = \begin{cases} 1，\text{第}i\text{件物品被携带} \\ 0，\text{第}i\text{件物品不被携带} \end{cases}，i=1，2，3，4.$$

于是，目标函数为 $f = 1000x_1 + 1500x_2 + 900x_3 + 2100x_4$.

约束条件为 $4x_1 + 6x_2 + 6x_3 + 8x_4 \leqslant 20$.

变量约束为 $x_i = 0\text{或}1，i=1，2，3，4$.

问题转化为，如何在约束条件下求 f 的最大值.

第二步，选择建模方法.

由于决策变量是 0−1 变量，所以选择 0−1 线性规划方法来建立模型.

第三步，建立模型.

综上所述，建立 0−1 线性规划模型如下：

$$\max f = 1000x_1 + 1500x_2 + 900x_3 + 2100x_4$$

$$\text{s.t.}\begin{cases} 4x_1 + 6x_2 + 6x_3 + 8x_4 \leqslant 20 \\ x_i = 0\text{或}1，i=1，2，3，4 \end{cases}$$

【求解和问题回答】

（1）求解模型

使用 Python 求解此 0−1 线性规划模型，详见 4.4.3 小节例 4-29，得到计算结果 $x_1=1$，$x_2=1$，$x_3=0$，$x_4=1$.

（2）问题回答

当携带第 1 件、第 2 件和第 4 件物品时，总价值最大为 4600 元，此时物品总质量为 18kg.

【练习 4.3】

1．某厂用 A，B，C 三种资源生产甲、乙两种产品，设 x_1 和 x_2 分别为产品甲和产品乙的计划产量，为使该厂获得最大利润，建立线性规划问题：

$$\max S = 2x_1 + 4x_2$$

$$\text{s.t.}\begin{cases} x_1 \leqslant 4 \\ x_2 \leqslant 3 \\ x_1 + 2x_2 \leqslant 8 \\ x_1,\ x_2 \geqslant 0 \end{cases}.$$

试求解该线性规划模型.

2．某厂准备生产A，B，C三种产品，其中，耗用设备、耗用材料和利润见表4-2.

表4-2 题2表

产品名称	耗用设备/（台时/件）	耗用材料/（kg/件）	利润/（元/件）
A	6	3	3
B	3	4	1
C	5	5	4
资源量	45（台时）	30（kg）	

试建立线性规划模型确定产品生产计划以获得最大利润.

3．某厂生产甲、乙两种产品，需要A和B两种原料，生产消耗参数见表4-3（表中的消耗系数为kg/件）.

表4-3 题3表

单位产品所需原料/kg \ 原料	甲	乙	可用量/kg	原料成本/（元/kg）
A	2	4	160	1. 0
B	3	2	180	2. 0
销售价/元	13	16		

（1）请构造数学模型使该厂获得利润最大，并求解.

（2）工厂可在市场上买到原料A，工厂是否应该购买该原料以扩大生产？在保持原问题最优解的情况下，最多应购入多少？可增加多少利润？

4．（运输问题）某水泥厂有三个仓库，供应四个建设工地的需求，仓库储存量、工地需求量及每吨水泥的运费见表4-4. 问如何安排调运方案使总运费最少？

表4-4 题4表

运费/（元/t） \ 水泥	工地1	工地2	工地3	工地4	储存量/t
仓库1	3	11	6	10	700
仓库2	1	9	2	8	400
仓库3	7	4	10	5	900
需求量/t	300	600	500	600	2000

5.（配料问题）某钢铁公司生产一种合金，要求的成分规格是：锡不少于

28%，锌不多于 15%，铅恰好 10%，镍要介于 35%～55%，不允许有其他成分. 钢铁公司拟从五种不同级别的矿石中进行冶炼，每种矿物的成分含量和价格见表 4-5. 矿石杂质在冶炼过程中废弃，求每吨合金成本最低的矿物数量. 假设矿石在冶炼过程中，合金含量没有发生变化.

表 4-5　题 5 表

合金矿石	锡/%	锌/%	铅/%	镍/%	杂质/%	费用/（元/t）
1	25	10	10	25	20	349
2	40	0	0	30	30	260
3	0	15	5	20	60	180
4	20	20	0	40	20	230
5	8	5	15	17	55	190

6.（生产计划问题）国内某手机生产商考虑生产甲、乙、丙、丁型号的四款手机，每款手机都需要依次经过 A，B，C 三个车间加工完成. 假设每款手机需要各车间加工的工时（单位：h）、各车间的最大生产能力及每款手机预期的利润都已知，具体数据参见表 4-6.

表 4-6　题 6 表

车间 \ 工时/h	甲	乙	丙	丁	车间最大生产能力/h
A	1.5	3	1	3	1200
B	8	20	3	12	3000
C	3	8	3	5	2400
单位利润/元	200	1200	100	400	

如果你是主管，应该投资那几款手机，各生产多少件，才能获得尽可能多的利润？

7.（值班安排问题）某商场决定：营业员每周连续工作 5 天后连续休息 2 天，轮流休息. 根据统计，商场每天需要的营业员人数见表 4-7. 商场人力资源部应如何安排每天的上班人数，使商场总的营业员最少？

表 4-7　题 7 表

星期	需要人数/人	星期	需要人数/人
一	300	五	450
二	300	六	600
三	350	日	550
四	400		

8.（指派问题）某游泳队准备选用甲、乙、丙、丁四名运动员组成一个 4×100m 混合泳接力队，参加今年的锦标赛，4 位运动员的 100m 自由泳、蛙泳、蝶泳、仰泳的成绩见表 4-8. 4 名运动员各自游什么姿势，才有可能取得最好成绩？

表 4-8 题 8 表

运动员 \ 游泳成绩/s	自由泳	蛙泳	蝶泳	仰泳
甲	56	74	61	63
乙	63	69	65	71
丙	57	77	63	67
丁	55	76	62	68

9.（选址问题）某公司准备投资 100 万元在甲、乙两座城市修建健身中心，经过多方考察，最后选定 A1，A2，A3，A4，A5 五个位置，并且决定在甲城市的 A1，A2，A3 三个位置中最多投建两个，在乙城市的 A4，A5 两个位置中至少投建一个，如果各位置的投资金额和年利润见表 4-9，问投建在哪个位置才会使总的年利润最大?

表 4-9 题 9 表

投资和利润 \ 位置	A1	A2	A3	A4	A5	投资总额/万元
投资金额/万元	20	30	25	40	45	100
年利润/万元	10	25	20	25	30	

4.4 线性问题的 Python 实现

4.4.1 实验八 矩阵运算

实验目的

（1）掌握矩阵的输入方法，掌握对矩阵进行转置、加、减、数乘、相乘、乘方等运算；

（2）掌握计算矩阵的秩和求逆矩阵的方法；

（3）掌握求解简单的矩阵方程的方法.

命令学习

1. 矩阵的输入

任何矩阵 $\boldsymbol{A}$ 都可以用 Sympy 库中的 matirx()函数生成. 在 matirx()函数中按行输入每个元素，输入时使用下述规则：最外层为一个 [ ]，里面每行也要在一个 [ ] 内输入各元素，同一行中不同元素用逗号分隔，不同行也用逗号分隔.

2. Sympy 库中与矩阵运算相关的命令

Sympy 库中与矩阵运算相关的命令见表 4-10.

表 4-10　Sympy 库中与矩阵运算相关的命令

命令	功能
A.shape	矩阵 **A** 的行数和列数
A. rank()	矩阵 **A** 的秩
A .inv()或 A**（-1）	矩阵 **A** 的逆矩阵
A .rref()	将矩阵 **A** 转化为行简化阶梯形矩阵
A.T	矩阵 **A** 的转置矩阵
A+B	矩阵 **A** 与矩阵 **B** 的和
A−B	矩阵 **A** 与矩阵 **B** 的差
k*A	常数 *k* 与矩阵 **A** 的数乘
A*B	矩阵 **A** 与矩阵 **B** 的乘法
A**k	矩阵 **A** 的 *k* 次方

实验内容与演示

【例 4-21】 已知 $\boldsymbol{A}=\begin{pmatrix}3&-1&2\\1&5&7\\5&4&-3\end{pmatrix}$，$\boldsymbol{B}=\begin{pmatrix}7&5&-4\\1&1&9\\3&-2&1\end{pmatrix}$，求：

（1）$2\boldsymbol{A}-3\boldsymbol{B}$；（2）$\boldsymbol{B}$ 的秩；（3）$\boldsymbol{A}$ 的逆；（4）$\boldsymbol{A}$ 的转置；（5）$\boldsymbol{AB}$；（6）$\boldsymbol{A}$ 的行简化阶梯形矩阵.

解　在 IDLE 中输入：

```
>>> from sympy import *
>>>init_printing(use_unicode=True)          #初始化打印格式，让矩阵以常见方式输出
>>> A=Matrix([[3,-1,2],[1,5,7],[5,4,-3]])   #注意矩阵的输入格式
>>> B=Matrix([[7,5,-4],
        [1,1,9],
        [3,-2,1]])      #可分行输入矩阵
>>> A
⎡3  -1   2⎤
⎢1   5   7⎥
⎣5   4  -3⎦
>>> B
⎡7   5  -4⎤
⎢1   1   9⎥
⎣3  -2   1⎦
>>> 2*A-3*B                        #求 2A-3B
⎡-15  -17   16⎤
⎢ -1    7  -13⎥
⎣  1   14   -9⎦
>>> B.rank()                       #求矩阵 B 的秩
3
```

```
>>> A.inv()                              #求矩阵 A 的逆
```

$$\begin{bmatrix} \frac{43}{209} & -5/209 & \frac{17}{209} \\ -2/11 & 1/11 & 1/11 \\ \frac{21}{209} & \frac{17}{209} & \frac{-16}{209} \end{bmatrix}$$

#输出效果不太好，解读有困难

```
>>>A.inv().evalf（4）                    #将逆矩阵中的分数转化为浮点数，保留 4 位有效数字
```

$$\begin{bmatrix} 0.2057 & -0.02392 & 0.08134 \\ -0.1818 & 0.09091 & 0.09091 \\ 0.1005 & 0.08134 & -0.07656 \end{bmatrix}$$

```
>>> A.T                                  #求矩阵 A 的转置
```

$$\begin{bmatrix} 3 & 1 & 5 \\ -1 & 5 & 4 \\ 2 & 7 & -3 \end{bmatrix}$$

```
>>> A*B                                  # 求 AB
```

$$\begin{bmatrix} 26 & 10 & -19 \\ 33 & -4 & 48 \\ 30 & 35 & 13 \end{bmatrix}$$

```
>>>A.rref()                              # 求矩阵 A 的行简化阶梯形矩阵
```

$$\left(\begin{bmatrix} 1 & 0 & 0 \\ 0 & 1 & 0 \\ 0 & 0 & 1 \end{bmatrix}, (0,1,2)\right)$$

#输出元组，第一个元素是矩阵 A 的行简化阶梯形矩阵

```
>>>A.rref()［0］                          #输出矩阵 A 的行简化阶梯形矩阵
```

$$\begin{bmatrix} 1 & 0 & 0 \\ 0 & 1 & 0 \\ 0 & 0 & 1 \end{bmatrix}$$

也可以在 PyCharm 中新建 mat1.py 文件，内容如下：

```
from sympy import *
init_printing(use_unicode=True)
A=Matrix([[3,-1,2],[1,5,7],[5,4,-3]])  #注意矩阵的输入格式
B=Matrix([[7,5,-4],
          [1,1,9],
          [3,-2,1]])      #分行输入矩阵
print("2A-3B=",2*A-3*B)
print("rank(B)=",B.rank())
print("A 的逆矩阵=",A.inv())
print("A 的转置矩阵=",A.T)
print("AB=",A*B)
print("A 的行简化阶梯形矩阵为",A.rref()[0])
```

运行程序，命令窗口显示所得结果：

```
2A-3B= Matrix([[-15, -17, 16], [-1, 7, -13], [1, 14, -9]])
rank(B)= 3
```

```
A 的逆矩阵= Matrix([[43/209, -5/209, 17/209], [-2/11, 1/11, 1/11], [21/209, 17/209, -16/209]])
A 的转置矩阵= Matrix([[3, 1, 5], [-1, 5, 4], [2, 7, -3]])
AB= Matrix([[26, 10, -19], [33, -4, 48], [30, 35, 13]])
A 的行简化阶梯形矩阵为 Matrix([[1, 0, 0], [0, 1, 0], [0, 0, 1]])
```

【注】在 PyCharm 中 init_printing（use_unicode=True）没有起作用.

简单的矩阵方程有三种形式：$\boldsymbol{AX}=\boldsymbol{C}$，$\boldsymbol{XA}=\boldsymbol{C}$，$\boldsymbol{AXB}=\boldsymbol{C}$. 如果 $\boldsymbol{A}$ 和 $\boldsymbol{B}$ 都是可逆矩阵，则求解时需要找出矩阵的逆矩阵，注意左乘和右乘的区别. 这三个方程的解分别为 $\boldsymbol{X}=\boldsymbol{A}^{-1}\boldsymbol{C}$，$\boldsymbol{X}=\boldsymbol{C}\boldsymbol{A}^{-1}$，$\boldsymbol{X}=\boldsymbol{A}^{-1}\boldsymbol{C}\boldsymbol{B}^{-1}$.

【例 4-22】 $\begin{pmatrix}1 & 2 & 3\\ 2 & 2 & 1\\ 3 & 4 & 3\end{pmatrix}\boldsymbol{X}=\begin{pmatrix}2 & 5\\ 3 & 1\\ 4 & 3\end{pmatrix}$.

解 在 IDLE 中输入：

```
>>> from sympy import *
>>>init_printing(use_unicode=True)
>>> A=Matrix([[1,2,3],[2,2,1],[3,4,3]])
>>>A.rank()            #先判断矩阵 A 是否满秩，从而确定矩阵 A 是否可逆
3
>>> B=Matrix([[2,5],[3,1],[4,3]])
>>>A.inv()*B
⎡3   2⎤
⎢-2 -3⎥
⎣1   3⎦
```

即 $\boldsymbol{X}=\boldsymbol{A}^{-1}\boldsymbol{B}=\begin{pmatrix}3 & 2\\ -2 & -3\\ 1 & 3\end{pmatrix}$.

【例 4-23】 求矩阵 $\boldsymbol{X}$ 使其满足

$$\boldsymbol{AXB}=\boldsymbol{C}$$

其中

$$\boldsymbol{A}=\begin{pmatrix}1 & 2 & 3\\ 2 & 2 & 1\\ 3 & 4 & 3\end{pmatrix},\quad \boldsymbol{B}=\begin{pmatrix}2 & 1\\ 5 & 3\end{pmatrix},\quad \boldsymbol{C}=\begin{pmatrix}1 & 3\\ 2 & 0\\ 3 & 1\end{pmatrix}.$$

解 在 IDLE 中输入：

```
>>> from sympy import *
>>>init_printing(use_unicode=True)
>>> A=Matrix([[1,2,3],[2,2,1],[3,4,3]])
>>> B=Matrix([[2,1],[5,3]])
>>> C=Matrix([[1,3],[2,0],[3,1]])
>>> A.rank();B.rank()        #先判断矩阵 A 和 B 是否满秩，从而确定矩阵 A 和 B 是否可逆
3
2
>>>A.inv()*C*B.inv()
```

$$\begin{bmatrix} -2 & 1 \\ 10 & -4 \\ -10 & 4 \end{bmatrix}$$

即 $\boldsymbol{X}=\boldsymbol{A}^{-1}\boldsymbol{C}\boldsymbol{B}^{-1}=\begin{pmatrix} -2 & 1 \\ 10 & -4 \\ -10 & 4 \end{pmatrix}$.

实验训练

(1) 已知矩阵 $\boldsymbol{A}=\begin{pmatrix} 1 & 2 & 3 \\ 2 & 1 & 2 \\ 3 & 3 & 1 \end{pmatrix}$ 和 $\boldsymbol{B}=\begin{pmatrix} 3 & 2 & 4 \\ 2 & 5 & 3 \\ 2 & 3 & 1 \end{pmatrix}$.

①计算 $2\boldsymbol{A}-\boldsymbol{B}$，$\boldsymbol{AB}$，$\boldsymbol{BA}$，$\boldsymbol{A}^T$；

②将矩阵 $\boldsymbol{A}$ 化为阶梯形矩阵；

③求矩阵 $\boldsymbol{A}$ 的逆矩阵；

④求矩阵 $\boldsymbol{B}$ 的秩.

(2) 解下列矩阵方程.

① $\begin{pmatrix} 2 & 5 \\ 1 & 3 \end{pmatrix}\boldsymbol{X}=\begin{pmatrix} 4 & -6 \\ 2 & 1 \end{pmatrix}$；

② $\boldsymbol{X}\begin{pmatrix} 2 & 1 & -1 \\ 2 & 1 & 0 \\ 1 & -1 & 1 \end{pmatrix}=\begin{pmatrix} 1 & -1 & 3 \\ 4 & 3 & 2 \end{pmatrix}$；

③ $\begin{pmatrix} 1 & 4 \\ -1 & 2 \end{pmatrix}\boldsymbol{X}\begin{pmatrix} 2 & 0 \\ -1 & 1 \end{pmatrix}=\begin{pmatrix} 3 & 1 \\ 0 & -1 \end{pmatrix}$.

4.4.2 实验九 求解线性方程组

实验目的

掌握如何应用 Python 软件解线性方程组.

命令学习

所用相关命令有 A.rref() [0]，A.rank()，A.inv().

(1) 对于齐次线性方程组 $\boldsymbol{AX}=0$，则

①若 $r(\boldsymbol{A})=n$，则方程组只有零解；

②若 $r(\boldsymbol{A})<n$，则方程组有无穷多个非零解.

(2) 设 $\boldsymbol{A}$ 与 $\overline{\boldsymbol{A}}$ 分别是 n 元非齐次线性方程组 $\boldsymbol{AX}=\boldsymbol{B}$ 的系数矩阵和增广矩阵，有

①若 $r(\boldsymbol{A})\neq r(\overline{\boldsymbol{A}})$，则方程组无解；

②若 $r(\boldsymbol{A})=r(\overline{\boldsymbol{A}})$，则方程组有解，且当 $r(\boldsymbol{A})=n$ 时，方程组有唯一解；当

$r(A) < n$时，方程组有无穷多个解.

实验内容与演示

【例 4-24】 解齐次线性方程组$\begin{cases} x_1 + 2x_2 + +2x_3 + x_4 = 0 \\ 2x_1 + x_2 - 2x_3 - 2x_4 = 0 \\ x_1 - x_2 - 4x_3 - 3x_4 = 0 \end{cases}$.

解 在 IDLE 中输入：

```
>>> from sympy import *
>>>init_printing(use_unicode=True)
>>> A=Matrix([[1,2,2,1],[2,1,-2,-2],[1,-1,-4,-3]])
>>> A.rank()            #求系数矩阵 A 的秩，判断是否有非零解
2
>>>A.rref()［0］
```

$$\begin{bmatrix} 1 & 0 & -2 & -5/3 \\ 0 & 1 & 2 & 4/3 \\ 0 & 0 & 0 & 0 \end{bmatrix}$$

即方程有无穷多个解，通解可以表示为

$$\begin{cases} x_1 = 2k_1 + \dfrac{5}{3}k_2 \\ x_2 = -2k_1 - \dfrac{4}{3}k_2 \\ x_3 = k_1 \\ x_4 = k_2 \end{cases}$$

其中，k_1和k_2为任意常数.

【例 4-25】 求线性方程组的解$\begin{cases} 2x_1 - x_2 + 3x_3 = 5 \\ 3x_1 + x_2 - 5x_3 = 5 \\ 4x_1 - x_2 + x_3 = 9 \end{cases}$.

解法一 在 IDLE 中输入：

```
>>> from sympy import *
>>>init_printing(use_unicode=True)
>>> A=Matrix([[2,-1,3],[3,1,-5],[4,-1,1]])
>>> A1=Matrix([[2,-1,3,5],[3,1,-5,5],[4,-1,1,9]])
>>> A.rank(); A1.rank()          # r(A) = r(Ā) 且 r(A) = n ，方程组有唯一解
3
3
>>>A1.rref()［0］
```

$$\begin{bmatrix} 1 & 0 & 0 & 2 \\ 0 & 1 & 0 & -1 \\ 0 & 0 & 1 & 0 \end{bmatrix}$$

即方程组的解为$\begin{pmatrix} x_1 \\ x_2 \\ x_3 \end{pmatrix} = \begin{pmatrix} 2 \\ -1 \\ 0 \end{pmatrix}$.

解法二 在 IDLE 中输入：

```
>>> from sympy import *
>>>init_printing(use_unicode=True)
>>> A=Matrix([[2,-1,3],[3,1,-5],[4,-1,1]])
>>> B=Matrix([[5],[5],[9]])
>>> A.inv()*B                          #矩阵 A 可逆
```

$$\begin{bmatrix} 2 \\ -1 \\ 0 \end{bmatrix}$$

即方程组的解为$\begin{pmatrix} x_1 \\ x_2 \\ x_3 \end{pmatrix} = \begin{pmatrix} 2 \\ -1 \\ 0 \end{pmatrix}$.

实验训练

（1）求解齐次线性方程组$\begin{cases} -x_1 - 2x_2 + 4x_3 = 0 \\ 2x_1 + x_2 + x_3 = 0 \\ x_1 + x_2 - x_3 = 0 \end{cases}$.

（2）解线性方程组 $\boldsymbol{AX} = \boldsymbol{B}$，$\boldsymbol{A} = \begin{pmatrix} 2 & 1 & 2 \\ 2 & 1 & 4 \\ 3 & 2 & 1 \end{pmatrix}$，$\boldsymbol{B} = \begin{pmatrix} 3 \\ 1 \\ 7 \end{pmatrix}$.

（3）解方程组$\begin{cases} x_1 - x_2 + x_3 - x_4 = 1 \\ -x_1 + x_2 + x_3 - x_4 = 1 \\ 2x_1 - 2x_2 - x_3 + x_4 = -1 \end{cases}$.

4.4.3 实验十 线性规划

实验目的

掌握应用 Python 软件求解线性规划问题的方法.

命令学习

第三方库 Scipy 的 optimize 模块中提供 linprog()函数用于计算线性规划问题的最小值. 在使用 linprog()函数之前，先将线性规划问题改写成矩阵形式，格式如下：

$$\min \quad C \cdot X$$

$$\text{s.t.}\begin{cases} A \cdot X \leqslant B \\ Aeq \cdot X = Beq \\ Lb \leqslant X \leqslant Ub \end{cases}$$

linprog()函数的调用方式为

```
optimize.linprog(C,A,B,Aeq,beq, bounds, method, X0,options)
```

这种解决线性规划问题的方式类似擅长矩阵运算的 Matlab 软件. 其中，C 是最值向量；A 和 B 对应线性不等式约束；Aeq 和 Beq 对应线性等式约束；bounds 对应公式中的 Lb 和 Ub，即决策向量的下界和上界；method 是求解器（方法）的类型；X0 是 X 的初始值；options 提供常用最值算法，如 Nelder-Mead，Powell，CG，BFGS，Newton-CG 等；部分参数可默认.

使用 linprog()函数解决线性规划问题见例 4-26、例 4-27.

第三方库 pulp 也提供能解决线性规划问题的模块，这种方式更为直观，不需要转化为矩阵，见例 4-27、例 4-28 和例 4-29.

实验内容与演示

【例 4-26】 求解线性规划 $\max f = 2x_1 + 3x_2 + 4x_3$

$$\text{s.t.}\begin{cases} 1.5x_1 + 3x_2 + 5x_3 \leqslant 600 \\ 280x_1 + 250x_2 + 400x_3 \leqslant 60000 \\ x_1, x_2, x_3 \geqslant 0 \end{cases}.$$

解 在 PyCharm 中新建 linpro1.py 文件，内容如下：

```
from scipy import optimize
from sympy import *

C = Matrix([2,3,4])       #确定目标函数系数矩阵 C
A = Matrix([[1.5,3,5],[280,250,400]])   #确定约束条件系数矩阵 A
B = Matrix([[600],[60000]])              #确定约束条件常数矩阵 B

#求解
res = optimize.linprog(-C,A,B, method='simplex')         #问题要求最大值，故用-C
                                                          #最优值是显示结果的相反数
print(res)
```

运行程序，命令窗口显示所得结果：

```
     fun: -632.258064516129
 message: 'Optimization terminated successfully.'
     nit: 3
   slack: array([0., 0.])
  status: 0
 success: True
       x: array([ 64.51612903, 167.74193548,    0.         ])
```

注： fun 为目标函数的最优值，nit 为迭代的次数，slack 为松弛变量，status 表

示优化结果状态，x 为最优解.

解得 x_1=64.52， x_2=167.74， x_3=0时，此线性规划问题最优值为 $f=632.26$.

【例 4-27】 用 Python 求解 4.3.2 小节【案例 2】连续线性规划问题.

$$\max f = 72x_1 + 64x_2$$

$$\text{s.t.}\begin{cases} x_1 + x_2 \leqslant 50 \\ 12x_1 + 8x_2 \leqslant 480 \\ 3x_1 \leqslant 100 \\ x_1 \geqslant 0，x_2 \geqslant 0 \end{cases}.$$

解 方法 1：利用 linprog()函数. 在 PyCharm 中新建 linpro2.py 文件，内容如下：

```
from scipy import optimize
from sympy import *

C = Matrix([72,64])      #确定目标函数系数矩阵 C
A = Matrix([[1,1],[12,8],[3,0]])     #确定约束条件系数矩阵 A
B = Matrix([[50],[480],[100]])      #确定约束条件常数矩阵 B

#求解
res = optimize.linprog(-C,A,B, , method='simplex')        #问题要求最大值，故用-C
                                                          #最优值是显示结果的相反数
print(res)
```

运行程序，命令窗口显示所得结果：

```
     fun: -3360.0
 message: 'Optimization terminated successfully.'
     nit: 4
   slack: array([ 0.,    0., 40.])
  status: 0
 success: True
       x: array([20., 30.])
```

解得 x_1=20， x_2=30 时，此线性规划问题最优值为 $f=3360$.

方法 2：利用 pulp 库. 在 PyCharm 中新建 linpro3.py 文件，内容如下：

```
import pulp
#实例化该问题
model = pulp.LpProblem("Example 7", pulp.LpMaximize)   #求最大值
x1 = pulp.LpVariable('x1', lowBound=0, cat='Continuous')   #限制约束变量为连续型
x2 = pulp.LpVariable('x2', lowBound=0, cat='Continuous')   #限制约束变量为连续型

#目标函数
model += 72 * x1 + 64 * x2
#约束条件
model += x1 + x2 <= 50
model += 12 * x1 + 8 * x2 <= 480
model += 3 * x1 <= 100

model.solve()    #解决问题
```

```
pulp.LpStatus[model.status]

print("x1={}".format(x1.varValue))   #打印最优解
print("x2={}".format(x2.varValue))
print("可获得最大利润",pulp.value(model.objective),"元. ")   #打印最优值
```

运行程序，命令窗口显示所得结果：

```
x1=20.0
x2=30.0
```

可获得最大利润 3360.0 元.

【例 4-28】用 Python 求解 4.3.2 小节【案例 3】整数规划问题.

$$\max y$$

$$s.t.\begin{cases} y \leqslant \dfrac{1}{2}x_1, \ y \leqslant \dfrac{1}{3}x_2 \\ 5x_1 + 4x_2 \leqslant 960 \\ 9x_1 + 10x_2 \leqslant 1440 \\ (5x_1 + 4x_2) - (9x_1 + 10x_2) \geqslant -60 \\ (5x_1 + 4x_2) - (9x_1 + 10x_2) \leqslant 60 \\ x_1 \geqslant 0, \ x_2 \geqslant 0, \ y \geqslant 0，且为整数 \end{cases}.$$

解　在 PyCharm 中新建 linpro4.py 文件，内容如下：

```
import pulp
model = pulp.LpProblem("Example 8", pulp.LpMaximize)       #求最大值
x1 = pulp.LpVariable('x1', lowBound=0, cat='Integer')   #限制约束变量为整数
x2 = pulp.LpVariable('x2', lowBound=0, cat='Integer')   #限制约束变量为整数
y = pulp.LpVariable('y', lowBound=0, cat='Integer')   #限制约束变量为整数
#目标函数
model += y
#约束条件
model +=y- 0.5 * x1 <= 0
model +=y- 1/3 * x2 <= 0
model += 5 * x1 + 4 * x2 <= 960
model += 9 * x1 + 10 * x2 <= 1440
model += 4 * x1 + 6 * x2<= 60

model.solve()   #解决问题
pulp.LpStatus[model.status]

print("x1={}".format(x1.varValue))   #打印最优解
print("x2={}".format(x2.varValue))
print("最大产量为 y=",pulp.value(model.objective))#打印最优值
```

运行程序，命令窗口显示所得结果：

```
x1=4.0
x2=7.0
```

最大产量为 $y = 2$ 件.

【例 4-29】 用 Python 求解 4.3.2 小节【案例 4】0–1 规划问题.

$$\max f = 1000x_1 + 1500x_2 + 900x_3 + 2100x_4$$

$$\text{s.t.}\begin{cases} 4x_1 + 6x_2 + 6x_3 + 8x_4 \leqslant 20 \\ x_i = 0\text{或}1,\ i = 1,\ 2,\ 3,\ 4 \end{cases}.$$

解 在 PyCharm 中新建 linpro5.py 文件，内容如下：

```
import pulp
#实例化该问题
model = pulp.LpProblem("Example 9", pulp.LpMaximize) #求最大值
x1 = pulp.LpVariable('x1', lowBound=0, cat='Binary')  #限制约束变量为 0–1 型
x2 = pulp.LpVariable('x2', lowBound=0, cat='Binary')  #限制约束变量为 0–1 型
x3 = pulp.LpVariable('x3', lowBound=0, cat='Binary')  #限制约束变量为 0–1 型
x4 = pulp.LpVariable('x4', lowBound=0, cat='Binary')  #限制约束变量为 0–1 型
#目标函数
model += 1000*x1+1500*x2+900*x3+2100*x4
#约束条件
model += 4*x1+6*x2+6*x3+8*x4 <= 20

model.solve()   #解决问题
pulp.LpStatus[model.status]

print("x1={}".format(x1.varValue))  #打印最优解
print("x2={}".format(x2.varValue))
print("x3={}".format(x3.varValue))
print("x4={}".format(x4.varValue))
print("总价值最大为",pulp.value(model.objective),"元. ")   #打印最优值
```

运行程序，命令窗口显示所得结果：

```
x1=1.0
x2=1.0
x3=0.0
x4=1.0
```

总价值最大为 4600.0 元.

实验训练

（1）（运输问题）某水泥厂有三个仓库，供应四个建设工地的需求，仓库储存量、工地需求量及每吨水泥的运费见表 4-11，问如何安排调运方案使总运费最少？

表 4-11 题（1）表

水泥 \ 运费/（元/t）	工地 1	工地 2	工地 3	工地 4	储存量/t
仓库 1	3	11	6	10	700
仓库 2	1	9	2	8	400
仓库 3	7	4	10	5	900
需求量/t	300	600	500	600	2000

（2）一家汽车公司试验一个生产周期（30 天）. 这家公司有一个机器人、两名工程师和一名销售员. 销售员有假期，一个生产周期只有 21 天上班；工程师暂不休假. 两种汽车对三种资源的需求见表 4-12.

表 4-12　题（2）表

汽车种类 / 所需时间	汽车 A	汽车 B
需要机器人工作时间/天	3	4
需要工程师工作时间/天	5	6
需要销售工作时间/天	1.5	3

汽车 A 提供了 30000 元的利润，而汽车 B 提供 45000 元的利润. 问如何设计生产计划，可在一个生产周期内获得最大利润？

（3）（选址问题）某公司准备投资 100 万元在甲、乙两座城市修建健身中心，经过多方考察，最后选定 A1，A2，A3，A4，A5 五个位置，并且决定在甲城市的 A1，A2，A3 三个位置中最多投建两个，在乙城市的 A4，A5 两个位置中最少投建一个，如果各位置的投资金额和年利润表 4-13，问投建在哪个位置才会使总的年利润最大？

表 4-13　题（3）表

位置 / 投资和利润	A1	A2	A3	A4	A5	投资总额/万元
投资金额	20	30	25	40	45	100
年利润	10	25	20	25	30	

【综合练习】

1．已知 $\boldsymbol{A}=\begin{pmatrix}1 & 1 & 1\\ 1 & 1 & -1\\ 1 & -1 & 1\end{pmatrix}$，$\boldsymbol{B}=\begin{pmatrix}1 & 2 & 3\\ -1 & -2 & 4\\ 0 & 5 & 1\end{pmatrix}$，求 $\boldsymbol{A}+\boldsymbol{B}$，$3\boldsymbol{A}-2\boldsymbol{B}$，$\boldsymbol{A}^{\mathrm{T}}\boldsymbol{B}+\boldsymbol{A}\boldsymbol{B}^{\mathrm{T}}$.

2．计算.

（1）$\begin{pmatrix}2 & 1 & 3\end{pmatrix}\begin{pmatrix}1\\ 3\\ 2\end{pmatrix}$；　　（2）$\begin{pmatrix}1 & 0 & 0\\ 0 & 1 & 0\\ 0 & 0 & 1\end{pmatrix}\begin{pmatrix}2 & 1\\ 4 & 3\\ 7 & 9\end{pmatrix}$；

（3）$\begin{pmatrix}1 & 1\\ 0 & 0\end{pmatrix}\begin{pmatrix}0 & 1\\ 0 & -1\end{pmatrix}$；　　（4）$\begin{pmatrix}1 & 2 & -1 & 1\\ 3 & 2 & 0 & 2\\ 4 & 0 & 2 & 1\end{pmatrix}\begin{pmatrix}x_1\\ x_2\\ x_3\\ x_4\end{pmatrix}$.

3．解下列矩阵方程.

（1）$\begin{pmatrix}1&1\\0&2\end{pmatrix}\boldsymbol{X}=\begin{pmatrix}2\\8\end{pmatrix}$；（2）$\begin{pmatrix}2&5\\1&3\end{pmatrix}\boldsymbol{X}=\begin{pmatrix}4&-6\\2&1\end{pmatrix}$；

（3）$X\begin{pmatrix}2&1&-1\\2&1&0\\1&-1&1\end{pmatrix}=\begin{pmatrix}1&-1&3\\4&3&2\end{pmatrix}$；（4）$\begin{pmatrix}1&2\\3&4\end{pmatrix}\boldsymbol{X}\begin{pmatrix}3&4\\-1&2\end{pmatrix}=\begin{pmatrix}2&-1\\1&3\end{pmatrix}$.

4．判断下列方阵是否可逆，若是可逆，求其逆矩阵.

（1）$\boldsymbol{A}=\begin{pmatrix}1&2&3\\2&1&2\\1&3&3\end{pmatrix}$；（2）$\boldsymbol{A}=\begin{pmatrix}4&2&3\\2&2&3\\7&2&3\end{pmatrix}$；（3）$\boldsymbol{A}=\begin{pmatrix}2&-1&1\\1&0&1\\3&-1&4\end{pmatrix}$.

5．判断下列线性方程组是否有解，有解的求其解.

（1）$\begin{cases}x_1+3x_2-2x_3=0\\x_1+7x_2+2x_3=0\\2x_1+14x_2+5x_3=0\end{cases}$；（2）$\begin{cases}x_1-2x_2+3x_3=4\\2x_1+x_2-3x_3=5\\-x_1+2x_2+2x_3=6\\3x_1-3x_2+2x_3=7\end{cases}$；

（3）$\begin{cases}2x_1-3x_2+x_3+5x_4=6\\-3x_1+x_2+2x_3-4x_4=5\\-x_1-2x_2+3x_3+x_4=2\end{cases}$.

6．求下列线性方程组的通解.

（1）$\begin{cases}2x_1+7x_2+3x_3+x_4=6\\3x_1+5x_2+2x_3+2x_4=4\\9x_1+4x_2+x_3+7x_4=2\end{cases}$；（2）$\begin{cases}4x_1+2x_2-x_3=2\\3x_1-x_2+2x_3=10\\11x_1+3x_2=8\end{cases}$；

（3）$\begin{cases}x_1+x_2+x_3+x_4+x_5=7\\3x_1+2x_2+x_3+x_4-3x_5=-2\\x_2+2x_3+2x_4+6x_5=23\\5x_1+4x_2+3x_3+3x_4-x_5=12\end{cases}$；（4）$\begin{cases}2x+3y+z=4\\x-2y+4z=-5\\3x+8y-2z=13\\4x-y+9z=-6\end{cases}$；

（5）$x_1-4x_2+2x_3-3x_4+6x_5=4$；（6）$\begin{cases}3x_1+3x_3=0\\x_1-x_2+2x_3=-1\\2x_1+x_2+x_3=1\\5x_1+x_2+4x_3=1\end{cases}$.

7．求下列齐次线性方程组的通解.

（1）$\begin{cases}x_1-x_2+5x_3-x_4=0\\x_1+x_2-2x_3+3x_4=0\\3x_1-x_2+8x_3+x_4=0\\x_1+3x_2-9x_3+7x_4=0\end{cases}$；（2）$\begin{cases}x_1-3x_2+x_3-2x_4=0\\-5x_1+x_2-2x_3+3x_4=0\\-x_1-11x_2+2x_3-5x_4=0\\3x_1+5x_2+x_4=0\end{cases}$；

（3）$\begin{cases}3x_1+x_2-8x_3+2x_4+x_5=0\\2x_1-2x_2-3x_3-7x_4+2x_5=0\\x_1+11x_2-12x_3+34x_4-5x_5=0\\x_1-5x_2+2x_3-16x_4+3x_5=0\end{cases}$；（4）$\begin{cases}2x_1-5x_2+x_3-3x_4=0\\-3x_1+4x_2-2x_3+x_4=0\\x_1+2x_2-x_3+3x_4=0\\-2x_1+15x_2-6x_3+13x_4=0\end{cases}$；

（5）$\begin{cases}x_1-3x_2+x_3-2x_4-x_5=0\\-3x_1+9x_2-3x_3+6x_4+3x_5=0\\2x_1-6x_2+2x_3-4x_4-2x_5=0\\5x_1-15x_2+5x_3-10x_4-5x_5=0\end{cases}$.

8．讨论 p 和 q 为何值时，线性方程组

$$\begin{cases}x_1+x_2+x_3+x_4+x_5=1\\3x_1+2x_2+x_3+x_4-3x_5=p\\x_2+2x_3+2x_4+6x_5=3\\5x_1+4x_2+3x_3+3x_4-x_5=q\end{cases}$$

有解、无解，有解的求其解.

9．某工厂要做 100 套钢架，每套用长 2.9m，2.1m 和 1.5m 的圆钢各一根，已知原料长 7.4m，问应如何下料可使所用原料最省？

第5章 数据预处理

现实世界中的数据大部分是不完整、不一致的“脏数据”，无法直接进行数据挖掘，或挖掘结果差强人意. 数据挖掘项目中花费时间最长的就是数据获取和预处理，约占项目时间的80%. 最简单的解释可以概括为“数据是困难的”. 在真实的数据中可能包含了大量的缺失值和噪声，也可能因为人工录入错误导致有异常点存在，非常不利于算法模型的训练. 为了提高数据挖掘的质量便产生了数据预处理技术.

5.1 数据清洗

数据清洗就是对各种“脏数据”进行对应方式的处理，以得到标准的、干净的、连续的数据，提供给数据统计、数据挖掘等使用. 数据清洗主要是删除原始数据集中的无关数据、重复数据，平滑噪声数据，筛选掉与挖掘主题无关的数据，处理缺失值、异常值等. 数据清洗主要包含三个方面，即缺失值、异常值、重复值的处理. 在做这三个方面的处理前，第一步要做的是判断数据的质量，即做数据质量分析. 数据质量分析主要是检查数据中是否有“脏数据”，即不符合要求及不能直接做数据分析的数据. 只有做好数据质量分析才能得到可信的数据，为下一步的数据预处理奠定基础，提高后续数据挖掘的准确性及有效性.

本小节将从缺失值分析与处理、异常值分析与处理、重复值处理三个方面来阐述数据清洗的方法与步骤.

5.1.1 缺失值分析与处理

数据的缺失值（又称为空缺值）主要包括记录的缺失和记录中某个字段信息的缺失.

由于有些信息获取代价太大或者暂时无法获取，或者因为数据采集设备故障、存储设备故障、传输媒体故障等非人为因素，或者因为填报错误、漏填等一些人为因素，或者因为数据本身的属性值不存在等，造成数据的缺失.

先通过一个例子来说明数据的缺失值对统计分析与预测结果的影响. 某班学生打球兴趣爱好统计如图5-1所示.

姓名	体重/kg	性别	打球 Y/N
Mr.Amit	58	M	Y
Mr.Anil	61	M	Y
Miss Swati	58	F	N
Miss Richa	55		Y
Mr.Steve	55	M	N
Miss Reena	64	F	Y
Miss Rashm	57		Y
Mr.Kunal	57	M	N

性别	人数	打球的人数	打球的百分比
F	2	1	50%
M	4	2	50%
Missing	2	2	100%

姓名	体重/kg	性别	打排球 Y/N
Mr.Amit	58	M	Y
Mr.Anil	61	M	Y
Miss Swati	58	F	N
Miss Richa	55	F	Y
Mr.Steve	55	M	N
Miss Reena	64	F	Y
Miss Rashm	57	F	Y
Mr.Kunal	57	M	N

性别	人数	打球的人数	打排球的百分比
F	4	3	75%
M	4	2	50%

图 5-1　某班学生打球兴趣爱好统计

请思考，图 5-1 中，左边的数据缺失了 Miss Richa 和 Miss Rashm 的性别信息，对统计的结果有什么影响？

注意图 5-1 中的缺失值：在左侧，没有处理缺失值，男性（M）打球的百分比高于女性（F）；在右侧，显示了处理缺失值后的数据（基于性别），可以看到女性（F）打球的百分比高于男性（M）.

这说明了数据集中若存在缺失值会减少模型的拟合，或者可能导致模型偏差，因为没有正确地分析变量的行为和关系，可能导致错误的预测或分类.

数据缺失在许多研究领域都是一个复杂的问题. 对数据挖掘来说，空值的存在，造成了以下影响：第一，系统丢失了大量的有用信息；第二，系统中所表现出的不确定性更加显著，系统中蕴涵的确定性成分更难以把握；第三，包含空值的数据会使挖掘过程陷入混乱，导致不可靠的输出.

接下来，介绍如何处理缺失值. 缺失值处理的方法主要有以下几种.

1. 删除

1）成列删除（Listwise Deletion）

删除任何变量丢失的观察结果，这种方法的主要优点之一是简单，但是降低了模型的准确性，因为它减少了样本数量. 该方法适用于某些样本有多个特征存在缺失值，且存在缺失值的样本占整个数据集样本数量的比例不高的情形.

2）成对删除（Pairwise Deletion）

这种方法的优点是，保留了许多可用于分析的信息；缺点之一是对不同的变量使用不同的样本大小. 某个特征存在缺失值较多，且该特征对数据分析的目标影响不大时，可以将该特征删除.

删除记录示例如图 5-2 所示.

Gender	Manpower	Sales
M	25	343
~~F~~	~~ ~~	~~280~~
M	33	358
~~M~~	~~ ~~	~~332~~
F	25	269
M	29	323
~~ ~~	~~26~~	~~250~~
M	32	289

（a）成列删除

Gender	Manpower	Sales
M	25	343
F	——	280
M	33	358
M	——	332
F	25	
M	29	323
——	26	250
M	32	289

（b）成对删除

图 5-2　删除记录示例

2. 数据插补

这类方法是用一定的值去填充缺失值，从而使信息表完备化. 通常，基于统计学原理，根据决策表中其余对象取值的分布情况来对一个空值进行填充（插补），例如用其余对象的平均值进行填充（插补）等. 数据插补常见的方法有以下几种.

1）人工补齐

由于最了解数据的是用户自己，因此使用人工补齐方法产生的数据偏离最小，可能是填充效果最好的一种. 一般来说，该方法很费时，当数据规模很大、缺失值很多时，该方法是不可行的.

2）特殊值填充

将缺失值作为一种特殊的属性值来处理，它不同于其他的任何属性值，如所有的缺失值都用"null"填充. 这样可能导致严重的数据偏离，一般不推荐使用.

3）平均值填充

将信息表中缺失值的属性分为数值属性和非数值属性分别进行处理. 如果缺失值是数值型的，就用其他对象取值的平均值来填充；如果缺失值是非数值型的，就根据统计学中的众数原理，用该属性在其他所有对象的取值次数最多的值（出现频率最高的值）来补齐该缺失值.

如图 5-3 所示，Manpower 和 Sales 两列的属性值都是数值型的，所以采用其他对象的取值的平均值来填充该缺失值，Manpower 列其他所有对象的取值的平均值为

$$(25+33+25+29+26+32)/6=28.3$$

所以，Manpower 列两个缺失值处就填入 28.3.

而 Sales 列其他所有对象的取值的平均值为

$$(343+280+358+332+323+250+289)/7=310.7$$

所以，Sales 列缺失值处就填入 310.7.

Gender	Manpower	Sales
M	25	343
F	**28.3**	280
M	33	358
M	**28.3**	332
F	25	**310.7**
M	29	323
M	26	250
M	32	289

图 5-3　平均值填充

Gender 列的属性值是非数值型，根据众数原理，M 是取值次数最多的值，因此 Gender 列缺失值处就填入 M.

4）插值法

使用插值法可以计算缺失值的估计值，所谓的插值法就是通过两点(x_0,y_0)和(x_1,y_1)来估计中间点的值. 假设$y=f(x)$是一条直线，通过已知的两点来计算函数$f(x)$，然后只要知道x就能求出y，以此方法来估计缺失值. 当然也可以假设函数$f(x)$不是直线，而是其他函数. 插值法示意图如图 5-4 所示.

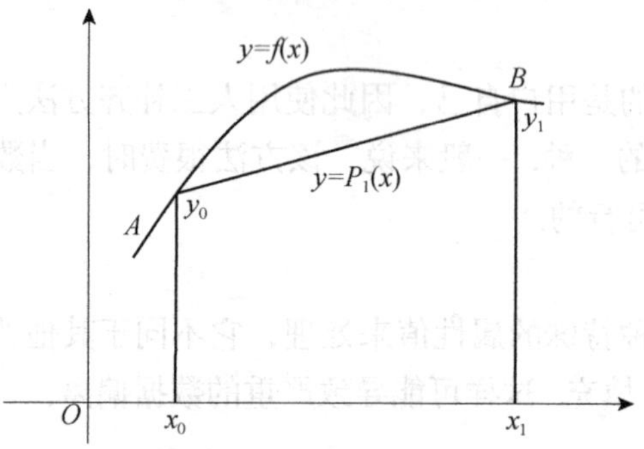

图 5-4　插值法示意图

举个简单的例子说明如何用插值法补齐缺失值.

在 PyCharm 中输入如下代码：

```
import pandas as pd
import numpy as np
df=pd.DataFrame(np.random.randn(5,3),index=list('abcde'),columns=['one','two','three'])
df.ix[1,:-1]=np.nan
df.ix[1:-1:2]=np.nan
print (df)
```

运行，得到图 5-5（a）所示的表格. 由图 5-5（a）所示表格可以看出，这是个 5 行 3 列、有 6 个缺失值的随机数构成的矩阵.

在 PyCharm 中再输入如下代码：

```
print(df.interpolate())
```

运行，得到图 5-5（b）所示的表格，由该表格中可以看到，所有的缺失值都补齐了.

	1	2	3
a	0.387696	0.805861	−1.436265
b	**NaN**	**NaN**	**NaN**
c	−1.130978	−0.473273	−0.543434
d	**NaN**	**NaN**	**NaN**
e	−1.686495	−0.309732	−0.385860

（a）含有缺失值的数据

	1	2	3
a	0.387696	0.805861	−1.436265
b	**−0.371641**	**0.166294**	**−0.989850**
c	−1.130978	−0.473273	−0.543434
d	**−1.408736**	**−0.391502**	**−0.464647**
e	−1.686495	−0.309732	−0.385860

（b）插值法补齐后的数据

图 5-5　插值法填补数据的缺失值

可以计算图 5-5（b）所示表中的缺失值，实际为前一个值和后一个值的平均数，因为 interpolate()函数是直线形的.

拓展学习 1:

interpolate()函数用于一维、高维数据的插值，在 Scipy 库中包含大量的插值函数，如拉格朗日插值函数、样条插值函数、高维插值函数等，使用前要用 from scipy.interpolate import * 引入相应的插值函数.

如 f= scipy.interpolate.lagrange(x,y) 为拉格朗日插值，x，y 为对应的自变量和因变量数据.

拓展学习 2:

在上述代码中，index=list('abcde')中的 index 可以是数字，也可以是时间格式，那么在插值的时候，interpolate()中 method 就要相应地变成 value 和 time.示例如下：

```
df.index=[1,2,3,4,5]
print(df.interpolate(method='value'))

df.index=pd.date_range(20140102,periods=5)
print(df.interpolate(method='time'))
```

再举个例子（见图 5-6），说明如何用拉格朗日插值法填补缺失值.

time	count	time	count
2018/5/1	106684	2018/5/9	160264
2018/5/2	106644	2018/5/10	152704
2018/5/3	176520	2018/5/11	110049
2018/5/4	152311	2018/5/12	136951
2018/5/5	160264	2018/5/13	**NAN**
2018/5/6	**NAN**	2018/5/14	143165
2018/5/7	182263	2018/5/15	136951
2018/5/8	172887	2018/5/16	**NAN**

（a）插补前的数据

time	count	time	count
2018/5/1	106684	2018/5/9	160264
2018/5/2	106644	2018/5/10	152704
2018/5/3	176520	2018/5/11	110049
2018/5/4	152311	2018/5/12	136951
2018/5/5	160264	2018/5/13	163853
2018/5/6	168217	2018/5/14	143165
2018/5/7	182263	2018/5/15	136951
2018/5/8	172887	2018/5/16	130737

（b）插补后的数据

图 5-6　利用拉格朗日插值法插补数据

在 PyCharm 中输入如下代码：

```
    if (data[i].isnull())[j]:
    # 如果 data[i][j]为空，则调用函数 ployinterp_column() 为其插值
            data[i][j] = ployinterp_column(data[i], j)
    data.to_excel(outputfile)  # 将完成插值后的 data 写入 excel
print("拉格朗日法插补完成，插补后的文件位于：" + str(outputfile))
```

```
# -*- coding: utf-8 -*-
# 拉格朗日插值法插补缺失值

import pandas as pd  # 导入 pandas 库
from scipy.interpolate import lagrange  # 导入拉格朗日函数
inputfile = u'C:\\Users\\jinla\\Desktop\\lgrrchzhi.xlsx'
outputfile = u'C:\\Users\\jinla\\Desktop\\lgrrchzhi_1.xlsx'
data = pd.read_excel(inputfile)
data[u'count'][(data[u'count'] < 100000) | (data[u'count'] > 200000)] = None  # 将异常值清空
def ployinterp_column(s, n, k=2):
                        # k=2 表示用空值的前后两个数值来拟合曲线，从而预测缺失值
    y = s[list(range(n - k, n)) + list(range(n + 1, n + 1 - k))]
                        # 取值，range() 函数返回一个左闭右开（[left,right)）的序列数
    y = y[y.notnull()]
      # 取上一行数值列表中的非空值，保证 y 的每行都有数值，便于拟合函数
    return lagrange(y.index, list(y))(n)  # 调用拉格朗日函数并添加索引
    for i in data.columns:
            # 如果 i 在 data 的列名中，data.columns 生成的是 data 的全部列名
    for j in range(len(data)):
            # len(data)返回了 data 的长度，若此长度为 5，则 range(5)会产生从 0 开始计数的
整数列表
```

处理缺失值的其他方法还有以下几种，在此就不一一展开论述.

（1）热卡填充（又称为就近补齐）；

（2）K 最近邻法（K-means Clustering）；

（3）使用所有可能的值填充；

（4）组合完整化法；

（5）回归；

（6）期望值最大化法（Expectation Maximization，EM）；

（7）多重填补（Multiple Imputation，MI）；

（8）C4.5 法.

就几种基于统计的方法而言，删除法和平均值填充法差于热卡填充、EM 和 MI；回归是比较好的一种方法，但仍比不上热卡填充和 EM；EM 缺少 MI 包含的不确定成分. 值得注意的是，这些方法直接处理的是模型参数的估计而不是缺失值预测本身. 它们适合于处理无监督学习的问题，而对有监督学习来说，情况就不尽相同了. 例如，可以删除包含缺失值的对象用完整的数据集来进行训练，但预测时不能忽略包含缺失值的对象. 另外，C4.5 法和使用所有可能的值填充方法也有较好的补齐效果，人工补齐和特殊值填充则一般不推荐使用.

补齐处理只是将未知值补以主观估计值，不一定完全符合客观事实，在对不完备信息进行补齐处理的同时，或多或少地改变了原始的信息系统. 而且，对缺失值不正确地填充往往是将新的噪声引入数据中，使数据挖掘任务产生错误的结果.

3. 不处理

直接对包含缺失值的数据集进行数据挖掘，这类方法包括贝叶斯网络和人工神经网络等.

大多数数据挖掘系统都是在数据挖掘之前的数据预处理阶段采用删除法和数据插补法对缺失值进行处理的，并不存在一种处理缺失值的方法可以适合于任何情况. 无论采用哪种方法，都无法避免主观因素对原系统的影响，并且在缺失值过多的情形下将系统完备化是不可行的. 从理论上来说，贝叶斯网络考虑了一切，但是只有当数据集较小或满足某些条件（如多元正态分布）时完全贝叶斯分析才是可行的. 而现阶段人工神经网络在数据挖掘中的应用仍很有限. 值得一提的是，采用不精确信息处理数据的不完备性已得到了广泛的研究. 不完备数据的表达方法所依据的理论主要有可信度理论、概率论、模糊集合论、可能性理论等.

5.1.2 异常值分析与处理

重视异常值，分析其产生的原因，常常会成为发现问题进而改进决策的契机.

异常值处理常用方法见表 5-1.

表 5-1 异常值处理常用方法

处理方法	方法描述
删除含有异常值的记录	直接将含有异常值的记录删除
视为缺失值	将异常值视为缺失值，利用缺失值处理的方法进行处理
平均值修正	可用前后两个观测值的平均值修正该异常值
不处理	直接在具有异常值的数据集上进行挖掘建模

异常值的分析方法主要有以下 3 种.

1. 简单统计量分析

做一个描述性统计，进而查看哪些数据不合理. 最常用的是最大值和最小值判断，判断最大值和最小值是否超出合理范围. 如年龄的最大值 199，则存在异常.

2. 3σ原则

异常值被定义为一组测定值中与平均值的偏差超过 3 倍标准差的值. 距离平均值 3σ之外的值的概率为 $P(|x-u|>3\sigma)\leqslant 0.003$ 时，属于极个别的小概率事件，被认为是异常值.

3σ 原则具有一定的局限性，即此原则只对正态分布或近似正态分布的数据有效，而对其他数据无效.

3. 箱线图分析

此时异常值被定义为不在范围［QL−1.5IQR,QU+1.5IQR］中的值. 其中，

（1）QL 为下四分位数：表示全部观测值中有四分之一的数据取值比它小；

（2）QU 为上四分位数，表示全部观测值中有四分之一的数据取值比它大；

（3）IQR 称为四分位数间距，是上四分位数 QU 和下四分位数 QL 之差，之间包含了全部观测值的一半.

四分位数具有一定的鲁棒性：25%的数据可以变得任意远而不会很大地扰动四分位数，所以异常值不能对这个标准施加影响. 箱线图识别异常值的结果比较客观.

5.1.3 重复值处理

重复数据处理是数据分析经常面对的问题之一. 对重复数据进行处理前，需要分析重复数据产生的原因及去除这部分数据后可能造成的不良影响. 常见的数据重复分为两种，一种为记录重复，即一个或者多个特征某几个记录的值完全相同；另一种为特征重复，即存在一个或者多个特征名称不同但数据完全相同的情况.

在 Pandas 库中，duplicated()表示找出重复的行，默认是判断全部列，返回布尔类型的结果. 对于完全没有重复的行，返回 False；对于有重复的行，第一次出现的那一行返回 False，其余的行返回 True. 与 duplicated()对应的，drop_duplicates()表示去重，即删除布尔类型为 True 的所有行，默认是判断全部列.

```
import pandas as pd
import numpy as np
from pandas import DataFrame,Series

#读取文件
datafile = u'C:\\Users\\jinla\\Desktop\\cfzhi.xlsx'  #文件所在位置，u 为防止路径中有中文名称，
此处没有，可以省略
data = pd.read_excel(datafile)  #datafile 是 Excel 文件，所以用 read_excel，如果是 csv 文件则用
read_csv
examDf = DataFrame(data)
examDf  #输出源数据，直观地查看哪些行是重复的
print(examDf)
```

上述程序运行结果见表 5-2.

表 5-2 单个指标判断数据重复值

	name	height	birthday	constellation	blood
0	Jay	175	1979	摩羯座	O
1	Jay	175	1979	摩羯座	O
2	Jolin	156	1980	处女座	A
3	Jolin	156	1980	NaN	A
4	Hannah	165	1993	狮子座	B
5	JJ	173	1981	白羊座	O
6	Eason	173	1974	狮子座	O

输入以下代码，将把重复行删除，并把重复的行显示为 True.

```
#去重
print(examDf.duplicated())  #判断是否有重复行，重复的显示为 True，
examDf.drop_duplicates()  #删除重复行
print(examDf.drop_duplicates())
```

运行结果如下（删除了第 1 行 Jay 的数据）：

```
0    False
1    True
2    False
3    False
4    False
5    False
6    False
dtype：bool
```

	name	height	birthday	constellation	blood
0	Jay	175	1979	摩羯座	O
2	Jolin	156	1980	处女座	A
3	Jolin	156	1980	NaN	A
4	Hannah	165	1993	狮子座	B
5	JJ	173	1981	白羊座	O
6	Eason	173	1974	狮子座	O

由上述的数据可以发现，第 2 行和第 3 行其实都是 Jolin 的信息，那么也是需要去重的. duplicated()默认是判断全部列，那么加入以下代码，就可以判断指定某一列了.

```
print(examDf.duplicated('name'))  #判断 name 列是否有重复行，重复的显示为 True
examDf.drop_duplicates('name')  #删除重复行
print(examDf.drop_duplicates('name'))
```

运行结果如下（去除了第 3 行 Jolin 的数据）：

```
0    False
1    True
2    False
3    True
4    False
5    False
6    False
dtype：bool
```

	name	height	birthday	constellation	blood
0	Jay	175	1979	摩羯座	O
2	Jolin	156	1980	处女座	A
4	Hannah	165	1993	狮子座	B
5	JJ	173	1981	白羊座	O
6	Eason	173	1974	狮子座	O

仅仅根据 name 列判断是否重复，难免会把重名的另一个人的信息误删. 如在表 5-3 中，同名的杨洋，如果只用姓名判断是否重复并将其删除，就会出错.

虽然名字都叫杨洋，但是他们是不同的两个人，一个是男的，一个是女的. 仅根据 name 判断是否重复的话，肯定会将其中一人的信息判断为重复数据，那么就增加几个判断条件，比如根据姓名、性别、生日三个条件来判断的话，误删的几率就会大大地减少.

表 5-3　多个指标判断数据重复值

	name	height	sex	birthday	constellation	blood
0	杨洋	175	man	1991	处女座	AB
1	杨洋	168	woman	1989	双子座	O
2	Jay	175	man	1979	摩羯座	O

（续表）

	name	height	sex	birthday	constellation	blood
3	Jay	175	man	1979	摩羯座	O
4	Jolin	156	woman	1980	处女座	A
5	Jolin	156	woman	1980	NaN	A
6	Hannah	165	woman	1993	狮子座	B
7	JJ	173	man	1981	白羊座	O
8	Eason	173	man	1974	狮子座	O

输入以下代码，就可以增加多个指标去判断数据是否重复，这样可以避免误删.

```
import pandas as pd
import numpy as np
from pandas import DataFrame,Series

#读取文件
datafile = u'C:\\Users\\jinla\\Desktop\\cfzhi2.xlsx'  #文件所在位置，u 为防止路径中有中文名称，此处没有，可以省略
data = pd.read_excel(datafile)  #datafile 是 Excel 文件，所以用 read_excel，如果是 csv 文件则用 read_csv
examDf = DataFrame(data)
examDf#  输出源数据，直观地查看哪些行是重复的

print(examDf.duplicated(['name','sex','birthday']))  #判断 name，sex，birthday 列是否有重复行，重复的显示为 True，
examDf.drop_duplicates(['name','sex','birthday'])  #删除重复行

print(examDf.drop_duplicates(['name','sex','birthday']))
```

运行结果如下：

0	False
1	False
2	False
3	True
4	False
5	True
6	False
7	False
8	False
dtype：bool	

	name	height	sex	birthday	constellation	blood
0	杨洋	175	man	1991	处女座	AB
1	杨洋	168	woman	1989	双子座	O
2	Jay	175	man	1979	摩羯座	O
4	Jolin	156	woman	1980	处女座	A
6	Hannah	165	woman	1993	狮子座	B
7	JJ	173	man	1981	白羊座	O
8	Eason	173	man	1974	狮子座	O

由上述运行结果可以看出，两条“杨洋”的记录是不同的，如果仅仅是以名字判断是否重复，就会误删一条“杨洋”的数据记录.

拓展学习：

drop_duplicates()函数（Python 中也常称函数为方法）的基本语法如下：

```
pandas.DataFrame(Series).drop_duplicates(self, subset=None, keep='first', inplace=False)
```

使用 drop_dupilicates()去重时，当且仅当 subset 参数中的特征存在重复的时候才会执行去重操作，去重时可以选择保留哪一个，甚至可以不保留. drop_duplicates()的常用参数及其说明见表 5-4.

表 5-4 drop_duplicates()的常用参数及其说明

参数名称	说 明
subset	接收 string sequence，表示去重列，默认为 None，表示全部列
keep	接收特定 string，表示重复时保留第几个数据 first：保留第一个数据 last：保留最后一个数据 False：只要有重复都不保留 默认为 first
inplace	接收 boolean，表示是否在原表上进行操作，默认为 False

5.2 数据标准化

在数据分析中，许多机器学习算法，需要输入的特征要求为标准化的形式. 但在不少的机器学习中，目标函数往往假设其均值在 0 附近且方差为齐次. 若是其中有一个特征的方差远远大于其他特征的方差，那么这个特征就成为影响目标特征的主要因素，导致模型难以学习到其他特征对目标特征的影响.

在另一些数据分析的场合，需要计算样本之间的相似度. 如果样本的特征之间的量纲差异太大，则样本之间的相似度评估结果将会受到量纲大的特征的影响，从而导致对样本相似度的计算存在偏差.

数据的标准化是指将特征数据的分布调整成标准正态分布，也叫高斯分布. 即将数据按比例缩放，使之落入一个小的特定区间. 在某些比较和评价的指标处理系统中经常会用到，去除数据的单位限制，将其转化为无量纲的纯数值，便于不同单位或量级的指标能够进行比较和加权.

常见的数据标准化方法有 Z-score 标准化、Min-Max 标准化、小数定标标准化和 Logistic 标准化.

5.2.1 Z-score 标准化

Z-score 标准化是当前使用最广泛的数据标准化方法. 经过该方法处理的数据具有固定的均值与标准差.

假设特征 f 的取值集合为 $\{f_1, f_2, \cdots, f_n\}$，则特征取值 f_i 经过 Z-score 标准化后的取值 f_i' 为

$$f_i' = \frac{f_i - \mu}{\sigma} \tag{5-1}$$

其中，$\mu = \frac{1}{n}\sum_{i=1}^{n} f_i$ 为特征 f 的平均值，$\sigma = \sqrt{\frac{1}{n}\sum_{i=1}^{n}(f_i - \mu)^2}$ 为特征 f 的标准差.

经过 Z-score 标准化后的特征值能够直观地反映每个取值距离平均值的标准差的距离，从而了解特征的整体分布情况.

当数据中存在离群值时，为了降低离群值的影响，可以将 Z-score 标准化中的标准差改为平均绝对值偏差. 此时，特征 f 的平均绝对值偏差为

$$s = \frac{1}{n}\sum_{i=1}^{n} | f_i - \mu | \tag{5-2}$$

那么得到第二个 Z-score 标准化公式为

$$f_i' = \frac{f_i - \mu}{s} \tag{5-3}$$

Z-score 标准化适用于特征的最大值或最小值未知和样本分布非常分散的情况.

在 Sklearn.preprocessing 库中有一个 scale()函数，可以实现数据标准化，该函数默认按照列进行标准化. 首先说明 Sklearn.preprocessing 库中的 scale() 函数的使用方法：

```
sklearn.preprocessing.scale(x, axis=0, with_mean=True, with_std=True,copy=True)
```

根据参数的不同，可以沿任意轴标准化数据集.

scale() 函数中的参数解释如下.

- x：数组或者矩阵；
- axis：int 类型，初始值为 0，axis 用来计算均值和标准方差；
- with_mean：boolean 类型，默认为 True，表示将数据均值规范到 0；
- with_std：boolean 类型，默认为 True，表示将数据方差规范到 1.

scale() 函数的说明如下：

- x.mean（axis=0）用来计算数据 x 每个特征的均值；
- x.std（axis=0）用来计算数据 x 每个特征的方差；
- preprocessing.scale（x）直接标准化数据 x.

［**例 5-1**］ 将下列数据标准化.

$$\boldsymbol{A} = \begin{pmatrix} 1 & -1 & 2 & 3 \\ 2 & 0 & 0 & -2 \\ 0 & 1 & -1 & 0 \\ 1 & 2 & -3 & 1 \end{pmatrix}$$

Python 实现代码如下：

```
from sklearn import preprocessing
```

```
import numpy as np

x = np.array([[1., -1., 2., 3.],
              [2., 0., 0., -2],
              [0., 1., -1., 0],
              [1., 2., -3., 1]])

print("标准化之前的均值：", x.mean(axis=0))
print("标准化之前的标准差：", x.std(axis=0))

#标准化
x_scale = preprocessing.scale(x)
print("\n------------------\n 标准化结果：\n", x_scale)
print("\n 标准化之后的均值：", x_scale.mean(axis=0))
print("标准化之后的标准差：", x_scale.std(axis=0))
```

运行结果为：

```
标准化之前的均值：  [1.    0.5 -0.5   0.5]
标准化之前的标准差：  [0.70710678 1.11803399 1.80277564 1.80277564]


------------------
标准化结果：
 [[ 0.          -1.34164079   1.38675049   1.38675049]
 [ 1.41421356  -0.4472136    0.2773501   -1.38675049]
 [-1.41421356   0.4472136   -0.2773501   -0.2773501 ]
 [ 0.           1.34164079  -1.38675049   0.2773501 ]]
标准化之后的均值：  [0. 0. 0. 0.]
标准化之后的标准差：  [1. 1. 1. 1.]
```

5.2.2 Min-Max 标准化

Min-Max 标准化也称为归一化. 归一化就是把要处理的数据经过处理后（通过某种算法）限制在一定范围内. 首先归一化是为了后面数据处理的方便，其次是保证程序运行时收敛加快. 归一化的具体作用是归纳和统一样本的统计分布性. 归一化在 0～1 统计的是概率分布，归一化在某个区间上统计的是坐标分布. 归一化有同一、统一和合一的意思.

归一化一般是把数据映射到［0, 1］，但也有归一到［−1, 1］的情况，两种情况在 Python 中分别可以通过 MinMaxScaler() 或者 MaxAbsScaler() 函数来实现.

转换公式见式（5-4）.

$$X^{*}=\frac{X-\min}{\max-\min} \tag{5-4}$$

其中，max 为样本数据的最大值，min 为样本数据的最小值，max−min 为极差. 数据归一化保留了原始数据值之间的联系，是消除量纲和数据取值范围影响最简单的方法.

［**例 5-2**］ 将下列数据归一化.

$$A=\begin{pmatrix}3 & -1 & 2 & 613\\ 2 & 0 & 0 & 232\\ 0 & 1 & -1 & 113\\ 1 & 2 & -3 & 489\end{pmatrix}$$

Python 实现代码为：

```
from sklearn import preprocessing
import numpy as np
x = np.array([[3., -1., 2., 613.],
              [2., 0., 0., 232],
              [0., 1., -1., 113],
              [1., 2., -3., 489]])
min_max_scaler = preprocessing.MinMaxScaler()
#如果是归一到[-1,1],则换成 preprocessing.MinAbsScaler()
x_minmax = min_max_scaler.fit_transform(x)
print(x_minmax)
```

运行结果为：

```
[[1.         0.         1.         1.        ]
 [0.66666667 0.33333333 0.6        0.238     ]
 [0.         0.66666667 0.4        0.        ]
 [0.33333333 1.         0.         0.752     ]]
```

从结果可以看出，$\boldsymbol{A}$ 中的数据，全部都归一化为 0～1 的数据.

如果有新的数据加入测试，例如，在 $\boldsymbol{A}$ 中增加一行

$$y=(7\quad 1\quad -4\quad 987)$$

再将新的数据进行归一化，Python 实现代码为：

```
from sklearn import preprocessing
import pandas as pd

min_max_scaler = preprocessing.MinMaxScaler()
#max_abs_scaler = preprocessing.MaxAbsScaler(),归一化为[-1,1]时选择使用这种方法
x = ([[3., -1., 2., 613.],
      [2., 0., 0., 232],
      [0., 1., -1., 113],
      [1., 2., -3., 489]])  #原数据

y = [7., 1., -4., 987]  #新的数据
x.append(y)  #将 y 添加到 x 的末尾
print('x  :  \n', x)
x_minmax = min_max_scaler.fit_transform(x)
print('x_minmax :\n', x_minmax)
```

运行结果为：

```
[[0.42857143 0.         1.         0.57208238]
 [0.28571429 0.33333333 0.66666667 0.13615561]
 [0.         0.66666667 0.5        0.        ]
 [0.14285714 1.         0.16666667 0.43020595]
 [1.         0.66666667 0.         1.        ]]
```

由运行结果可以看出，每列特征中的最小值为 0，最大值为 1.

5.2.3 小数定标标准化

这种方法通过移动数据的小数点位置来进行标准化. 小数点移动多少位取决于属性 A 的取值中的最大绝对值.

将属性 A 的原始值 x 使用小数定标标准化到 x' 的计算方法是：

$$x' = \frac{x}{10^j} \tag{5-5}$$

其中，j 是满足条件的最小整数. 例如，假定 A 的值为−986 到 917，A 的最大绝对值为 986，为使用小数定标标准化，我们用每个值除以 1000（即 j=3），这样，−986 被标准化为−0.986.

5.2.4 Logistic 标准化

Logistic 标准化是利用 Logistic() 函数的特性，将特征取值映射到［0, 1］区间内. Logistic() 函数也就是 sigmoid() 函数，它的几何形状是一条 sigmoid 曲线（S 形曲线），如图 5-7 所示.

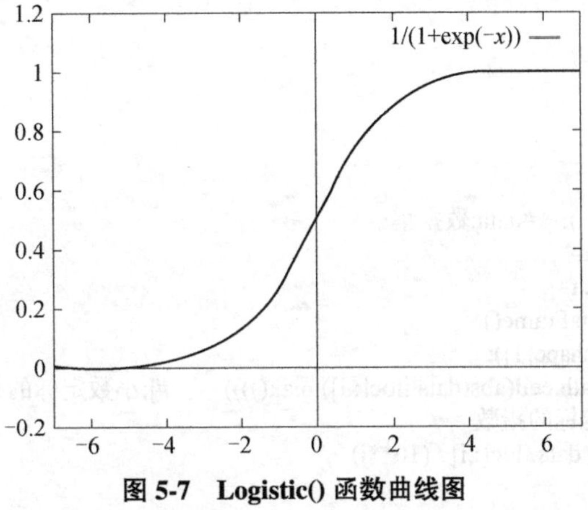

图 5-7　Logistic() 函数曲线图

原始值 x 通过 Logistic() 函数标准化后，得到 $f(x)$，标准化公式如下：

$$f(x) = \frac{1}{1 + \mathrm{e}^{-x}} \tag{5-6}$$

Logistic 标准化方法适用于特征取值相对比较集中地分布在 0 两侧的情况. 如果特征取值分散且均远离 0，那么标准化后的特征取值聚集在 0 或 1 附近，造成原始特征的分布及取值间的关系被改变. 因此在使用 Logistic 标准化方法前，一定要先分析原始特征取值的分布情况.

［例 5-3］ 将表 5-5 所列原始数据分别用小数定标标准化方法和 Logistic 标准化方法将其标准化.

表 5-5 原始数据

	0	1	2	3		0	1	2	3
0	5.1	3.5	1.4	0.2	10	4.9	3.1	1.5	0.1
1	4.9	3	1.4	0.2	11	5.4	3.7	1.5	0.2
2	4.7	3.2	1.3	0.2	12	4.8	3.4	1.6	0.2
3	4.6	3.1	1.5	0.2	13	4.8	3	1.4	0.1
4	5	3.6	1.4	0.2	14	4.3	3	1.1	0.1
5	5.4	3.9	1.7	0.4	15	5.8	4	1.2	0.2
6	4.6	3.4	1.4	0.3	16	5.7	4.4	1.5	0.4
7	5	3.4	1.5	0.2	17	5.4	3.9	1.3	0.4
8	4.4	2.9	1.4	0.2	18	5.1	3.5	1.4	0.3
9	5.1	3.5	1.4	0.2	19	5.7	3.8	1.7	0.3

在 PyCharm 中输入如下代码：

```
# 从 sklearn 中读取 iris 数据集的前 20 行作为原始数据
from sklearn.datasets import load_iris
import pandas as pd

iris=load_iris()
data=iris.data
data=pd.DataFrame(data)
data=data.iloc[:20,:]
```

```
#小数定标标准化
def decimal_scaling(data):   #data:数据集
    import pandas as pd
    import math as math
    data_scale = pd.DataFrame()
    for i in range(data.shape[1]):
        j = len(str(math.ceil(abs(data.iloc[:,i]).max())))      #j:小数定标的指数. 根据每个属性的
最大值的绝对值确定定标的指数
        data.iloc[:,i] = data.iloc[:,i] / (10**j)
    return data
print(decimal_scaling(data))
```

```
#Logistic 标准化
def logistic_scaler(data):
    return 1 / ( 1 + np.exp(- data))    #直接编写公式
print(logistic_scaler2(data))
```

```
#使用下面代码，即可把 data2 保存到工作目录的 data2.xls 中
data2.to_excel('data2.xls',header=None,index=False)
```

运行代码，得到小数定标标准化和 Logistic 标准化的结果，分别见表 5-6 和表 5-7.

表 5-6 小数定标标准化结果

	0	1	2	3		0	1	2	3
0	0.51	0.35	0.14	0.02	10	0.54	0.37	0.15	0.02
1	0.49	0.3	0.14	0.02	11	0.48	0.34	0.16	0.02
2	0.47	0.32	0.13	0.02	12	0.48	0.3	0.14	0.01
3	0.46	0.31	0.15	0.02	13	0.43	0.3	0.11	0.01
4	0.5	0.36	0.14	0.02	14	0.58	0.4	0.12	0.02
5	0.54	0.39	0.17	0.04	15	0.57	0.44	0.15	0.04
6	0.46	0.34	0.14	0.03	16	0.54	0.39	0.13	0.04
7	0.5	0.34	0.15	0.02	17	0.51	0.35	0.14	0.03
8	0.44	0.29	0.14	0.02	18	0.57	0.38	0.17	0.03
9	0.49	0.31	0.15	0.01	19	0.51	0.38	0.15	0.03

表 5-7 Logistic 标准化结果

	0	1	2	3		0	1	2	3
0	0.994	0.971	0.802	0.55	10	0.996	0.976	0.818	0.55
1	0.993	0.953	0.802	0.55	11	0.992	0.968	0.832	0.55
2	0.991	0.961	0.786	0.55	12	0.992	0.953	0.802	0.525
3	0.99	0.957	0.818	0.55	13	0.987	0.953	0.75	0.525
4	0.993	0.973	0.802	0.55	14	0.997	0.982	0.769	0.55
5	0.996	0.98	0.846	0.599	15	0.997	0.988	0.818	0.599
6	0.99	0.968	0.802	0.574	16	0.996	0.98	0.786	0.599
7	0.993	0.968	0.818	0.55	17	0.994	0.971	0.802	0.574
8	0.988	0.948	0.802	0.55	18	0.997	0.978	0.846	0.574
9	0.993	0.957	0.818	0.525	19	0.994	0.978	0.818	0.574

上述四种数据标准化方法，每种方法都会因数据的不同而产生不同的效果，在实际的数据分析中，应根据需要选择合适的方法对数据进行标准化. 4 种数据标准化方法的对比见表 5-8.

表 5-8 4 种数据标准化方法的对比

数据标准化方法	各种数据标准化方法的公式、优缺点、适用范围
Z-score	标准化公式：$f_i' = \dfrac{f_i - \mu}{\sigma}$
	优点：无须计算特征值的最大值和最小值
	缺点：需要记录特征的均值和标准差
	适用范围：适用于特征最大值或最小值未知，并且样本分布非常分散的情况
Min-Max	标准化公式：$X^* = \dfrac{X - \min}{\max - \min}$
	优点：对数据做线性变换，保留了原始数据间的关系
	缺点：当数据的最大值和最小值发生变化时，需要对每个样本重新计算
	适用范围：适用于需要保留原始数据间的关系，并且最大值和最小值固定的情况

（续表）

数据标准化方法	各种数据标准化方法的公式、优缺点、适用范围
小数定标	标准化公式：$x' = \frac{x}{10^j}$
	优点：简单实用，易于还原标准化后的数据
	缺点：当数据的最大绝对值发生变化时，需要对每个样本重新计算
	适用范围：适用于数据分布比较离散，尤其是分布在多个数量级的情况
Logistic	标准化公式：$f(x) = \frac{1}{1+e^{-x}}$
	优点：简单易用，通过单一映射函数对数据进行标准化
	缺点：对分布离散并且远离 0 的数据处理效果不佳
	适用范围：适用于数据取值分布比较集中，并且均匀分布在 0 两侧的情况

5.3 数据合并

在 PyCharm 中输入以下代码，生成两个相同的数据框（表），如图 5-8 所示.

```
# 首先导入 pandas
import pandas as pd

# df1==df2
df1 = pd.DataFrame({'一班':[90,80,76,None,90],
                    '二班':[75,98,None,100,77],
                    '三班':[45,89,77,67,None]})
df2 = pd.DataFrame({'一班':[90,80,76,None,90],
                    '二班':[75,98,None,100,77],
                    '三班':[45,89,77,67,None]})
print(df1)
print(df2)
```

	一班	二班	三班
0	90.0	75.0	45.0
1	80.0	98.0	89.0
2	76.0	NaN	77.0
3	NaN	100.0	67.0
4	90.0	77.0	NaN

（a）df1

	一班	二班	三班
0	90.0	75.0	45.0
1	80.0	98.0	89.0
2	76.0	NaN	77.0
3	NaN	100.0	67.0
4	90.0	77.0	NaN

（b）df2

图 5-8　两个相同的数据框

现在要将图 5-8 中的两个数据框合并成一个.

数据合并的方法有三种：堆叠合并数据、主键合并数据、重叠合并数据. 下面详细介绍如何用 Python 实现数据合并.

5.3.1 堆叠合并数据

数据堆叠分为以下两种类型：

（1）行堆叠.

（2）列堆叠.

在 Python 中用 pd.concat（objs, axis=0）函数实现数据堆叠，其中，

- objs：参与合并的多个 DataFrame（数据文件、数据集），无默认.
- axis：表示轴向，axis=0 表示行合并，axis=1 表示列合并.

在 PyCharm 中继续输入以下代码：

```
df3=pd.concat([df1, df2], axis=1)
print(df3)
```

则可以将 df1 和 df2 以列的方式合并，即将 df2 拼接在 df1 后面，见表 5-9.

表 5-9　以列堆叠后的数据框

	一班	二班	三班	一班	二班	三班
0	90.0	75.0	45.0	90.0	75.0	45.0
1	80.0	98.0	89.0	80.0	98.0	89.0
2	76.0	NaN	77.0	76.0	NaN	77.0
3	NaN	100.0	67.0	NaN	100.0	67.0
4	90.0	77.0	NaN	90.0	77.0	NaN

当然，如果 axis=0（行堆叠）时，也可以使用 append() 函数，效果是一样的.

```
# append 直接在末尾追加，注意特征数目相同，并且数据类型相同
df4=df1.append(df2)
print(df4)
```

合并的结果见表 5-10.

表 5-10　以行堆叠后的数据框

	一班	二班	三班
0	90.0	75.0	45.0
1	80.0	98.0	89.0
2	76.0	NaN	77.0
3	NaN	100.0	67.0
4	90.0	77.0	NaN
0	90.0	75.0	45.0
1	80.0	98.0	89.0
2	76.0	NaN	77.0
4	90.0	77.0	NaN

5.3.2 主键合并数据

主键合并是应用最广的数据合并方式. 主键合并数据是指将前后两个表按照一个或者多个键匹配的方式连接起来，一般是以某一列或多列为键，匹配其他列，很类似 SQL 的 join.pandas 库中的 merge() 函数和 join()函数. 和 merge()函数和 join()函数一样，主键合并函数 merge()也有左连接（left）、右连接（right）、内连接（inner）、外连接（outer）.

merge()函数不仅可以实现 SQL 中的 join()函数的全部功能，还可以在匹配的过程中对数据进行排序，通过其中的 sort 参数实现.

merge()函数的基本语法：

```
pd.merge(left, right, how='inner', on=None, left_on=None,      right_on=None, suffixes=('_x', '_y'),
copy=True, indicator=False,validate=None))
```

- left：表示进行合并的是左边的 DataFrame.无默认.
- right：表示进行合并的是右边的 DataFrame.无默认.
- how：表示合并的方法. 默认为 inner，可取 left（左连接）、right（右连接）、inner（内连接）、outer（外连接）.
- on：表示合并的主键. 默认为空.
- left_on：表示左边的合并主键. 默认为空.
- right_on：表示右边的合并主键. 默认为空.
- suffixes：表示列名相同时的后缀. 默认为('_x', '_y').

在 PyCharm 中继续输入以下代码：

```
df5=pd.merge(df1, df2, on='一班')     #以一班作为主键合并数据
print(df5)
```

运行结果见表 5-11.

表 5-11 以“一班”为主键合并后的数据框

	一班	二班_x	三班_x	二班_y	三班_y
0	90.0	75.0	45.0	75.0	45.0
1	90.0	75.0	45.0	77.0	NaN
2	90.0	77.0	NaN	75.0	45.0
3	90.0	77.0	NaN	77.0	NaN
4	80.0	98.0	89.0	98.0	89.0
5	76.0	NaN	77.0	NaN	77.0
6	NaN	100.0	67.0	100.0	67.0

由表 5-11 可以看出，df1 和 df2 主键“一班”中关键字“90”有 4 个，在合并时按照图 5-9 所示模式进行，生成表 5-11 中的 0～3 条记录.

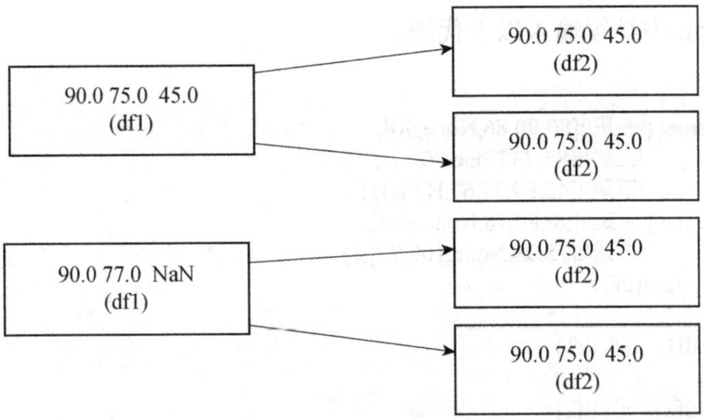

图 5-9 主键合并模式

合并完“90”关键字的数据后，后面的关键字“80.0”“76.0”“NaN”依次合并，并保持数据不变. 在这里，合并的方式 how 默认是“inner”.

此外，在数据合并时，还可以选取两个主键进行合并.

在 PyCharm 中继续输入以下代码：

```
df5=pd.merge(df1, df2, on=['一班','二班'])
print('df5=',df5)
```

运行结果见表 5-12.

表 5-12 以“一班”“二班”为主键合并后的数据框

	一班	二班	三班_x	三班_y
0	90.0	75.0	45.0	45.0
1	80.0	98.0	89.0	89.0
2	76.0	NaN	77.0	77.0
3	NaN	100.0	67.0	67.0
4	90.0	77.0	NaN	NaN

由表 5-12 可以看出，以“一班”“二班”为主键合并，“一班”“二班”所在列的数据保持不变，直接将两个数据框“三班”数据进行拼接即可.

5.3.3 重叠合并数据

在数据处理过程中，有时会出现一份数据分别存储在两张表中的情况，且每张表的数据都不齐全，只有将其中一张表的数据补充到另一个表中，生成的新表才是数据相对完整的，这种合并数据的方法叫作重叠合并. 在 Python 的 Pandas 库中提供了 combine_first()函数来实现这一功能.

combine_first()函数的基本语法如下：

```
data1.combine_first(data2)
```

在 PyCharm 中继续输入以下代码：

```
#重叠合并
df1 = pd.DataFrame({'一班':[80,90,86,None,90],
                    '二班':[85,78,None,90,77],
                    '三班':[45,89,77,67,None]})
df2 = pd.DataFrame({'一班':[90,80,76,None,100],
                    '二班':[75,98,None,100,77],})
df = df1.combine_first(df2)

print("合并前的 df1：\n", df1)

print("合并前的 df2：\n", df2)

print("combine_first 函数合并后的文件：\n", df)
```

运行结果如下：

```
合并前的 df1：
      一班    二班    三班
0    80.0   85.0   45.0
1    90.0   78.0   89.0
2    86.0    NaN   77.0
3     NaN   90.0   67.0
4    90.0   77.0    NaN
合并前的 df2：
      一班     二班
0     90.0    75.0
1     80.0    98.0
2     76.0     NaN
3      NaN   100.0
4    100.0    77.0
combine_first() 函数合并后的文件：
      一班    三班    二班
0    80.0   45.0   85.0
1    90.0   89.0   78.0
2    86.0   77.0    NaN
3     NaN   67.0   90.0
4    90.0    NaN   77.0
```

5.4 数据离散化

根据取值情况，特征可分为连续型和离散型两种类型. 连续型的特征取值为实数，用浮点数表示，比如商品的销量、天气的气温、经济增长速度等. 离散型特征则用概念或符号来描绘特征所代表的意义. 比如，可以用“未婚”“已婚”“丧偶”来描述一个人的婚姻状况. 也可以用数字对符号进行编码，比如用一个数字集合{1,2,3,4}来量化人们对事物的偏好程度.

然而，事实上数据分析的过程是复杂的，我们经常遇到的情形是既包含连续型特征又包含离散型特征. 为了提高数据分析算法的精度，对数据的特征进行离散化处理已经成为数据预处理及特征工程中的重要一环.

我们把这种将连续型特征转换成离散型特征的过程称为特征离散化. 特征的离散化过程是将连续型特征的取值范围划分为若干区间段，然后使用区间段代替落在该区间段的特征取值. 区间段之间的分割点成为切分点，由切分点分割出来的子区间段的个数称为元数.

为什么要将连续特征离散化？什么情况下才进行特征离散化呢？

5.4.1 数据离散化的原因

（1）算法需要. 比如决策树、朴素贝叶斯等算法，都是基于离散型的数据展开的. 如果要使用该类算法，必须将数据离散化. 有效的离散化能减少算法运算的时间和空间开销，提高系统对样本的分类聚类能力和抗噪声能力.

（2）离散化特征相对于连续型特征更易理解，更接近知识层面的表达. 比如工资收入，月薪 2000 元和月薪 20000 元，从连续型特征来看高低薪的差异还要通过数值层面才能理解，但将其转换为离散型数据（低薪、高薪），则可以更加直观地表达出了我们心中所期望的高薪和低薪.

（3）可以有效地克服数据中隐藏的缺陷，使模型结果更加稳定.

5.4.2 数据离散化的优势

在工业界，很少直接将连续值作为逻辑回归模型的特征输入，而是将连续特征离散化为一系列 0 和 1 特征交给逻辑回归模型. 这样做的优势有以下几点：

（1）离散特征的增加和减少都很容易，易于模型的快速迭代.

（2）稀疏向量内积乘法运算速度快，计算结果便于存储，容易扩展.

（3）离散化后的特征对异常数据有很强的鲁棒性. 比如，一个特征是年龄>30 为 1，否则为 0. 如果特征没有离散化，一个异常数据“年龄 300 岁”会给模型造成很大的干扰.

（4）逻辑回归属于广义线性模型，表达能力受限；单变量离散化为 N 个后，每个变量有单独的权重，相当于为模型引入了非线性，能够提升模型表达能力，加大拟合.

（5）离散化后可以进行特征交叉，由 $M+N$ 个变量变为 $M*N$ 个变量，进一步引入非线性，提升表达能力.

（6）特征离散化后，模型会更稳定. 比如，如果对用户年龄离散化，20～30 作为一个区间，不会因为一个用户年龄长了一岁就变成一个完全不同的人. 当然处于区间相邻处的样本会刚好相反.

（7）特征离散化以后，起到了简化逻辑回归模型的作用，降低了模型过拟合的风险.

如何在数据信息损失尽量少的前提下，尽可能减少元数（由切分点分割出来的子区间段的个数），是特征离散化要追求的目标. 所以，如何选择切分点，产生出合理的子区间段也成为决定特征离散化成败的关键.

5.4.3 数据离散化的方法

特征离散化包含以下四个步骤：

Step1：特征排序. 对需要离散化的连续型特征的取值进行升序或者降序排列，这样可以减少离散化的运算开销.

Step2：切分点选择. 根据给定的评价准则，合理选择切分点. 常用的评价准则有基于信息增益或者基于统计量的.

Step3：区间段分割或者合并. 基于选择好的切分点，对现有的区间段进行分割或者合并，得到新的区间段. 在离散化过程中，切分点的大小会随之变动.

Step4：在生成的区间段上重复 Step1～Step3，直到满足终止条件. 我们可以预先设定元数 k 作为简单的终止判断标准，也可以设定复杂的判断函数.

根据数据是否包含类别信息可以把它们分成有监督的数据和无监督的数据. 有监督的数据离散化要考虑类别信息，而无监督的数据离散化则不需要.

无监督离散化方法在离散过程中不考虑类别属性，其输入数据集仅含有待离散化属性的值. 等宽、等频、等深、（一维）聚类都是主要的无监督的离散化方法，其中等频、等宽和（一维）聚类更为科学.

1）等宽离散化

将属性的值域从最小值到最大值分成具有相同宽度的 n 个区间，n 由数据特点决定，往往是由有业务经验的人确定. 等宽离散化的缺点是对噪点过于敏感，倾向于不均匀地把属性值分布到各个区间，导致有些区间的数值极多，而有些区间的数值极少，严重损坏离散化之后建立的数据模型.

用 f 表示需要进行离散化的连续型特征，通过特征的最大值 $f_{\max}$ 和最小值 $f_{\min}$ 计算出区间段的宽度 w：

$$w=\frac{f_{\max}-f_{\min}}{k}$$

根据求得的区间宽度及特征 f 的最大值和最小值，我们可以找到 $k-1$ 个切分点，从而完成数据的离散化.

2）等频离散化

将相同数量的记录放在每个区间，保证每个区间的数量基本一致. 等频离散化不会像等宽离散化一样，出现某些区间的数值极多或者极少的情况. 但是根据等频离散化的原理，为了保证每个区间的数据一致，很有可能将原本相同的两个数值分进了不同的区间，这对最终模型的损坏程度一点都不亚于等宽离散化.

3）（一维）聚类离散化

（一维）聚类离散化包括两个过程：通过聚类算法（K-Means 算法）将连续型

特征值进行聚类，处理聚类之后得到 k 个簇，进而得到每个簇对应的分类值（类似这个簇的标记）.

聚类的结果是同一个簇中的样本有很大的相似性，不同簇间的样本则有很大的差异性.

聚类离散化方法主要包括以下三个步骤.

Step1：对于需要离散化的连续型特征，采用聚类算法，把样本依据该特征的分布划分成相应的簇或类.

Step2：在聚类结果的基础上，基于特定的策略，决定是否对簇进行进一步分裂或合并. 利用自顶向下的策略可以对每个簇继续进行聚类算法，将其细分为更小的子簇. 利用自底向上的策略，则可以对邻近相似的簇进行合并处理得到新的簇.

Step3：在最终确定划分的簇之后，确定切分点及区间个数.

在整个聚类的过程中，首先要确定簇的个数及描述样本之间距离的计算方式. 如何选取簇的个数，是影响聚类效果的关键，因此也会影响特征离散化.

下面使用上述三种离散化方法对“交通事故车辆驾驶者年龄数据”进行连续属性离散化的对比，该属性的示例数据见表 5-13.

表 5-13 示例数据

年龄	20	40	33	19	21	23

在 PyCharm 中输入以下代码：

```
import pandas as pd
import matplotlib.pyplot as plt  #导入 matplotlib 库
plt.rcParams['font.sans-serif'] = ['SimHei']  #用来正常显示中文标签
plt.rcParams['axes.unicode_minus'] = False  #用来正常显示负号
data = pd.read_csv('age.csv')  #读取数据
data = data['age'].copy()  #取 age 列
k = 4  # 设置离散之后的数据段

# 等宽离散化
d1 = pd.cut(data, k,labels=range(k))  # 将 data 等宽分成 k 类，命名为 0，1，2，3，d1 的第一列
为原数据的 index，第二列为对应的类别

def cluster_plot(d, k):  #自定义画图函数，显示离散化后不同类的结果
    plt.figure(figsize=(8,4))  #定义画布大小
    for j in range(0, k):
        plt.plot(data[d == j], [j for i in d[d == j]], '*')  #取每一类的数值和对应的类别进行画
图，'*'为形状
    plt.ylim(-0.5, k -0.5)  #y 轴为-0.5 至 3.5
    return plt
cluster_plot(d1, k).show()  #展示图像

# 等频离散化
w = [1.0 * i / k for i in range(k + 1)]
w = data.describe(percentiles=w)[4:-1]  #describe() 函数计算 data 的分位数，返回结果中第四个
至倒数第二个为对应分位数的值
```

```
d2 = pd.cut(data, w, labels=range(k))     # cut() 函数实现将 data 中的数据按照 w 的边界离散
cluster_plot(d2, k).show()

# （一维）聚类(kmeans 聚类)离散化
from sklearn.cluster import KMeans
kmodel = KMeans(n_clusters=k, n_jobs=2)   # n_jobs 是并行数，一般等于 CPU 数
kmodel.fit(data.values.reshape((len(data), 1)))       #训练模型
c = pd.DataFrame(kmodel.cluster_centers_).sort_values(0)      #将聚类中心排序后作为离散边界
# 由于通过移动会使得第一个数变为空缺值，因此需要使用.iloc[1:]过滤掉空缺值
w = c.rolling(2).mean().iloc[1:]   #计算两项的均值
w = [0] + list(w[0]) + [data.max()]   # 把首末边界点加上，首边界点为 0，末边界点为 data 的最大值
d3 = pd.cut(data, w, labels=range(k))   # cut()函数实现将 data 中的数据按照 w 的边界离散
cluster_plot(d3, k).show()
```

运行上面的程序，结果如图 5-10、图 5-11、图 5-12 所示.

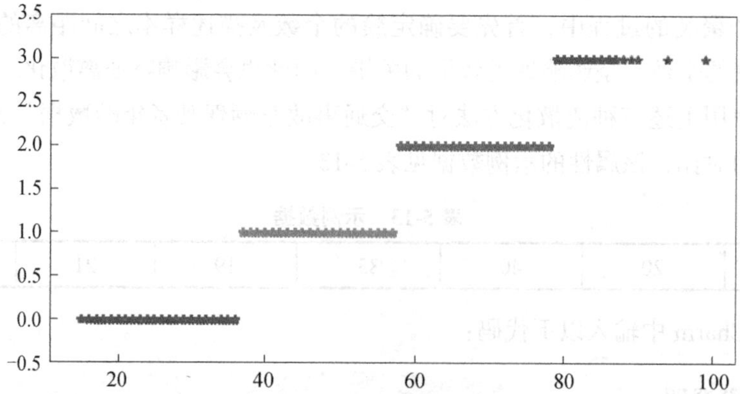

图 5-10　等宽离散化结果

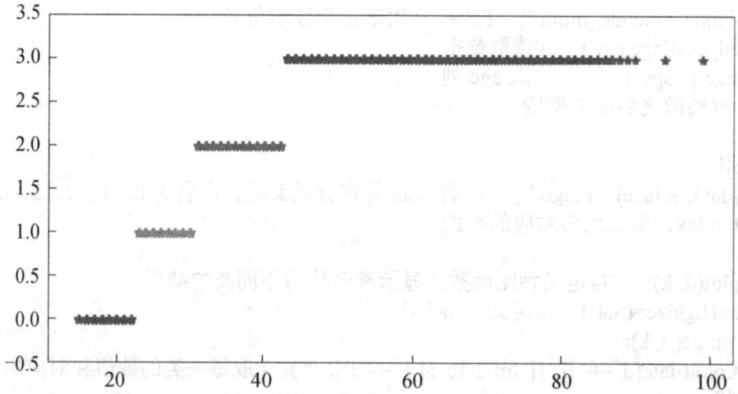

图 5-11　等频离散化结果

分别用等宽法、等频法和（一维）聚类法对数据进行离散化，将数据分成 4 类，然后将每一类记为同一个标识，如分别记为 A1，A2，A3，A4，再进行建模.

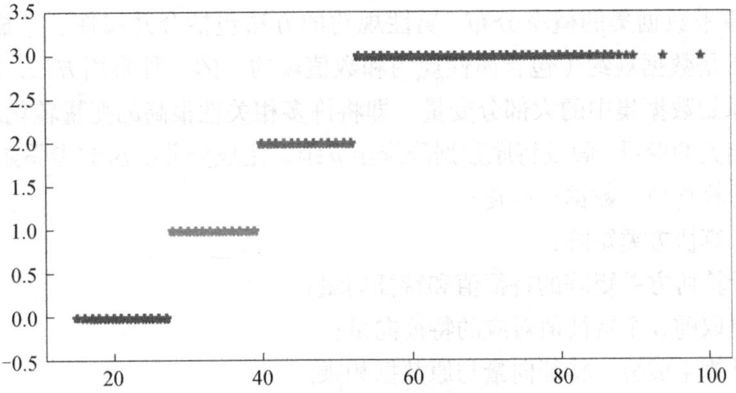

图 5-12 （一维）聚类离散化结果

5.5 数据规约

数据归约是指在尽可能保持数据原貌的前提下，最大限度地精简数据量（完成该任务的必要前提是理解数据挖掘任务和熟悉数据本身）.

对大规模数据库进行复杂的数据分析通常需要耗费大量的时间. 数据规约技术用于帮助从原有庞大数据集中获得一个精简的数据集，并使用这一精简数据集保持原有数据集的完整性，这样在精简数据集上进行数据挖掘的效率更高，并且挖掘出来的结果与使用原有数据集所获得的结果基本相同.

数据规约主要有两个途径：属性规约和数值规约，分别针对原有数据集中的属性和记录.

1. 数据规约的标准

（1）用于数据规约的时间不应当超过或“抵消”在规约后的数据上挖掘节省的时间.

（2）规约得到的数据比原数据小得多，但可以产生相同或几乎相同的分析结果.

2. 数据规约的意义

（1）降低无效、错误数据对建模的影响，提高建模的准确性.

（2）少量且具代表性的数据将大幅缩减数据挖掘所需的时间.

（3）降低存储数据的成本.

3. 数据规约的方法

（1）数据立方体聚集：对某一维度求和.

（2）维规约：去掉无关属性.

（3）数据压缩：使用数据编码或变换技术，得到原始数据的压缩表示.

5.5.1 属性规约

属性规约的目的是寻找出最小的属性子集，并确保新数据子集的概率分布尽可能地接近原来数据集的概率分布. 属性规约的方法包括合并属性、主成分分析等. 主成分分析是数据规约（包含属性规约和数值规约）的一种常用方法. 用较少的变量去解释原始数据集中的大部分变量，即将许多相关性很高的变量转化成彼此相互独立或不相关的变量. 假设将原数据降维至 n 维，主成分分析法的步骤如下：

（1）计算均值，数据标准化；

（2）计算协方差矩阵；

（3）计算协方差矩阵的特征值和特征向量；

（4）提取前 n 个特征值对应的特征向量；

（5）计算主成分，特征向量与原数据相乘.

利用主成分分析法对鸢尾花数据集的四个属性（Sepal.Length，Sepal.Width，Petal.Length，Petal.Width）进行降维，部分数据见表 5-14.

表 5-14　鸢尾花数据集的部分数据

Sepal.Length	Sepal.Width	Petal.Length	Petal.Width
5.1	3.5	1.4	0.2
4.9	3	1.4	0.2
4.7	3.2	1.3	0.2
4.6	3.1	1.5	0.2
5	3.6	1.4	0.2
5.4	3.9	1.7	0.4
4.6	3.4	1.4	0.3
5	3.4	1.5	0.2
4.4	2.9	1.4	0.2
4.9	3.1	1.5	0.1
5.4	3.7	1.5	0.2
4.8	3.4	1.6	0.2
4.8	3	1.4	0.1
4.3	3	1.1	0.1
5.8	4	1.2	0.2
5.7	4.4	1.5	0.4
5.4	3.9	1.3	0.4
5.1	3.5	1.4	0.3
5.7	3.8	1.7	0.3
5.1	3.8	1.5	0.3
5.4	3.4	1.7	0.2

在 Python 中，主成分分析函数的语法如下：

```
sklearn.decomposition.PCA (n_components = None, copy = True, whiten = False)
```

其中，n_components：PCA 算法中所要保留的主成分个数 n，也即保留下来的特

征个数 n. 比如 n_components=1，将把原始数据降到 1 维. copy：类型主要有 bool、True 和 False，默认为 True. 若为 True，则运行 PCA 算法后，原始数据的值不会有任何改变，因为是在原始数据的副本上进行运算的；若为 False，则运行 PCA 算法后，原始数据的值会改变，因为是在原始数据上进行降维计算的. whiten：类型为 bool 或 False，默认为 False.Whiten 的意义：白化，使得每个特征具有相同的方差.

```
# coding=utf-8
import pandas as pd
import numpy as np

data_iris = pd.read_csv('iris.csv')
data = data_iris.iloc[:,:4]

from sklearn.decomposition import PCA
pca = PCA(2)        #将原数据降维至 2 维
pca.fit(data)
print(pca.components_)  #查看特征向量
'''
[[ 0.36158968 -0.08226889   0.85657211   0.35884393]
 [ 0.65653988   0.72971237 -0.1757674   -0.07470647]]
'''
print(pca.explained_variance_ratio_)   #各成分的方差百分比（贡献率）
'''
[0.92461621 0.05301557]
'''
#设置 n_components = 2，计算出成分结果
pca = PCA(2)
pca.fit(data)
data_new = pca.transform(data)   #降低维度
pd.DataFrame(data_new).to_excel('data_new.xls',index=False)   #保存结果
```

当选取前 2 个主成分时，累计贡献率已达到 97.76%，说明选取前两个主成分进行计算已经相当不错了，因此可以重新建立 PCA 模型. 设置 n_components = 2，计算出成分结果，部分降维结果见表 5-15.

表 5-15　部分降维结果

0	1
−2.684207125	0.326607315
−2.715390616	−0.169556848
−2.88981954	−0.13734561
−2.746437197	−0.311124316
−2.728592982	0.333924564
−2.279897361	0.747782713
−2.820890682	−0.082104511
−2.626481993	0.170405349

（续表）

0	1
−2.887958565	−0.570798026
−2.673844687	−0.106691704
−2.506526789	0.651935014
−2.613142718	0.021520632
−2.787433976	−0.227740189
−3.225200446	−0.503279909
−2.643543217	1.186194899
−2.383869324	1.344754345
−2.622526203	0.818089675
−2.648322732	0.319136668
−2.199077961	0.879244088
−2.587346189	0.520473639
−2.310531701	0.397867822

原始的 4 维数据降维至了 2 维，并且这 2 维数据占有原数据 97.76%的信息，从而提高了数据挖掘的效率，降低了计算成本.

5.5.2　数值规约

数值规约通过选择替代的、较小的数据来减少数据量，包括有参数方法和无参数方法两类. 有参数方法是使用一个模型来评估数据，只须存放参数，而不须存放实际数据. 无参数化数值规约又包括直方图、聚类、抽样、数据立方体聚集等方法.

直方图方法就是分箱，即将数据划分为不相交的子集，并给予每个子集相同的值. 用直方图规约数据，就是将 n 个数值由观测值的数量 n 减少到 k，从而使数据一块一块地呈现. 划分可以是等宽的，也可以是等频的.

这里结合实际案例来说明如何使用直方图进行数值规约. 下面的数据是某地区交通事故车辆驾驶者的年龄数据.

（21,21,21,21,21,21,21,45,45,45,33,33,33,23,23,23,23,23,46,46,25,25,25,46,36,36,36,36,46,46,46,46,46,46,46,43,43,43,43,43,43,51,51,51,51,28,28）

```
'''
#数值规约：直方图
针对某个属性的值进行压缩，压缩成多个连续值域
'''
import matplotlib.pyplot as plt
import numpy

plt.rcParams['font.sans-serif'] = ['SimHei']
plt.rcParams['axes.unicode_minus'] = False
```

```
data =
                                    np.array([21,21,21,21,21,21,21,45,45,45,33,33,33,23,23,23,23,23,
                                    46,46,25,25,25,46,36,36,36,36,46,46,46,46,46,46,43,43,43,43,4
                                    3,43,51,51,51,51,28,28])
data_count = pd.value_counts(data)
data_count = data_count.sort_index()
x_ = [str(x) for x in list(data_count.index)]
plt.bar(x_,data_count.values)
plt.xlabel('年龄')
plt.ylabel('数量')
plt.show()

#规约至 3 个范围
'''
20--30
30--40
40 以上
'''
y1 = sum(data_count[(data_count.index > 20) & (data_count.index <30)])
y2 = sum(data_count[(data_count.index >= 30) & (data_count.index <40)])
y3 = sum(data_count[data_count.index >= 40])
plt.bar(['20--30','30--40','40 以上'],[y1,y2,y3])
plt.xlabel('年龄')
plt.ylabel('数量')
plt.show()
```

运行上面的程序，先将原始数据统计后画图，图 5-13 使用单个直方图展示了这些数据的分布，每个直方图为给定属性的一个值.

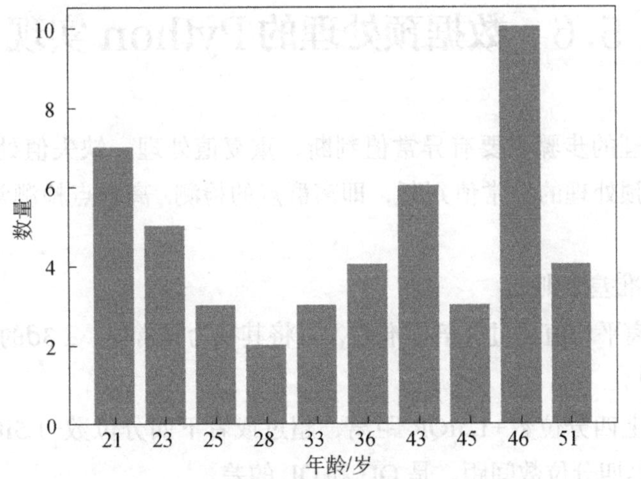

图 5-13 年龄数据分布图

为进一步压缩数据，通常用每个直方图代表给定属性的一个连续值域. 在图 5-14 中每个直方图代表长度为 10 岁的年龄区间.

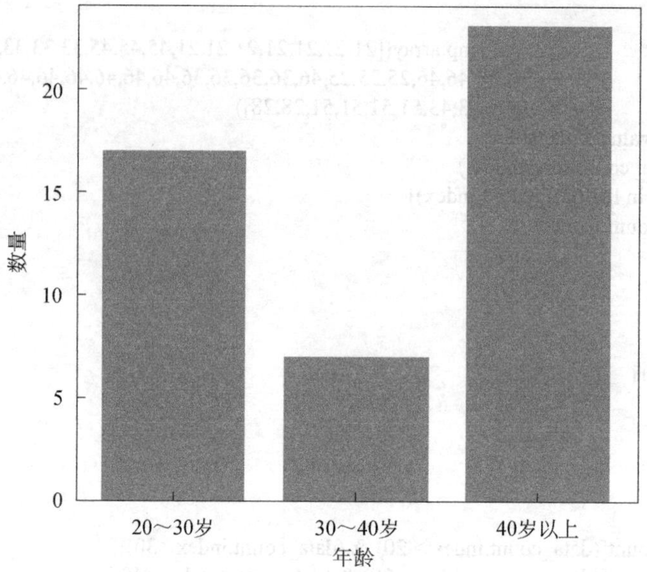

图 5-14　数值规约直方图

常用的无参数数值规约除了直方图方法，还有聚类、抽样等方法. 聚类算法是将数据进行分群，用每个数据簇中的代表来替换实际数据，以达到数据规约的效果. 抽样是通过选取随机样本，实现用小数据代表大数据的过程. 抽样的方法包括简单随机抽样、簇抽样、分层抽样等.

5.6　数据预处理的 Python 实现

数据预处理的步骤主要有异常值判断、重复值处理、缺失值处理及数据降维. 首先介绍数据预处理的异常值判断，即离群点的检测. 离群点检测常用的方法有以下几种.

1）3 倍标准差准则

若数据距离平均值超过 3 倍标准差，可将其视为异常值. $\pm 3\partial$的概率是99.7%.

2）箱线图

数据超过上四分位数+1.5IQR 距离，超过或者下四分位数−1.5IQR 距离的点为异常值，IQR 是四分位数间距，是 QU 和 QL 的差.

3）基于聚类算法的检测

（1）进行聚类. 选择聚类算法（如 K-Means 算法），将样本集聚类为 K 簇，并找到各簇的质心；

（2）计算各对象到它的最近质心的距离；

（3）计算各对象到它的最近质心的相对距离；

（4）与给定的阈值做比较，若相对距离大于阈值，就认为该对象是离群点.

使用上述三种方法对 data1.csv 数据集进行异常值判断，data1.csv 为存在异常数据的鸢尾花数据集的 Sepal.Length 和 Sepal.Width 属性的数据集. 原数据分布如图 5-15 所示，具体的 Python 程序代码如下：

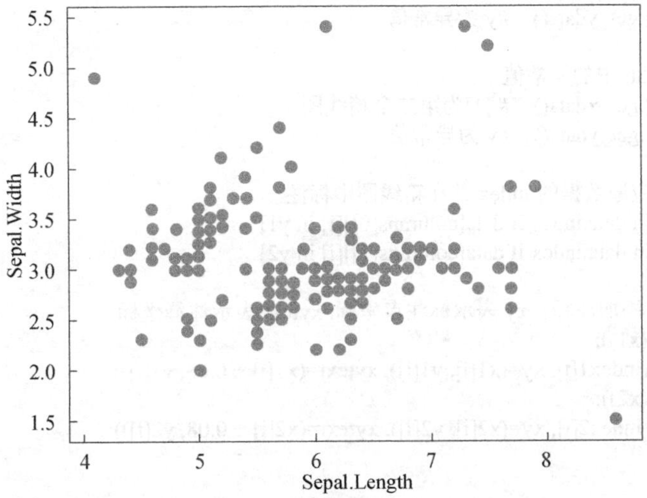

图 5-15 原始数据分布

```
# coding=utf-8
import pandas as pd
import matplotlib.pyplot as plt
import numpy as np

data = pd.read_csv('data1.csv')
columns = list(data.columns)
plt.scatter(data.iloc[:,0],data.iloc[:,1])
plt.xlabel(columns[0])
plt.ylabel(columns[1])
plt.show()

# 3 倍标准差准则
sigma1 = data.iloc[:,0].std()     #Sepal.Length 的标准差
sigma2 = data.iloc[:,1].std()     #Sepal.Width 的标准差
mean1 = data.iloc[:,0].mean()     #Sepal.Length 的均值
mean2 = data.iloc[:,1].mean()     #Sepal.Width 的均值

error_index = [i for i in data.index if (abs(mean1 - data.loc[i][0]) > sigma1*3) or (abs(mean2 -
                                   data.loc[i][1]) > sigma2*3)]     #找出异常值的 index
index1 = [i for i in data.index if i not in error_index]     #不是异常值的 index

#散点图绘制
plt.scatter(data.loc[index1][columns[0]],data.loc[index1][columns[1]],c='b')     #不是异常值用蓝色
plt.scatter(data.loc[error_index][columns[0]],data.loc[error_index][columns[1]],c='r')  #异常值用红色
plt.xlabel(columns[0])  #设置 xlabel
plt.ylabel(columns[1])  #设置 ylabel
plt.show()
```

```
#箱线图
plt.figure()
p = data.boxplot(return_type='dict')  #画箱线图

#获取 Sepal.Length 中的异常值
x1 = p['fliers'][0].get_xdata()  # fliers 为异常值标签，[0]为第一个箱线图
y1 = p['fliers'][0].get_ydata()  #y 为异常值

#获取 Sepal.Width 中的异常值
x2 = p['fliers'][1].get_xdata()  # [1]为第二个箱线图
y2 = p['fliers'][1].get_ydata()  #y 为异常值

#找出异常值对应原数据的 index 并在箱线图中标注
index1 = [i for i in data.index if data[columns[0]][i] in y1]
index2 = [i for i in data.index if data[columns[1]][i] in y2]

# 使用 annotate 添加注释，xy 表示标注点坐标, xytext 表示注释坐标
for i in range(len(x1)):
    plt.annotate(index1[i], xy=(x1[i], y1[i]), xytext=(x1[i] + 0.08, y1[i]))
for i in range(len(x2)):
    plt.annotate(index2[i], xy=(x2[i], y2[i]), xytext=(x2[i] + 0.08, y2[i]))
plt.show()

#基于 K-Means 算法异常值检测
from sklearn.cluster import K-Means
model = K-Means(n_clusters = 2)  #分为 2 类
model.fit(data)  #开始聚类
data1 = pd.concat([data, pd.Series(model.labels_, index = data.index)], axis = 1)  #每个样本对应的类
data1.columns = list(data.columns) + [u'聚类类别']  #重命名表头
norm = []
for i in range(2):  #逐一处理
  norm_tmp = data1[['Sepal.Length', 'Sepal.Width']][data1[u'聚类类别'] == i]-model.cluster_centers_[i]
  norm_tmp = norm_tmp.apply(np.linalg.norm, axis = 1)  #求出绝对距离
  norm.append(norm_tmp/norm_tmp.median())  #求相对距离并添加
norm = pd.concat(norm)

threshold = 2.5  #阈值
import matplotlib.pyplot as plt
norm[norm <= threshold].plot(style = 'bo')  #正常值
norm[norm > threshold].plot(style = 'ro')  #异常值
print(norm[norm > threshold].index)  #离群点的 index

plt.rcParams['font.sans-serif'] = ['SimHei']
plt.rcParams['axes.unicode_minus'] = False
plt.xlabel(u'index')
plt.ylabel(u'相对距离')
plt.show()
```

使用 3 倍标准差准则进行异常值检测的结果如图 5-16 所示。

若某个数据距离所有数据平均值超过 3 倍标准差，那么可以将其视为异常值.

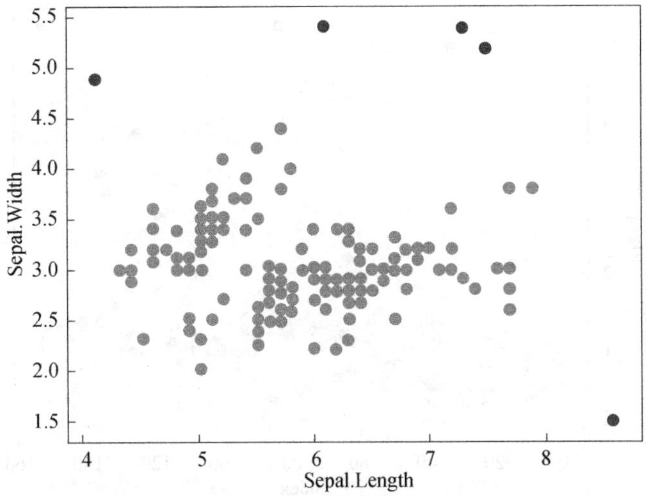

图 5-16　3 倍标准差准则检测的异常值

图 5-17 为箱线图检测出来的异常值，图中的数字为原始数据中异常值对应的索引.

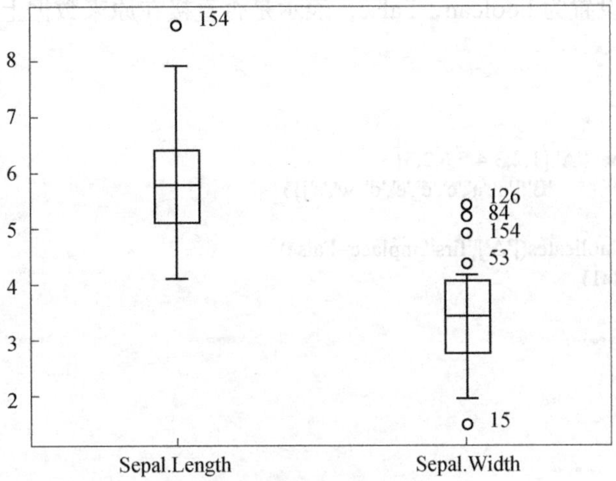

图 5-17　箱线图检测的异常值

图 5-18 为基于 K-Means 算法检测出来的异常值.

对于重复值处理、缺失值处理及数据降维，缺失值的判断和处理在 5.1 小节已做了详细介绍，数据降维在 5.5 小节已做了详细介绍. 去除重复样本常用的函数为 drop_duplicates()，所属扩展库为 Pandas.

drop_duplicates()函数的语法如下：

```
DataFrame.drop_duplicates（subset=None，keep='first'，inplace=False）
```

drop_duplicates()参数如下：

subset：column label or sequence of labels，optional，用来指定特定的列，默认所有列.

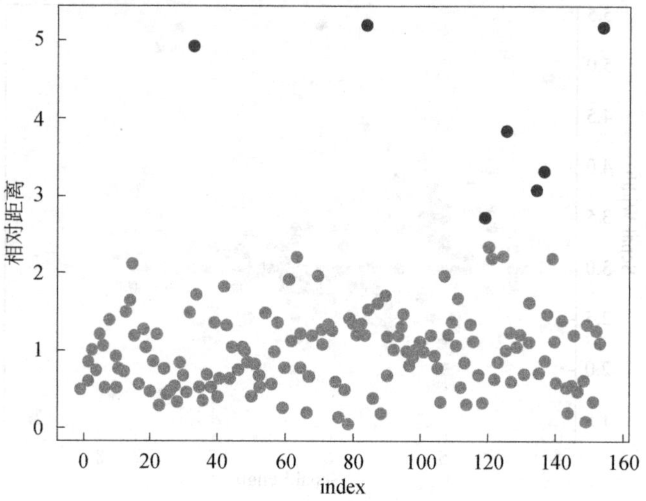

图 5-18　基于 K-Means 算法检测的异常值

keep：可设置为'first'，'last'，False，默认为 first，表示删除重复项并保留第一次出现的项，last 则保留最后一次出现的项.

inplace：可设置为 boolean，False，表示是否直接在原来数据上修改.

```
# coding=utf-8
import pandas as pd

data = pd.DataFrame({'A':[1,2,3,4,5,6,2,3],
                    'B':['a','a','c','d','e','d','w','s']})

data1 = data.drop_duplicates(['A'],'first',inplace=False)
print(data);print(data1)
'''
data:
   A  B
   1  a
   2  a
   2  c
   4  d
data1:
   A  B
   1  a
   2  a
   4  d
'''
```

【综合练习】

1．选择题

（1）数据质量包含的要素有（　　）.

A．准确性、完整性

B．一致性、可解释性

C．时效性、可信性

D．以上所有要素

（2）以下关于数据分析预处理过程的描述正确的是（　　）．

A．数据清洗包含了数据标准化、数据合并和缺失值处理

B．数据合并按照合并轴方向主要分为左连接、右连接、内连接和外连接

C．数据分析的预处理过程主要包括数据清洗、数据合并、数据标准化和数据转换，它们之间存在交叉，没有严格的先后关系

D．数据标准化的主要对象是类别型的特征

（3）下列关于 concat()函数、append()函数、merge()函数和 join()函数的说法正确的是（　　）．

A．concat()是最常用的主键合并函数，能够实现内连接和外连接

B．append()函数只能用来做纵向堆叠，适用于所有纵向堆叠情况

C．merge()是最常用的主键合并函数，但不能实现左连接和右连接

D．join()是常用的主键合并函数之一，但不能实现左连接和右连接

（4）以下关于缺失值检测的说法中正确的是（　　）．

A．null 和 notnull 可以对缺失值进行处理

B．dropna()函数既可以删除观测记录，亦可以删除特征

C．fillna()函数中用来替换缺失值的值只能是数据框

D．Pandas 库中的 interpolate 模块包含了多种插值方法

（5）以下关于异常值检测的说法中错误的是（　　）．

A．3σ 原则利用了统计学中小概率事件的原理

B．使用箱线图方法时要求数据服从或近似服从正态分布

C．基于聚类的方法可以进行离群点检测

D．基于分类的方法可以进行离群点检测

（6）下列关于标准化方法的说法中错误的是（　　）．

A．离差标准化简单易懂，对最大值和最小值敏感度不高

B．标准差标准化是最常用的标准化方法，又称零-均值标准化

C．小数定标标准化实质上就是将数据按照一定的倍率缩小

D．多个特征的数据的 K-Means 聚类不需要对数据进行标准化

2．操作题

（1）使用如下方法规范化该数组：200，300，400，600，1000.

①令 $\min = 0$，$\max = 1$，最小-最大规范化.

②标准差标准化.

③小数定标规范化.

（2）假设 12 个销售价格记录已经排序：5，10，11，13，15，35，50，55，72，92，204，215. 使用等宽法对其进行离散化处理.

3．项目题（基于数据挖掘的糖尿病风险预警）

将 pima_data.csv 数据集进行预处理，运用本章所介绍的预处理方法，将数据预处理成可用于建模的数据.

Pima_data 数据集介绍：

该数据集最初来自国家糖尿病、消化和肾脏疾病研究所. 数据集的目标是基于数据集中包含的某些诊断测量来预测患者是否患有糖尿病.

从较大的数据库中选择这些实例有几个约束条件. 尤其是，数据库的所有患者都是至少 21 岁的女性. 数据集由多个医学预测变量和一个目标变量组成 Outcome. 预测变量包括患者的怀孕次数、BMI、胰岛素水平、年龄等. Pregnancies：怀孕次数；Glucose：葡萄糖；BloodPressure：血压（mmHg）；SkinThickness：皮层厚度（mm）；Insulin：胰岛素，2 小时血清胰岛素（muU/mL）；BMI：体重指数（体重/身高^2）；DiabetesPedigreeFunction：糖尿病谱系功能；Age：年龄（岁）；Outcome：类标变量（0 或 1）.

第 6 章 Matplotlib 数据可视化

数据可视化主要旨在借助图形化手段，清晰有效地传达与沟通信息. 数据可视化与信息图形、信息可视化、科学可视化及统计图形密切相关. 当前，在研究、教学和开发领域，数据可视化乃是一个极为活跃而又关键的技术.

数据可视化技术的基本思想是，将数据库中每个数据项作为单个图元元素，大量的数据集构成数据图像，同时将数据的各个属性值以多维数据的形式表示，可以从不同的维度观察数据，从而对数据进行更深入地分析和应用.

6.1 Matplotlib 简介

Matplotlib 在函数设计上参考了 Matlab，其名字以"Mat"开头，中间的"plot"表示绘图，而结尾的"lib"则表示集合.

Matplotlib 是 Python 的一个 2D 绘图库，它以各种硬拷贝格式和跨平台的交互式环境生成出版质量级别的图形. 通过 Matplotlib，开发者仅需要几行代码便可以生成直方图、功率谱、条形图、散点图等.

近年来，Matplotlib 在开源社区的推动下，使其在科学计算领域得到了广泛的应用，成为 Python 中最主流的绘图工具包之一. Matplotlib 中应用最多的是 Matplotlib.pyplot 模块.

Matplotlib.pyplot（以下简称 pyplot）是一个命令风格函数的集合，使得 Matplotlib 的机制更像 Matlab. 每个绘图函数对图形进行了一些更改，如创建图形、在图形中创建绘图区域、在绘图区域绘制线条、使用标签装饰绘图等. 在 pyplot 模块中，各种状态跨函数调用保存，以便跟踪诸如当前图形和绘图区域，并且绘图函数始终指向当前轴域.

通常，使用 Numpy 组织数据，使用 Matplotlib 进行数据图形绘制. 一幅数据图基本上包括如下结构.

- data：数据区，包括数据点、数据曲线；
- axis：坐标轴，包括 x 轴、y 轴及其标签、刻度尺及其标签；
- title：标题，数据图的描述；
- legend：图例，区分图中包含的多种曲线或不同类型的数据.

数据图中还包括图形文本（text）、注解（annotate）等其他描述.

下面以一幅图来说明，用 Matplotlib 绘图，图的基本信息如图 6-1 所示.

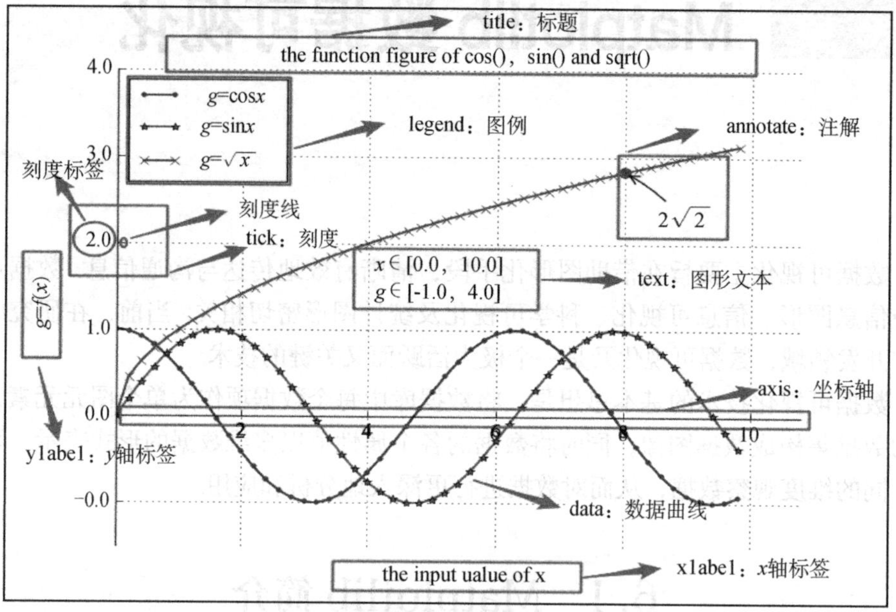

图 6-1　Matplotlib 绘图图的基本信息

使用 Matplotlib 绘图，常见的步骤如：

- 导入 Matplotlib 相关工具包.
- 准备数据，Numpy 数组存储.
- 创建一个空白画布（figure），可以指定画布的大小和像素.
- 绘制原始曲线，添加画布内容，常用的函数包括 plt.title，plt.xlabel，plt.ylabel，plt.xlim，plt.ylim，plt.xticks，plt.yticks，plt.legend，具体见表 6-1；
- 显示、保存绘图结果.

pyplot 中显示与保存绘图结果的常用函数见表 6-2.

表 6-1　pyplot 中添加各类标签的常用函数

函数名称	函数作用
plt.title	在当前图形中添加标题，可以设置标题的名称、位置、颜色、字体大小等参数
plt.xlabel	在当前图形中添加 x 轴名称，可以设置位置、颜色、字体大小等参数
plt.ylabel	在当前图形中添加 y 轴名称，可以设置位置、颜色、字体大小等参数
plt.xlim	指定当前图形 x 轴的范围，只能确定一个数值区间，而无法使用字符串标识
plt.ylim	指定当前图形 y 轴的范围，只能确定一个数值区间，而无法使用字符串标识
plt.xticks	指定 x 轴刻度的数目与取值
plt.yticks	指定 y 轴刻度的数目与取值
plt.legend	指定当前图形的图例，可以指定图例的大小、位置和标签

表 6-2 pyplot 中显示与保存绘图结果的常用函数

函数名称	函数作用
plt.savafig	保存绘制的图形，可以设置图形的分辨率、边缘的颜色等参数
plt.show	在本机显示图形

在 PyCharm 中输入如下代码，绘制 y=sin$x$ 和 y=cos$x$ 的图像.

```
#coding:utf-8
import numpy as np
import matplotlib.pyplot as plt
from pylab import *

# 定义数据部分
x = np.arange(0., 10, 0.2)
y1 = np.cos(x)
y2 = np.sin(x)

# 绘制 2 条函数曲线
plt.plot(x, y1, color='blue', linewidth=1.5, linestyle='o', marker='.', label=r'$y = cos{x}$')
plt.plot(x, y2, color='r', linewidth=1.5, linestyle='-', marker='*', label=r'$y = sin{x}$')

# 设置 x, y 轴的取值范围
plt.xlim(x.min()*0.8, x.max()*0.8)
plt.ylim(-2, 2)

# 设置 x, y 轴的刻度值
plt.xticks([2, 4, 6, 8, 10], [r'2', r'4', r'6', r'8', r'10'])
plt.yticks([-1.0, 0.0, 1.0, 2.0],
     [r'-1.0', r'0.0', r'1.0', r'2.0', r'3.0', r'4.0'])
# 设置标题，x 轴，y 轴
plt.title('The figure of y=sin(x),y=cos(x)', fontsize=10)
plt.xlabel(r'$the \ input \ value \ of \ x$', fontsize=10, labelpad=6)
plt.ylabel(r'$y = f(x)$', fontsize=10, labelpad=6)
plt.legend(loc='up right')   # 设置图例及位置
plt.grid(True)   # 显示网格线
plt.show()   # 显示绘图
```

运行结果如图 6-2 所示.

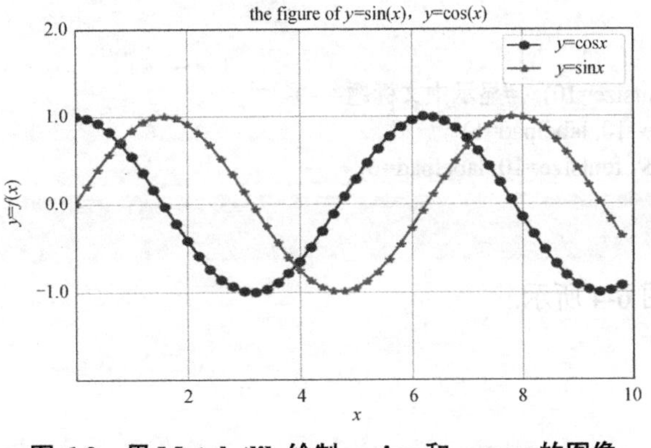

图 6-2 用 Matplotlib 绘制 y=sin$x$ 和 y=cos$x$ 的图像

下面介绍如何用 Matplotlib 绘制子图.

plt.subplot(x,y,n)：将图分成 x*y 块，n 表示这个图是第 n 幅.

在 PyCharm 中输入如下代码：

```
#coding:utf-8
import numpy as np
import matplotlib.pyplot as plt
from pylab import *
mpl.rcParams['font.sans-serif'] = ['SimHei']   #如显示图的中文标题，需要设置字体
x = np.arange(0, 5, 0.1)
y = np.arange(0, 5, 0.1)

# plt.figure(1)
plt.subplot(2, 2, 1)   #将图分成 2*2 块，这是第 1 幅图
plt.plot(x, y, 'go')
plt.title(u'子图 1', fontsize=10)   #显示中文标题
plt.xlabel('x', fontsize=10, labelpad=6)
plt.ylabel(r'$y = f(x)$', fontsize=10, labelpad=6)
plt.subplot(2, 2, 2)   #将图分成 2*2 块，这是第 2 幅图
plt.plot(x, y, 'r--')
plt.title(u'子图 2', fontsize=10)
plt.xlabel('x', fontsize=10, labelpad=6)
plt.ylabel(r'$y = f(x)$', fontsize=10, labelpad=6)

plt.subplot(2, 1, 2)
plt.plot(x, y, )

# 设置标题，x 轴，y 轴
plt.title(u'全图', fontsize=10)
plt.xlabel('x', fontsize=10, labelpad=6)
plt.ylabel(r'$y = f(x)$', fontsize=10, labelpad=6)

plt.show()
```

运行结果如图 6-3 所示.

```
#将程序中绘图的代码更换如下，得到 3 个子图
plt.subplot(224)
plt.plot(x, y, )
plt.title(u'子图 3', fontsize=10)   #显示中文标题
plt.xlabel('x', fontsize=10, labelpad=6)
plt.ylabel(r'$y = f(x)$', fontsize=10, labelpad=6)

plt.show()
```

运行结果如图 6-4 所示.

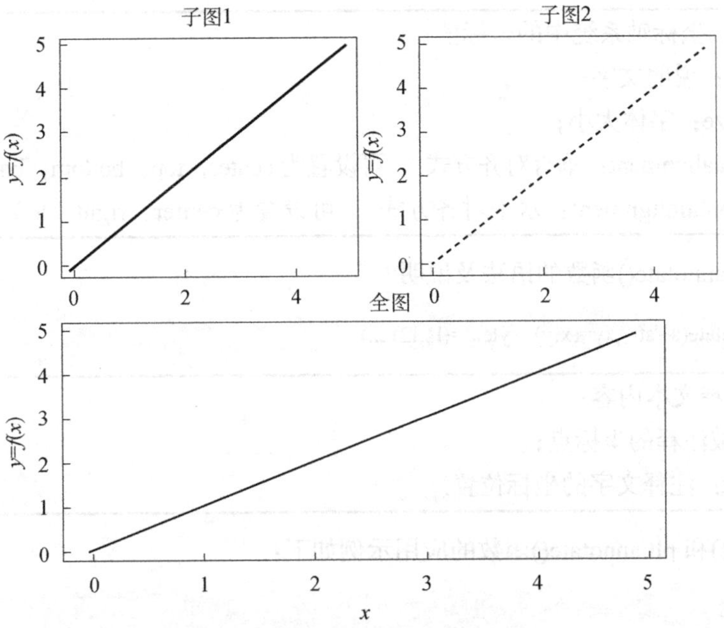

图 6-3　用 plt.subplot()函数绘制子图一

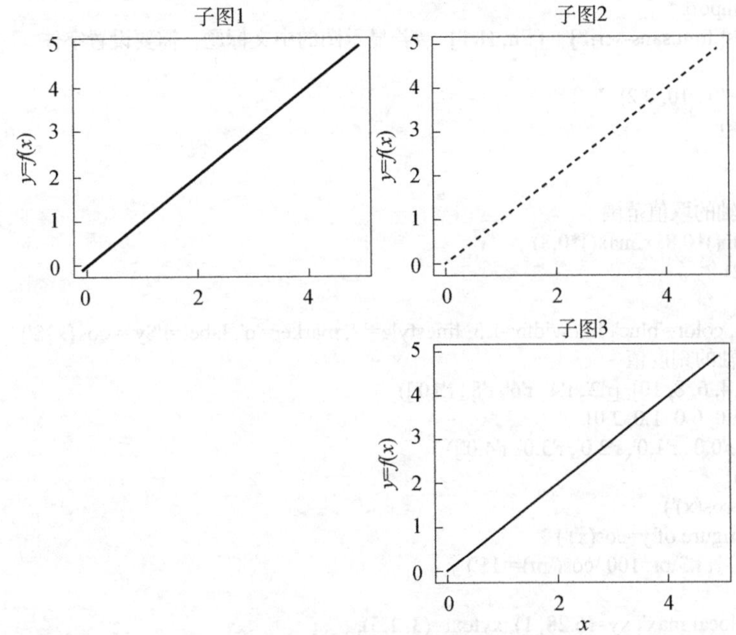

图 6-4　用 plt.subplot()函数绘制子图二

如果需要在曲线上标出坐标值和局部最值，此时就用到 plt.text()和 plt.annotate()函数.

1）plt.text()函数的语法及说明

```
plt.text(x,y,string,fontsize=15,verticalalignment="top",horizontalalignment="right")
```

x，y：坐标轴系统中的坐标值；
string：说明文字；
fontsize：字体大小；
verticalalignment：垂直对齐方式 ，可设置为 center，top，bottom，baseline；
horizontalalignment：水平对齐方式 ，可设置为 center，right，left.

2）plt.annotate()函数的语法及说明

```
plt.annotate(s='str' ,xy=(x,y) ,xytext=(l1,l2) ,..)
```

s：注释文本内容；
xy：被注释的坐标点；
xytext：注释文字的坐标位置.

plt.text()和 plt.annotate()函数的应用示例如下：

```
#coding:utf-8
import numpy as np
import matplotlib.pyplot as plt
from pylab import *
mpl.rcParams['font.sans-serif'] = ['SimHei']   #若显示图的中文标题，需要设置字体

x = np.arange(0., 10, 0.2)
y1 = np.cos(x)
```

```
# 设置 x, y 轴的取值范围
plt.xlim(x.min()*0.8, x.max()*0.8)
plt.ylim(-2, 2)

plt.plot(x, y1, color='blue', linewidth=1.5, linestyle='-', marker='o', label=r'$y = cos{x}$')
# 设置 x, y 轴的刻度值
plt.xticks([2, 4, 6, 8, 10], [r'2', r'4', r'6', r'8', r'10'])
plt.yticks([-1.0, 0.0, 1.0, 2.0],
     [r'-1.0', r'0.0', r'1.0', r'2.0', r'3.0', r'4.0'])
plt.xlabel('x')
plt.ylabel('y=cos(x)')
plt.title('The figure of y=cos(x)')
plt.text(3.14, -1, r'$\pi=100,\cos(\pi)=-1$')

plt.annotate('local max', xy=(6.28, 1), xytext=(3, 1.5),
             arrowprops=dict(facecolor='black', shrink=0.05),)

plt.grid(True)   #显示网格线
plt.show()   #显示图形
```

运行上述程结果如图 6-5 所示.

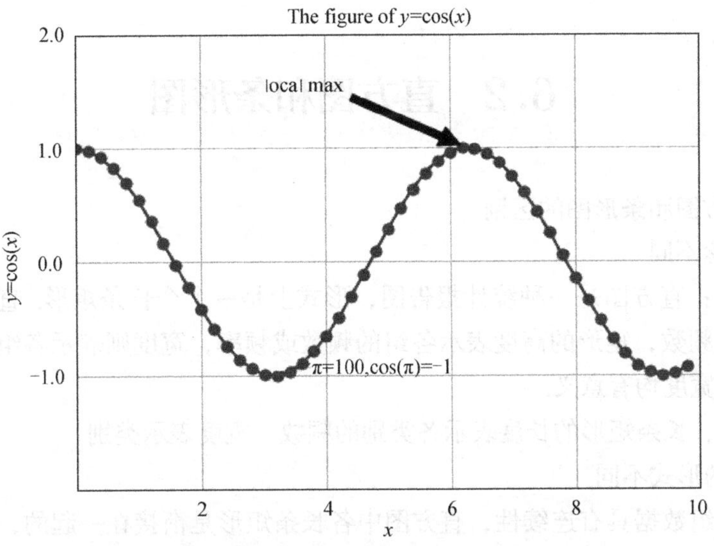

图 6-5　plt.text()和 plt.annotate()函数的应用示例

进而对图中的每个点添加标注文字，代码如下：

```
import matplotlib.pyplot as plt
import numpy as np
x = np.arange(0, 6)
y = x * x
plt.plot(x, y, marker='o')
for xy in zip(x, y):
    plt.annotate("(%s,%s)" % xy, xy=xy, xytext=(-20, 10), textcoords='offset points')
plt.show()
```

运行结果如图 6-6 所示.

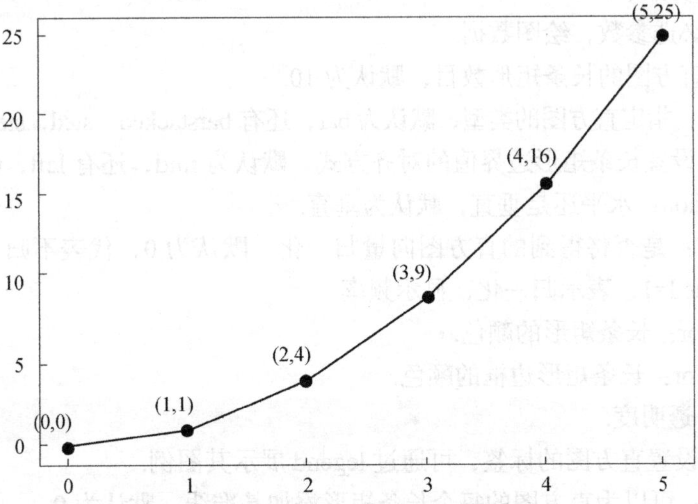

图 6-6　对图中所有点添加标注文字

到此，已经介绍了 Matplotlib 绘图的一些常用基础知识，其他内容可以查看 Matplotlib 官网文档. 接下来介绍用 Matplotlib 绘制常见的统计图.

6.2 直方图和条形图

1. 直方图和条形图的区别

1）概念不同

直方图：直方图是一种统计报告图，形式上是一个个长条矩形. 直方图是用面积表示各组频数，矩形的高度表示各组的频数或频率，宽度则表示各组的组距，因此其高度与宽度均有意义.

条形图：长条矩形的长度表示各类别的频数，宽度表示类别.

2）图的形式不同

由于分组数据具有连续性，直方图中各长条矩形是衔接在一起的，表示数据间的数学关系；而条形图中则是分开排列的，各长条矩形之间留有空隙，区分不同的类.

3）图的功效不同

条形图主要用于展示分类数据，而直方图则主要用于展示数据型数据.

2. 绘图命令

在 Matplotlib 库中，绘制直方图用 plt.hist()函数，绘制条形图用 plt.bar()函数.

1）plt.hist()函数的语法及说明

```
plt.hist(data,bins=40,histtype='bar',align='mid',orientation='vertical',
      normed=0,facecolor='blue',edgecolor='black',alpha=0.7, label = 'hist-hist', bottom = 0)
```

参数说明如下.

data：必选参数，绘图数据.

bins：直方图的长条矩形数目，默认为 10.

histtype：指定直方图的类型，默认为 bar，还有 barstacked，sted，stepfilled.

align：设置长条矩形边界值的对齐方式，默认为 mid，还有 left，right.

orientation：水平还是垂直，默认为垂直.

normed：是否将得到的直方图向量归一化，默认为 0，代表不归一化，显示频数；normed=1，表示归一化，显示频率.

facecolor：长条矩形的颜色.

edgecolor：长条矩形边框的颜色.

alpha：透明度.

label：设置直方图的标签，可通过 legend 展示其图例.

bottom：可以为直方图的每个长条矩形添加基准线，默认为 0.

其他参数说明如下.

stacked：当有多个数据时，是否需要将直方图呈堆叠摆放，默认为水平摆放；

log：是否需要对绘图数据进行 log 变换；
rwidth：设置直方图长条矩形宽度的百分比.

在 PyCharm 中输入如下代码：

```
import matplotlib.pyplot as plt
import numpy as np
import matplotlib

# 设置 matplotlib 正常显示中文和负号
matplotlib.rcParams['font.sans-serif']=['SimHei']           #用黑体显示中文
matplotlib.rcParams['axes.unicode_minus']=False         #正常显示负号
# 随机生成（10000），服从正态分布的数据
data = np.random.randn(10000)
plt.hist(data, bins=40, normed=0, facecolor="blue", edgecolor="black", alpha=0.7)
plt.xlabel("区间")  #显示横轴标签
plt.ylabel("频数/频率")  #显示纵轴标签
plt.title("频数/频率分布直方图")  #显示图标题
plt.show()
```

运行结果如图 6-7 所示.

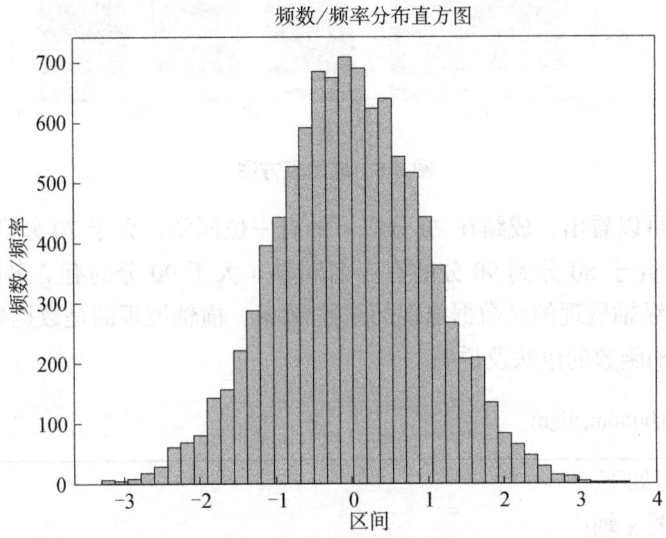

图 6-7　直方图

由图 6-7 可以看出，数据落在区间［−1, 1］内的频数是最多的，频数从 400 到 700 不等，然后再从 700 回落到 400. 而落在区间［−3, −2］和［2, 3］内的数据量，频数从 0 到 100 左右，再从 100 左右回落到 0，其频数要远远少于区间［−1, 1］内的数据频数，这符合正态分布的数据特征.

在 PyCharm 中输入如下代码：

```
# -*- coding: utf-8 -*-
import matplotlib.pyplot as plt
import matplotlib
from matplotlib.font_manager import FontProperties
```

```
matplotlib.rcParams['font.sans-serif']=['SimHei']          # 用黑体显示中文
matplotlib.rcParams['axes.unicode_minus']=False          # 正常显示负号
chengji= [90,85,95,78,65,70,89,80]
jibie = [50,70,80,90,100]
plt.hist(chengji, jibie, histtype='bar', rwidth=0.8)
plt.legend()
plt.xlabel(u'成绩')
plt.ylabel(u'频数')
plt.title(u'直方图')
plt.show()
```

运行结果如图 6-8 所示.

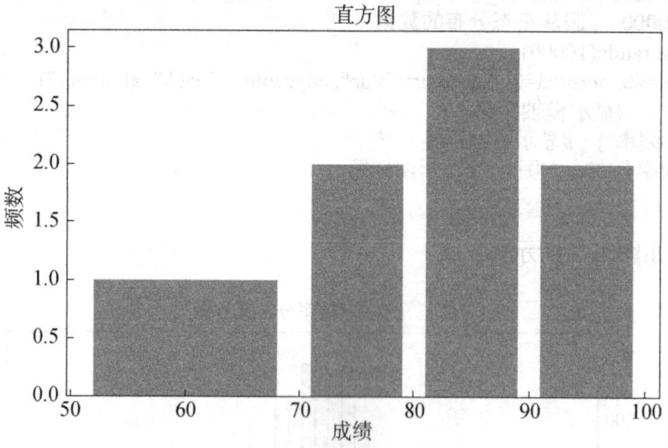

图 6-8　成绩直方图

由图 6-8 可以看出，成绩在 70 分以下的有一位同学，介于 70 分到 80 分之间的有 2 位同学，介于 80 分到 90 分的有 3 名同学，大于 90 分的有 2 名同学. 由此可见，直方图的纵轴展现的是数据出现的频数/频率，横轴展现的是数据划分区间.

2）plt.bar()函数的语法及说明

```
plt.bar(x,y,width,bottom,align)
```

参数说明如下.

x：条形图 x 轴；

y：条形图的高度；

width：长条矩形的宽度，默认是 0.8；

bottom：长条矩形底部的 y 轴坐标值，默认是 0；

align：center / edge，长条矩形是否以 x 轴坐标为中心点或者是以 x 轴坐标为边缘.

在 PyCharm 中输入以下代码：

```
# -*- coding: utf-8 -*-
import matplotlib.pyplot as plt
import matplotlib
```

```
# 设置 matplotlib 正常显示中文和负号
matplotlib.rcParams['font.sans-serif']=['SimHei']          # 用黑体显示中文
matplotlib.rcParams['axes.unicode_minus']=False            # 正常显示负号

plt.bar([1, 3, 5, 7, 9], [95, 85, 75, 90, 70], label='语文成绩')
plt.bar([2, 4, 6, 8, 10], [80, 70, 95, 80, 65], label='数学成绩')
plt.legend()
plt.xlabel('科目')
plt.ylabel('成绩')
plt.title(u'条形图')
plt.show()
```

运行结果如图 6-9 所示.

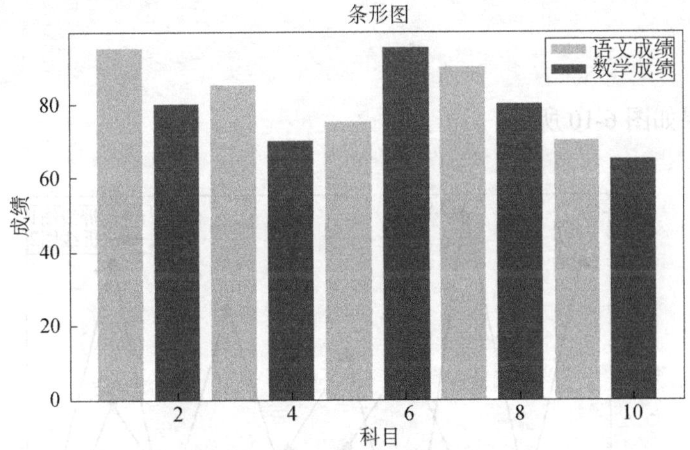

图 6-9　不同科目成绩的条形图

由图 6-9 可以看出，语文和数学成绩分别分为 5 类，其中蓝色（图中浅色）的长条矩形代表语文成绩，橙色（图中深色）的长条矩形代表数学成绩，语文成绩与数学成绩大致分布在 70～90 分.

由此可见，条形图横轴代表的是数据的类型，纵轴代表的是数据值，这和直方图是明显不同的.

6.3 折线图

折线图通常用来表示数据随时间或有序类别变化的趋势，因此非常适用于显示在相等时间间隔下数据的走向变化.

在 PyCharm 中输入以下代码：

```
import matplotlib.pyplot as plt
from pylab import *
import matplotlib as mpl
mpl.rcParams['font.sans-serif'] = ['SimHei']    #若显示图的中文标题，需要设置字体
```

```
x1=[1,2,3,4,5,6,7,8,9,10]
y1=[2,1,3,6,4,3,7,3,5,2]
y2=[8,3,9,1,6,4,3,2,8,3]
plt.plot(x1,y1,'ro-' )  #绘制折线图
plt.plot(x1,y2,'b*-')
plt.title(u'折线图', fontsize=10)  #显示中文标题
plt.xlabel('x', fontsize=10, labelpad=6)  #设置 x 轴的标签
plt.ylabel(r'$y = f(x)$', fontsize=10, labelpad=6)  #设置 y 轴的标签

plt.text(9,5,'(9,5)')  #给折线图添加文本注释
plt.text(3,9,'(3,9)')

plt.legend(['折线图 1', '折线图 2'], loc='up right')  #添加图例
plt.grid(True)

plt.show()
```

运行结果如图 6-10 所示.

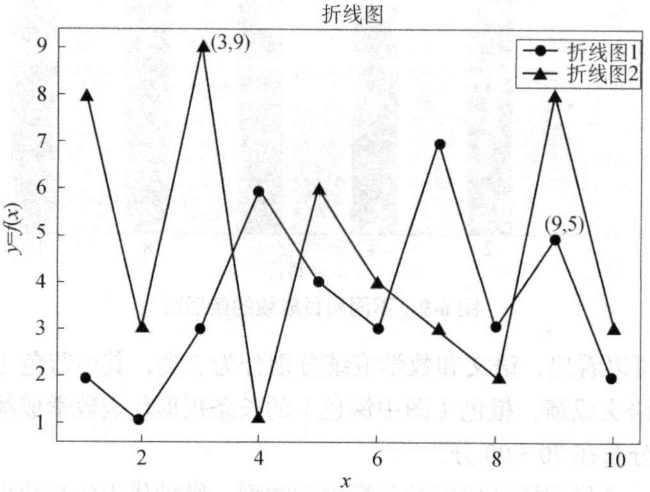

图 6-10　折线图

由图 6-10 中可以看出，折线图是将离散点连接起来的图，绘图比较简单，直接用 plt.plot()函数即可完成.

绘制折线图常用的 rc 参数名称、解释与取值见表 6-3.

表 6-3　绘制折线图常用的 rc 参数名称、解释与取值

rc 参数名称	解 释	取 值
lines.linewidth	线条宽度	取 0～10 的数值，默认为 1.5
lines.linestyle	线条样式	可取“-”“--”“-.”“:”4 种，默认为“-”
lines.marker	线条上点的形状	可取“o”“D”“h”“.”“,”“S”等 20 种，默认为 None
lines.markersize	点的大小	取 0～10 的数值，默认为 1

注：其中 lines.linestyle 参数 4 种取值与意义见表 6-4.
　　lines.marker 参数 20 种取值与意义见表 6-5.

表 6-4 lines.linestyle 的取值与意义

lines.linestyle 取值	意 义	lines.linestyle 取值	意 义
-	实线	-.	点画线
--	长虚线	:	短虚线

表 6-5 lines.marker 的取值与意义

lines.marker 取值	意 义	lines.marker 取值	意 义
o	圆圈	.	点
D	菱形	s	正方形
h	六边形 1	*	星号
H	六边形 2	d	小菱形
-	水平线	v	一角朝下的三角形
8	八边形	<	一角朝左的三角形
p	五边形	>	一角朝右的三角形
,	像素	^	一角朝上的三角形
+	加号	\	竖线
None	无	x	X

6.4 饼 图

在工作中如果遇到需要计算总费用或金额的各个部分构成比例的情况，一般都是通过各个部分与总额相除来计算，而且这种比例表示方法很抽象，我们可以使用一种饼形图表工具，能够以图形的方式直接显示各个组成部分所占比例. 仅排列在工作表的一列或一行中的数据就可以绘制饼图. 饼图显示一个数据系列中各项与各项总和的比例. 饼图中，各数据显示为整个饼图的百分比.

遇到下面的数据处理要求时，则采用饼图显示.

①仅有一个要绘制的数据系列；

②要绘制的数值没有负值；

③要绘制的数值几乎没有零值；

④类别数目无限制；

⑤各类别分别代表整个饼图的一部分；

⑥各个部分需要标注百分比.

饼图的绘图函数为 plt.pie()，该函数的语法及说明如下.

```
plt.pie(x, explode=None,labels=None,colors=None,autopct=None, pctdistance=0.6, shadow=False,
    labeldistance=1.1, startangle=None, radius=None, counterclock=True, wedgeprops=None,
```

```
textprops=None, center=(0, 0), frame=False)
```

x：指定绘图的数据；
explode：指定饼图某些部分突出显示，即爆炸式呈现；
labels：为饼图添加标签说明，类似于图例说明；
colors：指定饼图的填充色；
autopct：自动添加百分比显示，可以采用格式化的方法显示；
pctdistance：设置百分比标签与圆心的距离；
shadow：是否添加饼图的阴影效果；
labeldistance：设置各扇形标签（图例）与圆心的距离；
startangle：设置饼图的初始摆放角度；
radius：设置饼图的半径大小；
counterclock：是否让饼图按逆时针顺序呈现；
wedgeprops：设置饼图内外边界的属性，如边界线的粗细、颜色等；
textprops：设置饼图中文本的属性，如字体大小、颜色等；
center：指定饼图的中心点位置，默认为坐标系原点；
frame：是否要显示饼图背后的图框，如果设置为 True，需要同时控制图框 x 轴、y 轴的范围和饼图的中心位置.

在 PyCharm 中输入以下代码：

```
from matplotlib import pyplot as plt
from pylab import *
import matplotlib as mpl
mpl.rcParams['font.sans-serif'] = ['SimHei']   #如显示图的中文标题，需要设置字体
# 调节图形的大小和宽、高

plt.figure(figsize=(5, 5))

# 定义饼图的标签，标签是列表
labels = [u'第一部分', u'第二部分', u'第三部分']

# 每个标签占比多大，会自动计算百分比
sizes = [60, 30, 10]
colors = ['red', 'yellowgreen', 'lightskyblue']

# 将某部分爆炸式呈现，使用括号将第一块分割出来

explode = (0.05, 0, 0)
patches,l_text,p_text=plt.pie(sizes,explode=explode,labels=labels, colors=colors,
        labeldistance=1.1, autopct='%3.1f%%', shadow=False, startangle=90,
      pctdistance=0.6)
# 改变文本的大小，方法是把每个 text 遍历，调用 set_size() 函数设置它的属性

for t in l_text:
    t.set_size(10)
for t in p_text:
```

```
    t.set_size(10)

# 设置 x，y 轴刻度一致，这样饼图才能是圆的
plt.axis('equal')
plt.title(u'饼图',fontsize=30)  #设置标题，标题的字号为 30
plt.legend()  #显示图例
plt.show()
```

运行结果如图 6-11 所示.

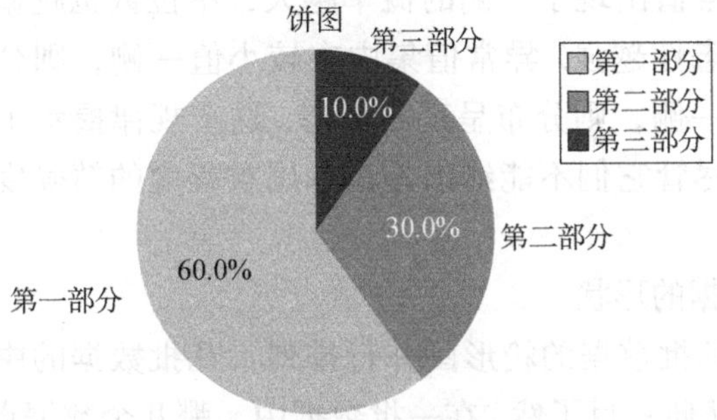

图 6-11　饼图

6.5 箱 形 图

箱形图又称为盒式图、箱线图，是一种用于显示一组数据分散情况的统计图. 箱形图因形状如箱子而得名. 箱形图在生产领域经常被使用，常见于产品的品质管理.

箱形图有以下的应用.

1）识别数据异常值

一批数据中的异常值值得关注，忽视异常值的存在是十分危险的，不加剔除地把异常值包括进数据的计算分析过程中，对结果会产生不良影响；重视异常值的出现，分析其产生的原因，常常成为发现问题进而改进决策的契机. 箱形图为我们提供了识别异常值的一个标准：异常值被定义为小于 QL－1.5IQR 或大于 QU+1.5IQR 的值. 虽然这种标准有点任意性，但它来源于经验判断，实践表明它在处理需要特别注意的数据方面表现不错. 这与识别异常值的经典方法有些不同. 箱形图的绘制依靠实际数据，不需要事先假定数据服从特定的分布形式，没有对数据做任何限制性要求，它只是真实直观地表现数据的本来面貌；另外，箱形图判断异常值的标准以四分位数和四分位数间距为基础，四分位数具有一定的耐抗性，多达 25%的数据可以变得任意远而不会很大地扰动四分位数，所以异常值不能对这个标准施加影响，箱形图识别异常值的结果比较客观. 由此可见，箱形图在识别异常值方面有一定的优越性.

2）判断数据偏态和尾重

比较标准正态分布、不同自由度的 t 分布和非对称分布数据的箱形图的特征，可以发现：对于标准正态分布的大样本，只有 0.7%的值是异常值，中位数位于上下四分位数的中央，箱形图的方盒关于中位线对称；选取不同自由度的 t 分布的大样本，代表对称重尾分布，当 t 分布的自由度越小，尾部越重，就有越大的概率观测到异常值；以卡方分布作为非对称分布的例子进行分析，当卡方分布的自由度越小，异常值出现于一侧的概率越大，中位数也越偏离上下四分位数的中心位置，分布偏态性越强．异常值集中在较小值一侧，则分布呈现左偏态；异常值集中在较大值一侧，则分布呈现右偏态．这个规律揭示了数据批分布偏态和尾重的部分信息，尽管它们不能给出偏态和尾重程度的精确度量，但可作为粗略估计的依据．

3）比较几批数据的形状

同一数轴上，几批数据的箱形图并行排列，几批数据的中位数、尾长、异常值、分布区间等形状便一目了然．在一批数据中，哪几个数据点出类拔萃，哪些数据点表现不及一般，这些数据点放在同类其他群体中处于什么位置，都可以通过比较各箱形图的异常值看出．各批数据的四分位数间距大小，正常值的分布是集中还是分散，观测各方盒和线段的长短便可明了．每批数据分布的偏态如何，分析中位线和异常值的位置也可估计出来．还有一些箱形图的变种，使数据批间的比较更加直观明白．例如，有一种可变宽度的箱形图，使箱的宽度正比于批量的平方根，从而使批量大的数据批有面积大的箱形，面积大的箱形有适当的视觉效果．箱形图结合相关分析方法可用于质量管理、人事测评、探索性数据分析等统计分析活动中，有助于分析过程的简便快捷，其作用显而易见．

pyplot 模块中绘制箱形图的函数为 boxplot()，其基本语法如下．

```
matplotlib.pyplot.boxplot（x, notch=None, sym=None, vert=None, whis=None, positions=None, widths=None, patch_artist=None, bootstrap=None, usermedians=None, conf_intervals=None, meanline=None, showmeans=None, showcaps=None, showbox=None, showfliers=None, boxprops=None, labels=None, flierprops=None, medianprops=None, meanprops=None, capprops=None, whiskerprops=None, manage_xticks=True, autorange=False, zorder=None, hold=None, data=None）
```

boxplot()函数常用参数及其说明见表 6-6.

表 6-6　boxplot()函数常用参数及其说明

参数名称	说　明
x	接收 array，表示用于绘制箱形图的数据．无默认
notch	接收 boolean，表示中间箱体是否有缺口．默认为 None
sym	接收特定 sting，指定异常点形状．默认为 None
vert	接收 boolean，表示图形是横向、纵向或者横向．默认为 None
positions	接收 array，表示图形位置．默认为 None
widths	接收 scalar 或者 array，表示每个箱体的宽度．默认为 None

（续表）

参数名称	说 明
labels	接收 array，指定每个箱形图的标签. 默认为 None
meanline	接收 boolean，表示是否显示均值线. 默认为 False

现在有一个学生成绩表，见表 6-7.

表 6-7 学生成绩表

序号	英语	经济数学	西方经济学	计算机应用基础
0	76	65	93	85
1	90	95	81	78
2	97	51	76	81
3	71	74	88	95
4	70	78	66	70
5	93	63	79	67
6	86	91	83	82
7	83	82	92	72
8	78	75	78	80
9	85	71	86	81
10	81	55	78	77

在 PyCharm 中输入以下代码：

```
#首先导入基本的绘图包
import matplotlib.pyplot as plt
import numpy as np
import pandas as pd

#添加成绩表
plt.style.use("ggplot")
plt.rcParams['axes.unicode_minus'] = False
plt.rcParams['font.sans-serif']=['SimHei']

#新建一个空的 DataFrame
df=pd.DataFrame()
df["英语"]=[76,90,97,71,70,93,86,83,78,85,81]
df["经济数学"]=[65,95,51,74,78,63,91,82,75,71,55]
df["西方经济学"]=[93,81,76,88,66,79,83,92,78,86,78]
df["计算机应用基础"]=[85,78,81,95,70,67,82,72,80,81,77]
print(df)
#用 matplotlib 绘制箱形图
plt.boxplot(x=df.values,labels=df.columns,whis=1.5)
plt.show()
```

运行结果如图 6-12 所示.

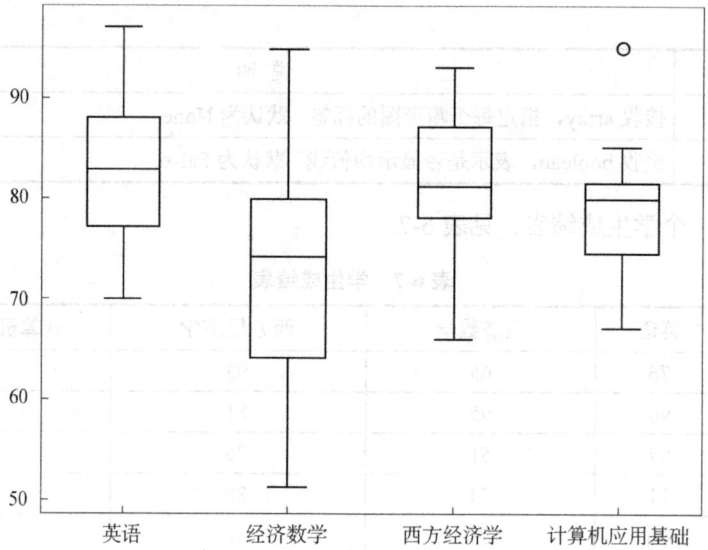

图 6-12　箱形图 1

在 PyCharm 中继续输入以下代码：

```
#用 pandas 自带的绘图工具绘图更快速
df.boxplot()
plt.show()
```

运行结果如图 6-13 所示.

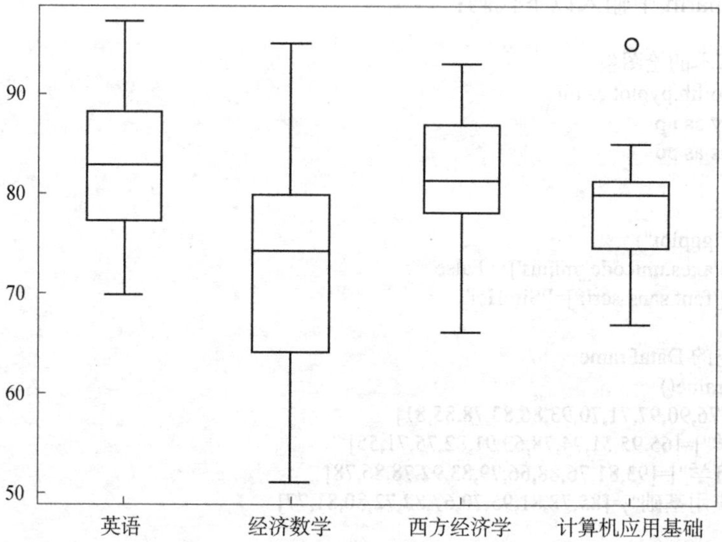

图 6-13　箱形图 2

由图 6-12 和图 6-13 可以看出：

①各科成绩中，英语和西方经济学的平均成绩比较高，而经济数学和计算机应用基础的平均成绩比较低.（用中位数来衡量整体情况比较稳定）

②英语、西方经济学、计算机应用基础的成绩分布比较集中，因为箱形图比较

短，而经济数学成绩比较分散.

③从各个箱形图的中位数和上下四位数的间距也可以看出，英语成绩分布是对称的，而计算机应用基础成绩呢？非常地不平衡，大部分数据分布在70分到85分（中位数到上四分位数）之间.

④在计算机应用基础对应的箱形图中出现了个异常点，对照成绩单，计算机应用基础一栏出现了个“大牛”，考了95分，比第二名多了10分，而其他同学的成绩整体在80分左右.

⑤用平均值去衡量整体的情况有时很不合理，用中位数比较稳定，因为中位数不太会受到极值的影响，而平均值则受极值的影响很大.

6.6 散点图

散点图是指在回归分析中，数据点在直角坐标系平面上的分布图. 散点图表示因变量随自变量变化而变化的大致趋势，据此可以选择合适的函数对数据点进行拟合.

用两组数据构成多个坐标点，考察坐标点的分布，判断两个变量之间是否存在某种关联或总结坐标点的分布模式. 散点图将序列显示为一组点，变量值由点在图中的位置表示，类别由图中的不同标记表示. 散点图通常用于比较跨类别的聚合数据.

1. 散点图的作用

①变量之间是否存在关联趋势.

②如果存在关联趋势，是线性的还是非线性的.

③如果有某个点或者某几个点偏离大多数点，也就是离群值，通过散点图可以一目了然. 从而可以进一步分析这些离群值是否可能在建模分析中对总体产生很大影响.

2. 散点图的分类

1）散点图矩阵

当同时考察多个变量间的相关关系时，若一一绘制它们的散点图，十分麻烦. 此时可利用散点图矩阵来同时绘制多个变量的散点图，这样可以快速发现多个变量间的相关关系，这一点在进行多元线性回归时显得尤为重要.

2）三维散点图

在散点图矩阵中虽然可以同时观察多个变量间的联系，但是两两进行平面散点图观察时，有可能漏掉一些重要的信息. 三维散点图就是在由3个变量确定的三维空间中研究变量之间的关系，由于同时考虑了3个变量，常常可以发现在二维图形中发现不了的信息.

3）ArcGIS散点图

散点图使用数据值作为x和y坐标来绘制点. 它可以揭示网格上所绘制的值之间的关系，还可以显示数据的趋势. 当存在大量数据点时，散点图的作用尤为明显. 散点图与折线图相似，而不同之处在于折线图通过将点或数据点相连来显示每个变化.

3. 散点图示例

1）散点图

pyplot 模块中绘制散点图的函数为 scatter()，其基本语法如下.

```
matplotlib.pyplot.scatter（x, y,    s=20, c='b', marker='o',
cmpa=None,          norm=None,          vmin=None, vax=None,
alpha=None,     linewidths=None,          edgecolors=None）
```

scatter() 函数常用参数及其说明见表 6-8.

表 6-8　scatter() 函数常用参数及其说明

参数名称	说 明
x	指定散点图的 x 轴数据
y	指定散点图的 y 轴数据
s	指定散点图点的大小，默认为 20，通过输入新的变量，可以实现散点图的绘制
c	指定散点图的颜色，默认为蓝色
marker	指定散点图中点的形状，默认为圆形
cmap	指定色图，只有当 c 为浮点型的数组时才起作用
norm	设置数据亮度，标准化到 0~1，使用该参数仍需要 c 为浮点型的数组
vmin，vmax	亮度设置，与 norm 类似，如果使用了 norm 则该参数无效
alpha	设置散点的透明度
linewidths	设置散点边界线的宽度
edgecolors	设置散点边界线的颜色

轿车属性表见表 6-9，绘制散点图.

表 6-9　轿车属性表

name	mpg	wt	qsec	vs	am	gear	carb
Mazda RX4	21	2.62	16.46	0	1	4	4
Mazda RX4 Wag	21	2.875	17.02	0	1	4	4
Datsun 710	22.8	2.32	18.61	1	1	4	1
Hornet 4 Drive	21.4	3.215	19.44	1	0	3	1
Hornet Sportabout	18.7	3.44	17.02	0	0	3	2

在 PyCharm 中输入以下代码：

```
#首先导入基本的绘图包
import numpy as np
import pandas as pd
import matplotlib.pyplot as plt

#导入 mtcars.csv 文件
df = pd.read_csv("mtcars.csv")print(df.head())

# 用 matplotlib 绘制散点图，mpg 表示每加仑公里数，wt 表示车重
```

```
plt.scatter(df["mpg"],df["wt"])
plt.show()
```

运行结果如图 6-14 所示.

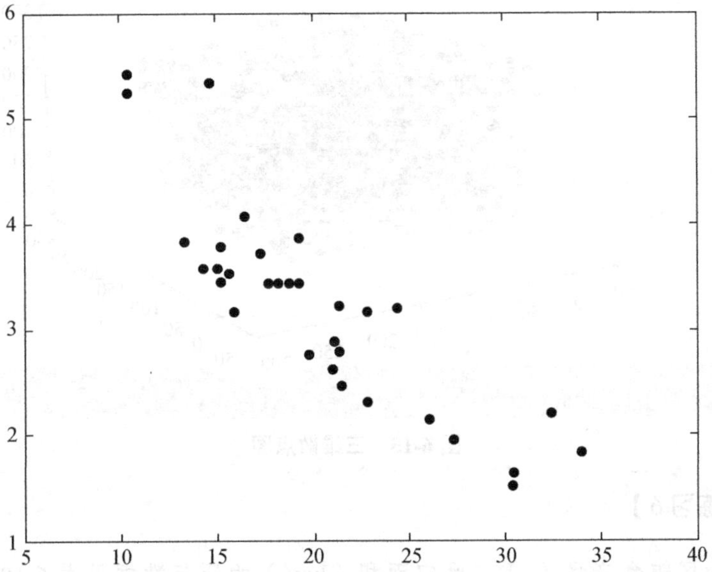

图 6-14　散点图

由图 6-14 大致可以看出 mpg 和 wt 是成负的相关关系，wt 越大，则 mpg 越小.

2）三维散点图

三维散点图是散点图的扩展. 接下来创建一个三维矩阵后绘制一个三维散点图. 在 PyCharm 中输入以下代码：

```
import numpy as np
import matplotlib.pyplot as plt
from mpl_toolkits.mplot3d import Axes3D
#创建一个三维矩阵
data = np.random.randint(0, 255, size=[40, 40, 40])
#设置 x，y，z 三个轴的数值并创建一个三维的绘图工程
x, y, z = data[0], data[1], data[2]
ax = plt.subplot(111, projection='3d')
#  将数据点分成三部分，在颜色上有区分度
ax.scatter(x[:10], y[:10], z[:10], c='y')  # 绘制数据点
ax.scatter(x[10:20], y[10:20], z[10:20], c='r')
ax.scatter(x[30:40], y[30:40], z[30:40], c='g')
# 坐标轴
ax.set_zlabel('Z')
ax.set_ylabel('Y')
ax.set_xlabel('X')
plt.show()
```

运行结果如图 6-15 所示.

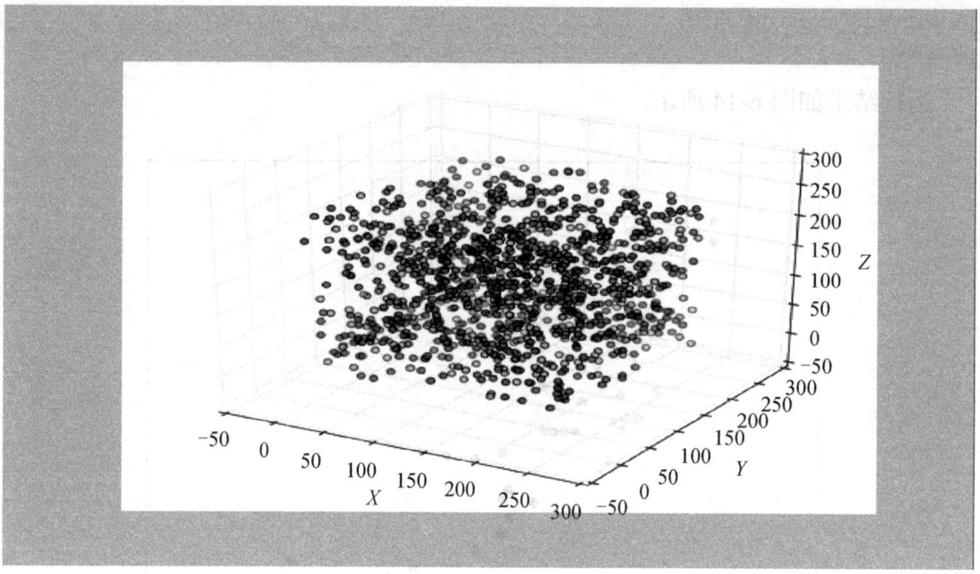

图 6-15　三维散点图

【综合练习 6】

1．某地区粮食产量（t）与受灾面积（hm^2）的历年数据见表 6-10，试计算二者之间的相关系数，并对相关系数进行检验（α=0.5）.

表 6-10　粮食产量与受灾面积数据表

年份	1995	1996	1997	1998	1999	2000	2001	2002	2003	2004
粮食产量/t	251	801	200	409	415	502	314	1101	980	1124
受灾面积/hm^2	52	101	65	88	90	98	120	150	140	120

2．某山区水土流失面积（km^2）与土壤含氮量的数据见表 6-11.

（1）试绘制出散点图并确定两者间的相关形式；

（2）试拟合双曲线模型；

（3）检验该模型的显著性，并预测当水土流失面积 x=10km^2 时的土壤含氮量 y（g/km^2）.

表 6-11　水土流失面积与土壤含氮量的数据

序号	1	2	3	4	5	6	7	8	9	10	11	12
水土流失面积 x/km^2	0.8	1.4	2.0	2.7	3.3	4.1	5.6	6.5	7.1	7.7	8.3	9.2
土壤含氮量 y/（g/km^2）	6.6	5.2	4.8	3.9	3.7	3.2	2.4	2.3	2.1	2.3	1.7	1.5

3．某地区连续13年的农业总产值（亿元）资料见表6-12，试计算其相关系数，并拟合一级自回归模型，并预测2005年的农业总产值.

表 6-12　某地区连续 13 年的农业总产值

单位：亿元

时间 t	1992	1993	1994	1995	1996	1997	1998	1999	2000	2001	2002	2003	2004
农业总产值 y	108	109	115	121	127	135	133	141	151	153	167	170	176

第7章 案例实战

全国大学生数学建模竞赛创办于1992年，每年一届，目前已成为全国高校规模最大的基础性学科竞赛，也是世界上规模最大的数学建模竞赛. 2018年，来自全国33个省、直辖市、自治区及美国和新加坡的1449所院校/校区、42128个队（本科38573队、专科3555队）、超过12万名大学生报名参加本项竞赛.

数学的学习，最终目的是学以致用. 本章具体选取了2017年全国大学生数学建模竞赛原题（物质浓度颜色识别）、2018年全国大学生数学建模竞赛原题（商场会员画像描绘），以及2018年阿里巴巴天池大数据竞赛原题（糖尿病风险预测），作为本章的案例. 每个案例讲解了背景与数据挖掘目标、建模方法与过程、模型构建等内容，并给出了整个案例的Python代码清单.

经过本章的学习，读者可以提高利用Python解决实际问题的能力，提高数学建模能力和数据分析能力.

7.1 基于数据挖掘的物质浓度颜色识别

7.1.1 背景与数据挖掘目标

比色法是目前常用的一种检测物质浓度的方法，即把待测物质制备成溶液后滴在特定的白色试纸表面，等其充分反应以后获得一张有颜色的试纸，再把该颜色试纸与一个标准比色卡进行对比，就可以确定待测物质的浓度档位了. 由于每个人对颜色的敏感差异和观测误差，使得这一方法在精度上受到很大影响. 随着照相技术和颜色分辨率的提高，希望建立颜色读数和物质浓度的数量关系，即只要输入照片中的颜色读数就能够获得待测物质的浓度.

表7-1给出了2种物质在不同浓度下的颜色读数，表7-2中的数据为二氧化硫在不同浓度下的颜色读数. 表7-1和表7-2中的ppm也称百万分比浓度，表示每升溶液（溶质加上溶剂）中所含待测物质的毫克数（mg/L），即1ppm=1mg/L，经常用于浓度很小的场合. 例如：组胺浓度为50ppm，表示每升组胺溶液中含组胺50mg. 表中“水”，表示待测物质浓度为零的情形. 颜色读数包括颜色的R、G、B值和颜色的色调（H）及饱和度（S）. 根据这些数据，建立颜色读数和物质浓度的识别模

型，并给出模型的误差分析.

表 7-1　组胺和溴酸钾在不同浓度下的颜色读数

	浓度/ppm	B	G	R	H	S
组胺	水	68	110	121	23	111
	100	37	66	110	12	169
	50	46	87	117	16	155
	25	62	99	120	19	122
	12.5	66	102	118	20	112
	水	65	110	120	24	115
	100	35	64	109	11	172
	50	46	87	118	16	153
	25	60	99	120	19	126
	12.5	64	101	118	20	115
溴酸钾	水	129	141	145	22	27
	100	7	133	145	27	241
	50	60	133	141	27	145
	25	69	136	145	26	133
	12.5	85	139	145	26	106
	水	128	141	144	23	28
	100	7	133	145	27	242
	50	57	133	141	27	151
	25	70	137	146	26	132
	12.5	87	138	146	26	102

表 7-2　二氧化硫在不同浓度下的颜色读数

浓度/ppm	R	G	B	S	H
水	153	148	157	138	14
	153	147	157	138	16
	153	146	158	137	20
	153	146	158	137	20
	154	145	157	141	19
20	144	115	170	135	82
	144	115	169	136	81
	145	115	172	135	83
30	145	114	174	135	87
	145	114	176	135	89

（续表）

浓度/ppm	R	G	B	S	H
	145	114	175	135	89
	146	114	175	135	88
50	142	99	175	137	110
	141	99	174	137	109
	142	99	176	136	110
80	141	96	181	135	119
	141	96	182	135	119
	140	96	182	135	120
100	139	96	175	136	115
	139	96	174	136	114
	139	96	176	136	116
150	139	86	178	136	131
	139	87	177	137	129
	138	86	177	137	130
	139	86	178	137	131

7.1.2 建模方法与过程

随着照相技术和颜色分辨率的提高，通过对颜色试纸的拍照获取颜色读数，希望通过获取的颜色读数确定物质的浓度档位. 但是仅仅获取了当前浓度下该物质颜色的一组 R、G、B 值和颜色的色调及饱和度是不够的. 首先需要探讨通过物质颜色读数的 R、G、B 值和颜色的色调及饱和度能否确定颜色读数和物质浓度之间的关系.

表 7-1 中包含 2 种物质不同浓度下的颜色读数. 若可以通过颜色读数确定颜色与物质浓度的关系，方可进行下一步的建模，否则需要根据已有数据进行特征重新构造. 构建模型则用表 7-2 中二氧化硫在不同浓度下的多组颜色读数，但是颜色读数的 5 个特征数值取值范围不同，利用数据进行建模前需要对数据进行归一化处理. 将归一化后的数据划分为测试样本和训练样本（训练模型的样本），进而构建分类模型，通过调整系数优化模型，最后利用训练好的分类模型，即可通过试纸的颜色读数，自动判别出该物质溶液的浓度档位. 图 7-1 为基于数据挖掘的物质浓度颜色识别流程，主要包括以下步骤：

①根据表 7-1 中 2 种物质在不同浓度下的颜色读数探讨能否通过物质的颜色读数确定物质浓度与颜色读数之间的关系.

②若①的结论是可以通过颜色读数确定颜色与物质浓度的关系，则转至③，否则转至④.

③将表 7-2 中里的数据进行数据归一化处理，并划分测试样本和训练样本.

④利用颜色读数构建新的特征——颜色矩阵或者颜色直方图等.

⑤用③的训练样本构建分类模型.

⑥将构建好的分类模型对③的测试样本进行浓度档位识别.

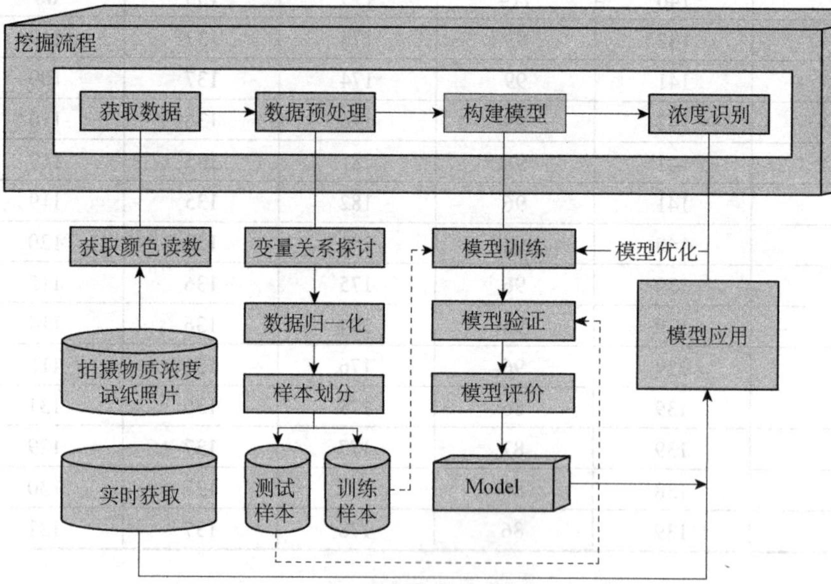

图 7-1　基于数据挖掘的物质浓度颜色识别流程

下面进行数据预处理.

1. 物质浓度与颜色读数关系探讨

首先需要探讨能否通过颜色读数确定溶液浓度档位. 为了更加准确地描述变量之间的线性相关程度，可以通过计算相关系数来进行相关分析. 分别计算颜色读数 5 个变量与浓度档位的相关性. 在二元变量的相关分析过程中比较常用的是 Pearson（皮尔森）相关系数 r.

Pearson 相关系数 r 一般用于分析两个连续性变量之间的关系，其计算公式如下：

$$r=\frac{\sum_{i=1}^{n}(x_i-\overline{x})(y_i-\overline{y})}{\sqrt{\sum_{i=1}^{n}(x_i-\overline{x})^2\sum_{i=1}^{n}(y_i-\overline{y})^2}}$$

相关系数的取值范围为 $-1\leqslant r\leqslant 1$.

$$\begin{cases} r>0\text{为正相关，}r<0\text{为负相关} \\ r=0\text{表示不存在线性关系} \\ |r|=1\text{表示完全线性相关} \end{cases}$$

$0<|r|<1$ 表示存在不同程度的相关性：

$$\begin{cases}|r|\leqslant 0.3\text{为弱相关}\\0.3<|r|\leqslant 0.5\text{为相关性较弱}\\0.5<|r|\leqslant 0.8\text{为相关性较强}\\|r|=0.8\text{为强相关}\end{cases}$$

分别计算表 7-1 中 2 种物质浓度与颜色读数的 R、G、B 值和色调及饱和度的相关系数.

分别计算 5 种物质的 5 个颜色读数与物质浓度的 pearson 相关系数，结果见表 7-3.

表 7-3　5 种物质的颜色读数与物质浓度的皮尔森相关系数

	R	G	B	H	S
硫酸铝钾	−0.616661331	−0.617955513	0.601039531	0.498297991	0.606916903
奶中尿素	−0.202489699	−0.077336455	−0.891809223	0.500379956	0.862638385
工业碱	−0.624078834	−0.663963706	−0.490658495	0.70837773	0.658331433
组胺	−0.931284462	−0.997017528	−0.972402939	−0.977802414	0.962722332
溴酸钾	−0.163027829	−0.867857023	−0.956133111	0.696010492	0.952601453

仅仅有奶中尿素颜色读数的 R 值、G 值和溴酸钾的 R 值是和物质浓度具有较弱相关性，其余物质的其他颜色读数均于浓度具有较强的相关性. 因此可以利用物质颜色读数的 R、G、B、H 和 S 值构建分类模型.

2. 数据归一化

表 7-2 中二氧化硫颜色读数的描述性统计见表 7-4，颜色读数的数值相差较大. 为了加快模型的收敛速度和防止模型过拟合，需要对颜色读数的数值进行归一化处理.

表 7-4　二氧化硫颜色读数的描述性统计

	R	G	B	S	H
mean	143.96	110.04	172.12	136.28	89.64
std	5.28	20.98	8.11	1.4	40
min	138	86	157	135	14
25%	139	96	170	135	82
50%	142	99	175	136	109
75%	145	115	177	137	119
max	154	148	182	141	131

数据标准化（归一化）处理是数据挖掘的一项基础工作. 不同评价指标往往具有不同的量纲，数值间的差别可能很大，不进行处理可能会影响到数据分析的结果. 为了消除指标之间的量纲和取值范围差异的影响，需要进行标准化处理，将数据按照比例进行缩放，使之落入一个特定的区域，便于进行综合分析. 如将工资收入属性值映射到［−1, 1］或者［0, 1］内.

最小-最大规范化也称为离差标准化，是对原始数据的线性变换，将数值映射到［0,1］内. 转换公式如下：

$$x^* = \frac{x - \min}{\max - \min}$$

其中，max 为样本数据的最大值，min 为样本数据的最小值，max-min 为极差. 离差标准化保留了原来数据中存在的关系，是消除量纲和数据取值范围影响的最简单的方法. 将颜色读数的 R、G、B、H 和 S 值进行最小-最大规范化，规范化结果见表 7-5.

表 7-5　表 7-2 中颜色读数的规范化结果

R	G	B	S	H
0.9375	1	0	0.5	0
0.9375	0.983870968	0	0.5	0.017094017
0.9375	0.967741935	0.04	0.333333333	0.051282051
0.9375	0.967741935	0.04	0.333333333	0.051282051
1	0.951612903	0	1	0.042735043
0.375	0.467741935	0.52	0	0.581196581
0.375	0.467741935	0.48	0.166666667	0.572649573
0.4375	0.467741935	0.6	0	0.58974359
0.4375	0.451612903	0.68	0	0.623931624
0.4375	0.451612903	0.76	0	0.641025641
0.4375	0.451612903	0.72	0	0.641025641
0.5	0.451612903	0.72	0	0.632478632
0.25	0.209677419	0.72	0.333333333	0.820512821
0.1875	0.209677419	0.68	0.333333333	0.811965812
0.25	0.209677419	0.76	0.166666667	0.820512821
0.1875	0.161290323	0.96	0	0.897435897
0.1875	0.161290323	1	0	0.897435897
0.125	0.161290323	1	0	0.905982906
0.0625	0.161290323	0.72	0.166666667	0.863247863
0.0625	0.161290323	0.68	0.166666667	0.854700855
0.0625	0.161290323	0.76	0.166666667	0.871794872
0.0625	0	0.84	0.166666667	1
0.0625	0.016129032	0.8	0.333333333	0.982905983
0	0	0.8	0.333333333	0.991452991
0.0625	0	0.84	0.333333333	1

7.1.3 模型构建

1. 模型输入

对颜色读数归一化后的样本进行随机抽样，抽取 70%作为训练样本，剩下的 30%作为测试样本，用于浓度识别检验.

本案例采用随机森林作为浓度档位分类模型，模型的输入包括两部分，一部分是训练样本的数据，另一部分是模型参数的输入. 训练样本见表 7-6.

表 7-6 模型输入变量（训练样本）

变量名称	变量描述	取值范围
R	红色颜色值	0～1
G	绿色颜色值	0～1
B	蓝色颜色值	0～1
H	色调	0～1
S	饱和度	0～1
classes	浓度档位（mg/L）	0，20，50，80，100，150

表 7-6 为模型输入变量，使用 sklearn 库的随即森林模型（函数）时有不少参数可以自定义，使用默认参数即可. 随机森林模型参数默认值如下，模型参数针对不同的案例和不同的数据可自行选择.

bootstrap=True　是否有放回的采样；

class_weight=None　各个 label 的权重；

criterion:="gini"　计算属性的 gini（基尼不纯度）来选择最合适的节点；

max_depth:（default=None）　设置树的最大深度，默认为 None；

max_features：int，float，string or None，optional（default="auto"）　整数、浮点数、字符串或者无值，默认值为 auto，如果是 auto，那么 max_features=sqrt（n_features），即 n_features 的平方根值；

max_leaf_nodes　叶子树的最大样本数；

min_samples_leaf　叶子节点最少的样本数；

min_impurity_decrease:float，optional（default=0.）　浮点数，可选的，默认值为 0，如果节点的分裂导致的不纯度的下降程度大于或者等于这个节点的值，那么这个节点将会被分裂；

min_impurity_split　如果一个节点的不纯度超过阈值，那么这个节点将会分裂；

min_samples_split　根据属性划分节点时，每个划分最少的样本数；

min_weight_fraction_leaf:（default=0）　叶子节点所需要的最小权值；

n_estimators　决策树的个数；

n_jobs　并行 job 个数；

oob_score=False　是否使用袋外样本来估计泛化精度；

random_state　随机数生成器使用的种子；

verbose:（default=0）　是否显示任务进程；

warm_start=False　决定是否使用上次调用该类的结果然后增加新的.

本案例使用随机森林模型的默认参数进行建模，使用训练样本训练随机森林模型. 本案例所有代码如下：

```
#代码清单（对应表 7-1）物质浓度与颜色读数关系探讨代码
#物质浓度与颜色读数关系探讨代码
from scipy.stats import pearsonr      #导入计算 Pearson 相关系数函数
import pandas as pd  #导入 pandas 库
data = pd.read_excel('data1.xls')    #读取数据
items = list(set(data.iloc[:,0]))    #获取物质的名称，利用 set()函数进行去重
data_pearson = pd.DataFrame(index=items,columns=['R','G','B','H','S'])  #新建一个 DataFrame，用于存储结果
for i in (items):
    for j in (data_pearson.columns):
        data_pearson.loc[i,j] = pearsonr(data[data.iloc[:,0] == i][j],data[data.iloc[:,0] == i]['浓度（ppm）'])[0]  #计算相关系数
data_pearson.to_excel('data_pearson.xls',index=True,header=True)    #保存结果至当前工作目录下的 data_pearson.xls

#代码清单（对应表 7-2）颜色读数归一化代码
#颜色读数归一化代码
import pandas as pd  #导入 pandas 库
data2 = pd.read_excel('Data2.xls')  #读取数据
data2 = data2.iloc[:,2:]     #提取 R，G，B，H 和 S 值
data2_scale = (data2 - data2.min()) / (data2.max() - data2.min())   #最大最小规范化
data2_scale.to_excel('data2_scale.xls',index = False)   #保存结果至 data2_scale.xls

#代码清单（对应表 7-3）样本选取代码
#样本选取代码
import pandas as pd  #导入 pandas 库
data2 = pd.read_excel('data2.xls')  #读取 Data2 的原数据
data = pd.read_excel('data2_scale.xls')  #读取规范化后的数据
classes = data2.loc[:,'浓度（ppm）']     #读取物质浓度档位
data['classes'] = classes    #颜色读数和浓度档位合并
from random import shuffle  #导入随机函数
shuffle(data)   #随机打乱数据
data_train = data[:int(0.7*len(data)),:]     #选取前 70%作为训练样本
data_test = data[int(0.7*len(data)):,:]      #剩下 30%作为测试样本

#代码清单（对应表 7-4）随即森林模型参数介绍
#查看随机森林模型参数及默认值
from sklearn.ensemble import RandomForestClassifier
print(RandomForestClassifier())
'''
RandomForestClassifier(bootstrap=True, class_weight=None, criterion='gini',
            max_depth=None, max_features='auto', max_leaf_nodes=None,
            min_impurity_decrease=0.0, min_impurity_split=None,
            min_samples_leaf=1, min_samples_split=2,
            min_weight_fraction_leaf=0.0, n_estimators='warn', n_jobs=None,
            oob_score=False, random_state=None, verbose=0,
            warm_start=False)
```

```
'''
#代码清单（对应表 7-5）构建随机森林模型代码
#构建随机森林模型代码
from sklearn.ensemble import RandomForestClassifier    #导入随机森林模型函数
tree = RandomForestClassifier()    #建立模型，使用默认参数
train_data = data_train.iloc[:,:5]    #训练样本颜色读数
train_classes = data_train.iloc[:,5]    #训练样本浓度档位
test_data = data_test.iloc[:,:5]        #测试样本颜色读数
test_classes = data_test.iloc[:,5]    #测试样本浓度档位
tree.fit(train_data,train_classes.astype('int'))    #训练模型
tree_result = tree.predict(test_data).reshape(len(test_data))      #测试样本结果
#混淆矩阵绘制
from sklearn.metrics import confusion_matrix
cm_train =    confusion_matrix(train_classes,tree.predict(train_data))    #训练样本混淆矩阵
cm_test =     confusion_matrix(test_classes,tree_result)    #测试样本混淆矩阵
#保存结果
cm_train_index = list(set(train_classes))
cm_train_index.sort()        #样本较少，并非所有浓度档位的样本都抽取到，需要自己定义混淆矩
阵的 columns
cm_test_index = list(set(test_classes))
cm_test_index.sort()        #样本较少，并非所有浓度档位的样本都抽取到，需要自己定义混淆矩
阵的 columns
pd.DataFrame(cm_train,index=cm_train_index,columns=cm_train_index).to_excel('cm_train.xls')
pd.DataFrame(cm_test,index=cm_test_index,columns=cm_test_index).to_excel('cm_test.xls')
```

2. 结果分析

建立好模型后，用训练样本进行回判，得到的混淆矩阵，见表 7-7，分类准确率为 100%. 全部样本都分类准确了，就可应用模型进行物质浓度档位识别.

表 7-7 混淆矩阵

真实值 \ 预测值	0	20	30	50	80	100
0	4	0	0	0	0	0
20	0	3	0	0	0	0
30	0	0	3	0	0	0
50	0	0	0	1	0	0
80	0	0	0	0	1	0
100	0	0	0	0	0	2

3. 物质浓度档位识别

将所有测试样本作为输入样本，代入已构建好的随机森林模型，得到输出结果，即预测物质浓度档位. 物质浓度档位的混淆矩阵见表 7-8，分类准确率也是 100%，可将模型应用到物质浓度档自动识别系统，实现浓度档位识别. 因使用了随机函数打乱数据，因此重复试验所得到的结果可能有所不同.

表 7-8　物质浓度档位的混淆矩阵

真实值＼预测值	0	30	50	80	100	150
0	1	0	0	0	0	0
30	0	1	0	0	0	0
50	0	0	2	0	0	0
80	0	0	0	2	0	0
100	0	0	0	0	1	0
150	0	0	0	0	0	1

此案例数据量较少，所以模型准确率较高. 此随机森林模型仅仅是对二氧化硫 1 种物质根据颜色读数进行浓度档位识别. 若想提高模型的泛化能力，还需使用大量数据对模型进行训练.

7.2　基于数据挖掘的糖尿病风险预测

7.2.1　背景与数据挖掘目标

生活中，人体因为很多因素会导致高血糖症状，比如不良的生活习惯、一些应激状态及糖尿病等. 长期高血糖会对人体各组织和器官造成严重伤害，诱发多种并发症. 高血糖的毒性作用可以加重糖尿病的发病程度，高血糖是引起糖尿病并发症的主要原因.

导致高血糖的原因多种多样，造成长期高血糖的主要原因是遗传和环境因素引起的体内代谢紊乱的糖尿病，而高血糖则又成为多种糖尿病并发症发生及病理变化的主要原因. 本章将探讨血糖与人的年龄、性别、尿酸等 39 个身体指标之间的关系，并通过计算每个指标的 IV（Information Value）值筛选特征，建立人的血糖数值预测模型.

Data1.xls 为人的 39 个身体指标和血糖的数值，39 个指标分别是性别、年龄、*天门冬氨酸氨基转换酶、*丙氨酸氨基转换酶、*碱性磷酸酶、*r-谷氨酰基转换酶、*总蛋白、白蛋白、*球蛋白、白球比例、甘油三酯、总胆固醇、高密度脂蛋白胆固醇、低密度脂蛋白胆固醇、尿素、肌酐、尿酸、乙肝表面抗原、乙肝表面抗体、乙肝 e 抗原、乙肝 e 抗体、乙肝核心抗体、白细胞计数、红细胞计数、血红蛋白、红细胞压积、红细胞平均体积、红细胞平均血红蛋白量、红细胞平均血红蛋白浓度、红细胞体积分布宽度、血小板计数、血小板平均体积、血小板体积分布宽度、血小板比积、中性粒细胞%、淋巴细胞%、单核细胞%、嗜酸细胞%、嗜碱细胞%和血糖. Patal.xls 的部分数据见表 7-9，根据这些数据建立血糖数值预测模型，并给出模型的误差分析.

表 7-9 Datal.xls 的部分数据

性别	年龄	*天门冬氨酸氨基转换酶	*丙氨酸氨基转换酶	*碱性磷酸酶	*r-谷氨酰基转换酶	*总蛋白	白蛋白	*球蛋白	白球比例	甘油三酯	总胆固醇	高密度脂蛋白胆固醇	低密度脂蛋白胆固醇	尿素	肌酐	尿酸	乙肝表面抗原	乙肝表面抗体	乙肝e抗原	乙肝e抗体	乙肝核心抗体	白细胞计数	红细胞计数	血红蛋白	红细胞压积	红细胞平均体积	红细胞平均血红蛋白量	红细胞平均血红蛋白浓度	红细胞体积分布宽度	血小板计数	血小板平均体积	血小板体积分布宽度	血小板比积	中性粒细胞/%	淋巴细胞/%	单核细胞/%	嗜酸细胞/%	嗜碱细胞/%	血糖
男	41	24.96	23.1	99.59	20.23	76.88	49.6	27.28	1.82	1.31	4.43	1.37	2.65	5.87	77.25	349.39						5.34	5.21	166.1	0.479	91.9	31.9	347	12.8	166	9.9	17.4	0.164	54.1	34.2	6.5	4.7	0.6	6.06
男	41	24.57	36.25	67.21	79	79.43	47.76	31.67	1.51	2.81	4.06	0.93	2.63	5.26	87.12	486.78						7.65	5.21	156	0.456	87.5	29.9	342	13.4	277	9.2	10.3	0.26	52	36.7	5.8	4.7	0.8	5.39
男	46	20.82	15.23	63.69	38.17	86.23	48	38.23	1.26	0.99	4.13	1.64	2.01	4.77	78.19	452.07	0.01	0.02	0.01	1.37	1.07	4.6	4.76	148.8	0.438	91.9	31.3	340	13	241	8.3	16.6	0.199	48.1	40.3	7.7	3.2	0.8	5.59

7.2.2 建模方法与过程

糖尿病是以高血糖为特征的代谢性疾病. 高血糖则是由于胰岛素分泌缺陷或其生物作用受损，或两者兼有引起的. 糖尿病时长期存在的高血糖，导致各种组织和器官，特别是眼、肾、心脏、血管、神经的慢性损害、功能障碍. 人们希望通过身体的其他指标预测血糖值.

对于 39 个身体指标，首先需要进行数据清洗，对包含较多缺失值的特征进行剔除，并将非数值特征进行转换；由于特征较多，需要进行特征筛选，因此接下来需要做的就是进行特征之间的相关性分析，筛选相关系数>0.8 的特征；最后就是将所有样本划分成训练样本和测试样本，并构建训练模型，使用测试样本评估训练模型的精度. 图 7-2 为基于数据挖掘的糖尿病风险预测流程图，主要包括以下步骤：

①数据清洗. 包括缺失值处理、特征值转换.

②相关性分析. 分析各个指标与血糖值的相关性.

③特征工程. 计算 34 个特征与血糖值之间的相关系数，根据相关系数筛选特征，降低特征维度.

④样本划分. 划分为测试样本和训练样本.

⑤利用④的训练样本构建血糖值预测模型.

⑥将构建好的预测模型对④的测试样本进行模型测试，并对模型误差进行分析.

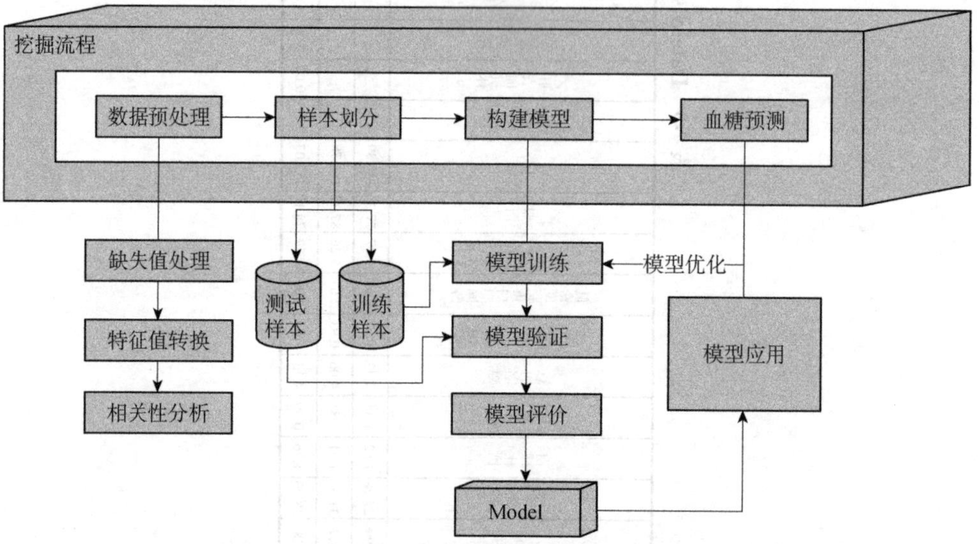

图 7-2　基于数据挖掘的糖尿病风险预测流程图

7.2.3 数据预处理

1. 缺失值处理

样本总数为 5632，各个特征包含的缺失值数量见表 7-10.

表 7-10 各个特征包含的缺失值数量

特征	缺失值数量	特征	缺失值数量
乙肝 e 抗原	4273	血小板平均体积	23
乙肝核心抗体	4273	血小板体积分布宽度	23
乙肝表面抗原	4273	血小板比积	23
乙肝表面抗体	4273	中性粒细胞%	16
乙肝 e 抗体	4273	嗜酸细胞%	16
肌酐	1377	嗜碱细胞%	16
尿素	1377	淋巴细胞%	16
尿酸	1377	白细胞计数	16
*总蛋白	1220	红细胞计数	16
白球比例	1220	血红蛋白	16
白蛋白	1220	红细胞压积	16
*天门冬氨酸氨基转换酶	1220	红细胞平均体积	16
*r-谷氨酰基转换酶	1220	红细胞平均血红蛋白量	16
*碱性磷酸酶	1220	红细胞平均血红蛋白浓度	16
*丙氨酸氨基转换酶	1220	红细胞体积分布宽度	16
*球蛋白	1220	血小板计数	16
甘油三酯	1219	单核细胞%	16
总胆固醇	1219	年龄	0
高密度脂蛋白胆固醇	1219	血糖	0
低密度脂蛋白胆固醇	1219	性别	0

通过对数据的初步统计，发现乙肝表面抗原、乙肝表面抗体、乙肝 e 抗原、乙肝 e 抗体和乙肝核心抗体这 5 个特征存在较多的缺失值. 将这 5 个特征剔除后，剩下 34 个特征和血糖值. 剩下其他变量的缺失值通过该特征的均值进行替换，并且将非数值变量进行数值转换.

数据预处理后剩下 34 个特征和血糖值（见表 7-11），34 个指标分别是*r-谷氨酰基转换酶、*丙氨酸氨基转换酶、*天门冬氨酸氨基转换酶、*总蛋白、*球蛋白、*碱性磷酸酶、中性粒细胞%、低密度脂蛋白胆固醇、单核细胞%、嗜碱细胞%、嗜酸细胞%、尿素、尿酸、年龄、性别、总胆固醇、淋巴细胞%、甘油三酯、白球比例、白细胞计数、白蛋白、红细胞体积分布宽度、红细胞压积、红细胞平均体积、红细胞平均血红蛋白浓度、红细胞平均血红蛋白量、红细胞计数、肌酐、血小板体积分布宽度、血小板平均体积、血小板比积、血小板计数、血糖、血红蛋白、高密度脂蛋白胆固醇.

表 7-11　预处理后的数据

*r-谷氨酰基转换酶	*丙氨酸氨基转换酶	*天门冬氨酸氨基转换酶	*总蛋白	*球蛋白	*碱性磷酸酶	中性粒细胞/%	低密度脂蛋白胆固醇	单核细胞/%	嗜碱细胞/%	嗜酸细胞/%	尿素	尿酸	年龄	性别	总胆固醇	淋巴细胞/%	甘油三酯	白球比例	白细胞计数	白蛋白	红细胞体积分布宽度	红细胞压积	红细胞平均体积	红细胞平均血红蛋白浓度	红细胞平均血红蛋白量	红细胞计数	肌酐	血小板体积分布宽度	血小板平均体积	血小板比积	血小板计数	血糖	血红蛋白	高密度脂蛋白胆固醇
20.23	23.1	24.96	76.88	27.28	99.59	54.1	2.65	6.5	0.6	4.7	5.87	349.39	41	1	4.43	34.2	1.31	1.82	5.34	49.6	12.8	0.479	91.9	347	31.9	5.21	77.25	17.4	9.9	0.164	166	6.06	166.1	1.37
79	36.25	24.57	79.43	31.67	67.21	52	2.63	5.8	0.8	4.7	5.26	486.78	41	1	4.06	36.7	2.81	1.51	7.65	47.76	13.4	0.456	87.5	342	29.9	5.21	87.12	10.3	9.2	0.26	277	5.39	156	0.93
38.17	15.23	20.82	86.23	38.23	63.69	48.1	2.01	7.7	0.8	3.2	4.77	452.07	46	1	4.13	40.3	0.99	1.26	4.6	48	13	0.438	91.9	340	31.3	4.76	78.19	16.6	8.3	0.199	241	5.59	148.8	1.64

2. Pearson 相关系数

尽管将缺失值较多的特征进行了剔除，但仍然有 34 个特征，特征维度较大，需要进行特征筛选. 这里通过计算 34 个特征与血糖值的相关系数，保留相关系数大于 0.1 的特征. 在相关分析过程中比较常用的是 Pearson（皮尔森）相关系数 r，该系数的介绍见 7.1 小节.

血糖值与 34 个特征之间的相关系数见表 7-12.

表 7-12 血糖值与 34 个特征之间的相关系数

性别	0.142	白细胞计数	0.086
年龄	0.253	红细胞计数	0.121
*天门冬氨酸氨基转换酶	0.107	血红蛋白	0.148
*丙氨酸氨基转换酶	0.13	红细胞压积	0.12
*碱性磷酸酶	0.146	红细胞平均体积	−0.007
*r-谷氨酰基转换酶	0.124	红细胞平均血红蛋白量	0.067
*总蛋白	0.042	红细胞平均血红蛋白浓度	0.146
白蛋白	0.001	红细胞体积分布宽度	−0.075
*球蛋白	0.048	血小板计数	−0.072
白球比例	−0.012	血小板平均体积	0.022
甘油三酯	0.233	血小板体积分布宽度	0.04
总胆固醇	0.147	血小板比积	−0.064
高密度脂蛋白胆固醇	−0.07	中性粒细胞%	0.048
低密度脂蛋白胆固醇	0.148	淋巴细胞%	−0.054
尿素	0.139	单核细胞%	0.004
肌酐	0.089	嗜酸细胞%	0.003
尿酸	0.022	嗜碱细胞%	0.026

与血糖值相关系数大于 0.1 的指标有性别、年龄、*天门冬氨酸氨基转换酶、*丙氨酸氨基转换酶、*碱性磷酸酶、*r-谷氨酰基转换酶红细胞计数、血红蛋白、红细胞压积、红细胞平均血红蛋白浓度、甘油三酯、总胆固醇、低密度脂蛋白胆固醇和尿素. 将上述 14 个特征与血糖值建立血糖值预测模型.

7.2.4 模型构建

1. 模型输入

抽取 70%作为训练样本，剩下的 30%作为测试样本，用于血糖值预测检验. 本案例构建 BP 神经网络模型作为血糖浓度值预测模型，基于 Keras 框架搭建.

Keras 是基于 Theano 的一个深度学习框架，Keras 的一些模块介绍如下.

Optimizers：Optimizers 包含了一些优化的方法，比如最基本的随机梯度下降

SGD，另外还有 Adagrad，Adadelta，RMSprop，Adam 等；

Objectives：这是目标函数模块，Keras 提供了 mean_squared_error，mean_absolute_error，squared_hinge，hinge，binary_crossentropy，categorical_crossentropy 等目标函数；

Activations：是激活函数模块，Keras 提供了 linear，sigmoid，hard_sigmoid，tanh，softplus，relu，另外 softmax 也放在 Activations 模块中；

Initializations：是参数初始化模块，在添加 layer 的时候调用 init 进行初始化；

Keras：提供了 uniform，lecun_uniform，normal，orthogonal，zero，glorot_normal，he_normal 等；

layers：layers 模块包含了 core，convolutional，recurrent，advanced_activations，normalization，embeddings 等层，dense 就是隐藏层；

Models：是最主要的模块，上述介绍了多个基本组件，Model 将它们组合起来.

使用训练样本构建随机神经网络模型. 本案例所有代码如下：

```
# coding=utf-8
#导入相关库
import pandas as pd
import datetime
import numpy as np
from dateutil.parser import parse

data = pd.read_csv('data.csv', encoding='gbk')# (5632, 40)
#查看每个属性包含的缺失值数量
print(data.isnull().any())  #查看哪些列包含缺失值
print(data.isnull().sum().sort_values(ascending=False))  #统计每个特征包含的缺失值数
data_null_counts = pd.DataFrame(data.isnull().sum().sort_values(ascending=False))  #统计每个特征包含的缺失值数量,新建成一个 DataFrame
data_null_counts.to_csv('data_null_counts.csv',index=True)  #保存

#对数据缺失值进行处理
data1 = data.drop(['乙肝表面抗原','乙肝表面抗体','乙肝 e 抗原','乙肝 e 抗体','乙肝核心抗体'],axis=1)

#非数值变量值进行转换
data1['性别'] = data1['性别'].map({'男': 1, '女': 0, '??':0})

#对缺失的数据进行填充
data1.fillna(data1.median(axis=0), inplace=True)
print(data1.isnull().sum().sort_values(ascending=False))  #查看是否还存在有缺失值

#Pearson 相关系数计算
from scipy.stats import pearsonr
data_pearson = pd.DataFrame(index=data1.columns,columns=data1.columns)
for i in range(data1.shape[1]):
    for j in range(data1.shape[1]):
        data_pearson.iloc[i,j] = np.round(pearsonr(data1.iloc[:,i],data1.iloc[:,j])[0],3)

print(data_pearson['血糖'])    #查看各个特征与血糖值的相关性
train_y = data1['血糖']    #提取血糖值作为目标变量
```

```
#提取相关性大于 0.1 的变量作为特征变量
index1 = data_pearson[data_pearson['血糖'].abs() > 0.1].index[:-1]
train_x = data1.loc[:,index1]

from sklearn.model_selection import train_test_split
from sklearn.metrics import mean_squared_error

train_data,test_data,train_classes,test_classes = train_test_split(train_x,train_y,test_size=0.3,random_
state=12)  #划分训练样本和测试样本

#建立一个简单 BP 神经网络模型
from keras.models import Sequential
from keras.layers.core import Dense, Activation
model = Sequential()  #初始化模型
model.add(Dense(200, kernel_initializer="uniform", activation = 'relu', input_dim = 14))  #输入层：
14 个特征，隐藏层节点设置为 100，激活函数为 relu()
model.add(Dense(200, kernel_initializer="uniform", activation = 'relu', input_dim = 200))  #第二个
隐藏层节点数为 200，激活函数为 relu()
model.add(Dense(1, kernel_initializer="uniform", activation = 'relu'))  #输出层的激活函数也为
relu()
model.compile(loss = 'mean_squared_error',optimizer='adam')  #误差计算用均方误差法，优化方
法用 adam
model.fit(train_data, train_classes, nb_epoch = 1000)  #模型迭代 1000 次
print(pd.Series((model.history.history['loss'])).mean())  #查看训练样本平均误差  1.9455565020141843

print(mean_squared_error(test_classes,model.predict(test_data)))  #查看测试样本的平均误差
2.223154384926986

#模型迭代过程中用 Line()函数进行绘图
from pyecharts import Line
line = Line('模型迭代 loss 变化')
line.add('train        loss',list(range(1000)),np.round(model.history.history['loss'],3),mark_point=['min',
'max'],xaxis_name='迭代次数')  #显示误差最大值和最小值
line.render('模型迭代 loss 变化.html')

model.save_weights('model.model')  #保存模型
```

2. 结果分析

建立 BP 神经网络模型，输入层为 14 个特征，第一个隐藏层设置 200 个节点，第二个隐藏层设置 200 个节点. 激活函数均为 relu()函数，模型迭代过程中的误差计算用均方误差法，参数优化方法用 Adam 优化方法. 模型迭代 1000 次后，误差约为 1.95. 图 7-3 为模型迭代过程中随着迭代次数的增加误差的变化情况.

3. 血糖浓度预测

使用测试样本对模型进行检验，模型预测的平均误差约为 2.23. 可通过调整模型结构，或更换其他优化函数和增加迭代次数而降低模型的误差.

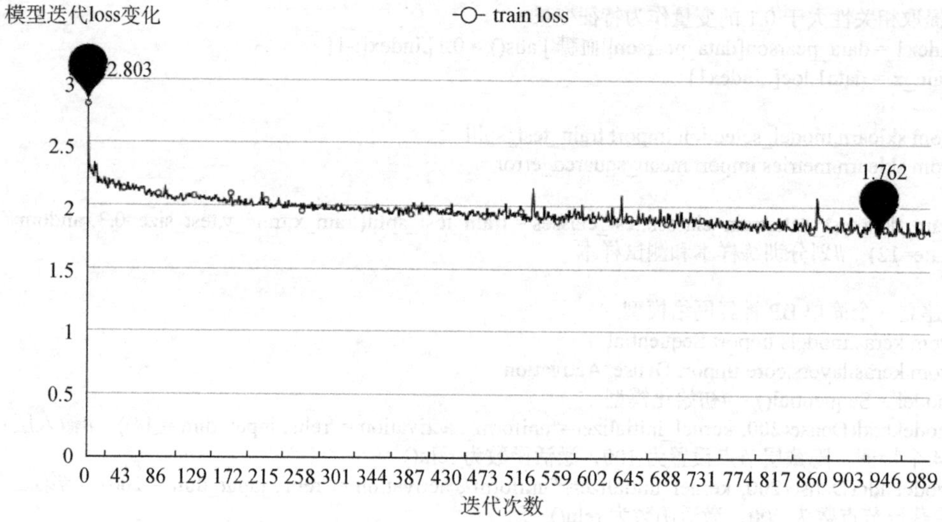

图 7-3 模型迭代误差变化

7.3 基于数据挖掘进行商场会员画像描绘

7.3.1 背景与数据挖掘目标

在零售行业中，会员的价值体现在持续不断地为零售运营商带来稳定的销售额和利润，同时也为零售运营商策略的制定提供数据支持. 零售行业采取各种方法来吸引更多的人成为会员，并且尽可能提高会员的忠诚度. 当前电商的发展使商场会员不断流失，给实体零售运营商带来了严重损失. 而完善会员画像描绘，加强对现有会员的精细化管理，定期向其推送产品和服务，与会员建立稳定的关系是实体零售行业得以更好发展的有效途径. 因此，需要对会员进行画像描绘，比较会员与非会员的群体差异，商家即可针对会员采取一系列的促销活动，以此来维系会员的忠诚度.

根据用户消费记录，比较会员和非会员的群体差异，主要根据消费金额均值、消费次数和购买时间段分布这三个特征进行会员和非会员的群体差异分析，并计算会员的人均消费金额和人均消费次数与非会员人均消费金额和人均消费次数进行对比，从而得出会员较于非会员多给商场带来的价值.

提取会员入会时间、最后一次购买距现在时间、累计购买次数、累计消费金额和消费积分的平均值作为会员的特征，对会员进行聚类，并通过聚类结果的雷达图分析每类会员的价值.

首先根据会员消费记录中的最大消费间隔将该商场会员状态划分成四个等级，分别是活跃会员、沉默会员、睡眠会员和流失会员；其次将会员入会时间、最后一次购买距现在时间、累计购买次数、累计消费金额和消费积分的平均值作为会员的特征，建立 KNN（K-Nearest Neighbor）算法模型；将提取好的会员特征和会员标签用于构建 KNN 算法模型，以后即可用构建好的 KNN 算法模型根据一定时间段内会员的特征进行预测会员会变成活跃会员、沉默会员、睡眠会员，还是流失会员.

7.3.2 建模方法与过程

本案例针对商场会员画像描绘问题，首先统计和分析会员群体和非会员群体在消费行为上的异同；然后用 K-Means 算法构建商场会员价值分析 LRFMC 模型，分析会员价值；其次根据会员消费时间间隔对会员进行状态的划分，再建立 KNN 算法模型用于预测会员状态.

分别从消费金额均值、消费次数和购买时间段分布这三个特征进行会员和非会员的群体差异分析. 通过分析，会员群体比非会员群体人均能给商城多带来 6189.5 元的消费额和 4 次的消费次数.

用 K-means 算法构建了商场会员价值分析 LRFMC 模型，分析会员价值. LRFMC 分别指会员入会时间、最后一次购买距现在时间、累计购买次数、累计消费金额和消费积分的平均值. 根据会员价值将会员分为五个类别：潜在客户、稳定客户、可发展客户、可发展稳定客户和偏向活动消费客户.

将提取的会员特征结合会员状态的标签，建立 KNN 算法模型，预测会员状态. 将 80%的数据用于训练模型，用 20%的数据检测模型的准确率为 91.36%. 基于数据挖掘进行商场会员画像描绘的流程图如图 7-4 所示，主要包括以下步骤：

①进行消费特征分析，分析会员群体和非会员群体之间消费特征的差异；

②提取会员群体的消费特征；

③构建聚类模型，对会员群体进行分类；

④划分会员状态；

⑤构建会员状态预测模型.

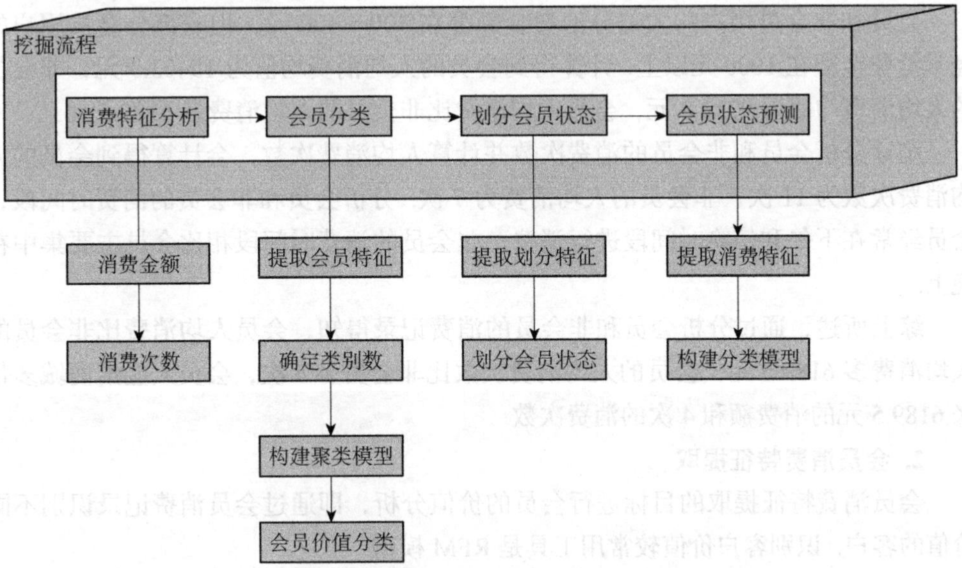

图 7-4 基于数据挖掘进行商场会员画像描绘的流程图

1. 消费特征分析

根据消费金额均值、消费次数和购买时间段分布分析该商场会员的消费特征和非会员群体的差异. 计算会员消费的人均消费金额和人均消费次数，从而得出会员群体较于非会员多给商场带来的价值.

统计、分析会员和非会员的单次消费金额分布、人均消费金额的均值，不同消费金额的次数前十如图 7-5 所示.

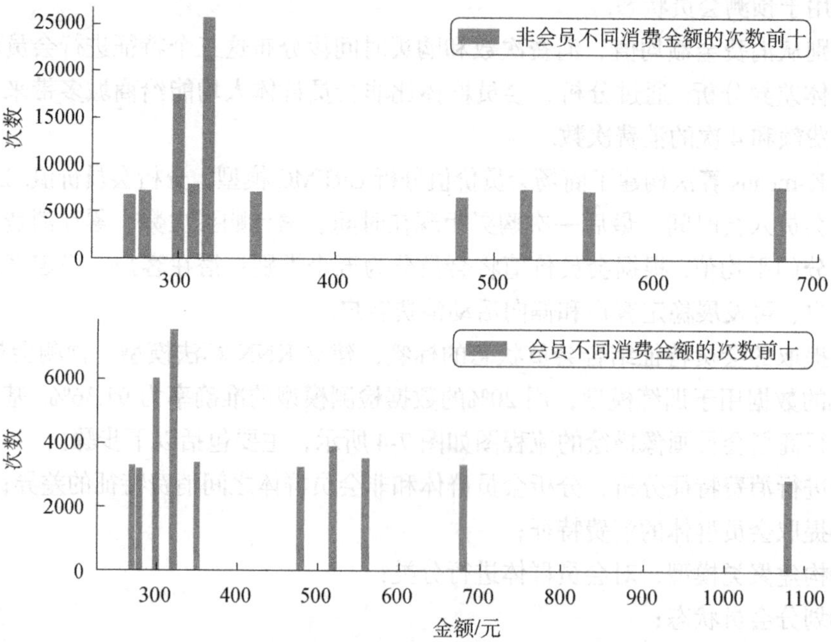

图 7-5　会员和非会员的不同消费金额的次数前十

会员和非会员用户的大部分消费金额都在 300～400 元，但有部分会员用户的经常消费金额在 1000 元以上. 计算得到会员的人均消费均值为 15403.3 元，非会员的人均消费均值为 9213.8 元，会员人均消费比非会员的人均消费多 6189.5 元.

统计分析会员和非会员的消费次数并计算人均消费次数，会计算得到会员的人均消费次数为 11 次，非会员的人均消费为 7 次. 分析会员和非会员的消费时间段，会员经常在下午和傍晚时间段进行消费，非会员的消费时间段相比会员主要集中在晚上.

综上所述，通过分析会员和非会员的消费记录得知，会员人均消费比非会员的人均消费多 6189.5 元，会员的人均消费次数比非会员多 4 次，会员人能给商城多带来 6189.5 元的消费额和 4 次的消费次数.

2. 会员消费特征提取

会员消费特征提取的目标进行会员的价值分析，即通过会员消费记录识别不同价值的客户. 识别客户价值较常用工具是 RFM 模型.

R（Recency）指的是最近一次消费时间与截止时间的间隔. 通常情况下，最近一次消费时间与截止时间的间隔越短，会员对及时提供的商品或是服务也最有可能感兴趣.

F（Frequency）指顾客在某段时间内所消费的次数. 消费频率越高的顾客，也是满意度越高的顾客，其忠诚度也就越高，顾客价值也就越大.

M（Monetary）指顾客在某段时间内所消费的金额. 消费金额越大的顾客，他们的消费能力自然也就越大，这就是所谓“20%的顾客贡献了80%的销售额”的二八法则.

根据会员的消费记录和会员基本信息，提取会员的入会时间 L、最后一次购买距现在时间 R、累计购买次数 F、累计消费金额 M 和消费积分的平均值 C 作为识别会员价值的特征（见表7-13），记为LRFMC模型.

表7-13　会员特征的LRFMC模型

模型	L	R	F	M	C
会员特征的LRFMC模型	会员的入会时间	最后一次购买距现在时间	累计购买次数	累计消费金额	消费积分的平均值

完成5个特征的构建以后，对每个数据分布情况进行分析，其数据的取值范围见表7-14. 由表7-14中的数据可以发现，5个特征的取值范围差异较大，为了消除数据差异带来的影响，需要对数据进行标准化处理.

表7-14　会员特征的最大值和最小值

特征名称	L	R	F	M	C
最大值	7	1351	3303	3501632.57	52272.2
最小值	0.2	253	1	0.9	0.14

由于本数据各变量的变化范围都很大，使每个变量对结果的影响也非常大，这往往不可取，因此在分析之前，需要将每个变量标准化为均值为0和标准差为1的变量，计算公式如下：

$$x^* = \frac{x-\mu}{\sigma}$$

其中，μ 为样本数据的均值，σ 为样本数据的标准差.

7.3.3 模型构建

1. 利用K-means算法进行会员分类

聚类前需要度量会员之间的差异，通常机器学习算法使用的距离函数主要有闵可夫斯基距离函数、曼哈顿距离函数和欧式距离函数. 这里采用欧式距离函数来度量会员价值之间的差异，假设有两个点：

$$P=(x_1,x_2,\dots,x_n)\in X^n$$
$$Q=(y_1,y_2,\dots,y_n)\in X^n$$

对于上述点 P 和点 Q 之间的欧式距离可以定义为：

$$d(P,Q)=\sqrt{\sum_{i=1}^{n}(x_i-y_i)^2}$$

其次需要确定会员聚类的类别数，为了得到最终的聚类方案，必须确定聚类的数目. 通过迭代生成簇的距离平方和来寻找最优簇的个数值. 其中，距离平方和越小，聚簇效果越佳. 图 7-6 为组内距离平方和及提取的聚类个数的对比.

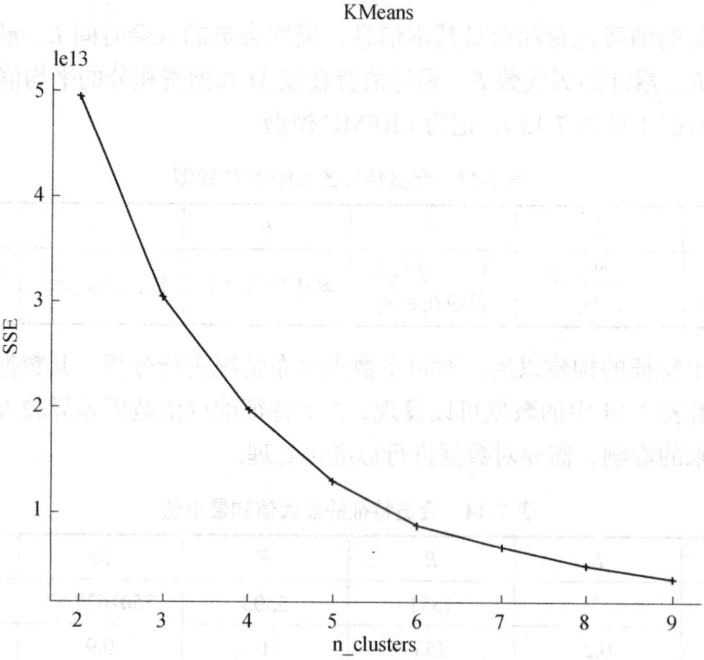

图 7-6　组内距离平方和及提取的聚类个数的对比

图 7-6 表示从 2 类到 9 类变化时，组内的距离平方和有一个明显的下降趋势，簇的距离平方和在 K=5 之后的下降变得平缓，根据 K 的取值和样本散点图形状最终确定聚类个数 K=5 最优.

2. K-means 聚类原理

目前，最常见的聚类方法是层次聚类、划分聚类和密度聚类. K-Means 算法是最常见的划分聚类方法，它通过预先设定的 k 值及每个类别的初始质心对相似的数据点进行划分. K-means 算法步骤如下：

①选择 k 个中心点；

②把每个数据点分配到距离它最近的中心点；

③重新计算每类中的点到该类中心点距离的平均值（也就是说，得到长度为 p 的均值向量，这里的 p 是变量的个数)；

④分配每个数据到它最近的中心点；

⑤重复步骤③和步骤④直到所有的观测值不再被分配或是达到最大的迭代次数.

使用 Hartigan&Wong（1979）提出的有效算法，这种算法是把观测值分成 k 组并使用观测值到其指定的聚类中心的平方和为最小. 也就是说，在步骤②和步骤④中，每个观测值被分配到使下式得到最小值的那一类中：

$$ss(k)=\sum_{i=1}^{n}\sum_{j=0}^{p}(x_{ij}-\overline{x_{kj}})^2$$

式中，x_{ij} 表示第 i 个观测值中第 j 个变量的值；$\overline{x_{kj}}$ 表示第 k 个类中第 j 个变量的均值；p 是变量的个数.

K-means 聚类算法快捷、简单，且能够处理比层次聚类更大的数据集. 虽然只能发现球状簇，且对离群点和孤立点敏感，k 值与初始聚类中心选择有关，但是这些缺点可以通过剔除离群点和孤立点，利用多设置一些不同的初值，对比最后的运算结果，直到结果趋于稳定等措施进行改正.

3. 利用 K-means 聚类结果分析会员价值

提取有消费记录的 48574 个会员特征后通过计算向量之间的欧式距离，用 K-means 聚类算法得到的结果见表 7-15.

表 7-15　K-means 聚类结果

	第一类	第二类	第三类	第四类	第五类
用户个数	18000	17870	11097	1031	756

针对聚类结果对每类会员的价值进行特征分析，如图 7-7 所示.

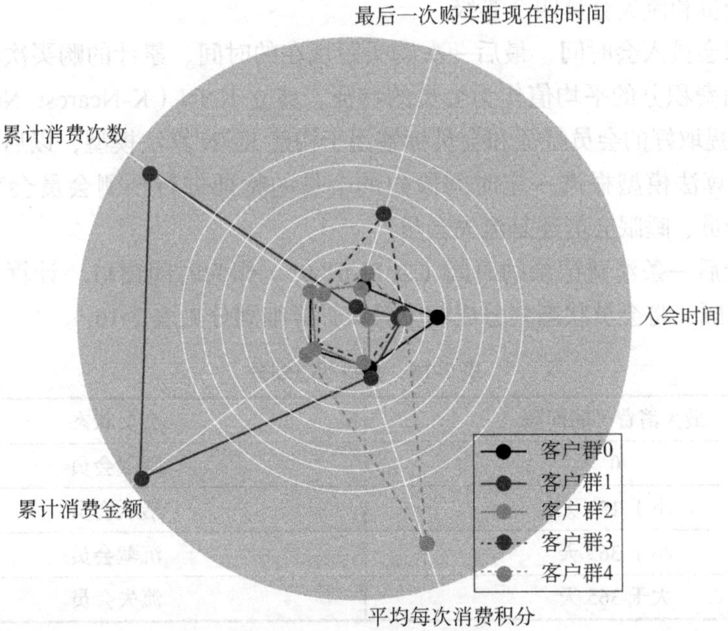

图 7-7　K-means 聚类结果

结合实际生活情况，通过比较各个特征在种群间的大小对某个群的特征进行评价分析，得到以下五类不同价值的会员.

第一类：入会时间一般，消费金额和消费次数一般. 因此该类会员是该商场的重点潜在客户.

第二类：消费次数和消费金额较高，因此该类会员是该商场的稳定客户. 商场无须多花心思维护该类客户.

第三类：入会时间较短，导致消费次数、消费金额和消费积分均较少. 该类会员为该加入商场会员不久，是商场的潜在客户.

第四类：该类会员的最后一次购买距现在的时间较短，说明是近期比较活跃的客户，采取适当的措施，该类客户有较大概率发展成稳定客户. 属于商场需要关注的客户群体.

第五类：第五类会员的消费积分较高，往往因为有某些活动时商场的积分会翻倍或者更多，该类客户偏向于商场举办活动时进行消费. 商场在举办活动时可以适当分析该类客户的购买偏好，从而增加营业额.

综上所述，商场可根据每类会员的价值采取相关措施维护会员关系. 如第五类会员的偏向于商场举办活动时进行消费，因此商场在举办相关积分活动前，不妨先对第五类客户的购买偏好进行分析，重点选取第五类客户偏向于购买的商品类别举办活动.

4. 会员状态的划分

首先需要选取某个时间窗口，对会员的生命周期和状态进行划分. 根据会员的消费记录，计算会员的最大消费时间间隔. 将会员状态划分为活跃会员、沉默会员、睡眠会员和流失会员四个等级.

其次以会员入会时间、最后一次购买距现在的时间、累计的购买次数、累计消费金额和消费积分的平均值作为会员的特征，建立 KNN（K-Nearest Neighbor）算法模型. 将提取好的会员特征和会员标签用于构建 KNN 算法模型，以后即可用构建好的 KNN 算法模型根据一定时间段内的会员的特征进行预测会员会变成活跃会员、沉默会员、睡眠会员还是流失会员.

选取最后一条消费记录的时间（2018-01-03）作为时间窗口，计算会员的最大消费时间间隔，将会员状态划分成四个等级，详细划分见表 7-16.

表 7-16　会员状态划分

最大消费时间间隔	会员状态
0	睡眠会员
小于 180 天	活跃会员
小于 365 天	沉默会员
大于 365 天	流失会员

会员的消费记录是从 2015 年开始的，消费时间间隔为 0 说明该会员仅进行过一次消费，三年内只进行一次消费，该会员即为睡眠会员；最大消费间隔小于 180 天，该类会员为活跃会员. 每类会员的个数见表 7-17.

表 7-17 每一类会员状态的个数

会员状态	个数
睡眠会员	23886
活跃会员	8162
沉默会员	4273
流失会员	12443

5. 会员活跃状态的预测

提取会员入会时间、最后一次购买距现在时间、累计购买次数、累计消费金额和消费积分的平均值作为会员的特征，建立 KNN 算法模型.

KNN 算法即 K-近邻分类算法. 一个样本在特征空间中，总会有 K 个最相似（特征空间中最邻近）的样本. 其中，大多数样本属于某一个类别，则该样本也属于这个类别. 该算法在机器学习中是理论比较成熟的算法，主要应用与客户流失预测等. KNN 算法的计算步骤如下：

首先计算距离，计算样本之间的距离，维度较小的矩阵，常用欧式距离；对于文本分类，则常用余弦相似度度量样本之间的距离. 其次找到近邻，根据计算好的样本之间的距离，找到与样本最近的 K 个样本. 最后进行分类，根据最近的 K 个样本的类别，将预测样本归类成 K 个样本中最多的类别数. 算法流程如下：

①计算一类别数据集中的点与当前点之间的距离；

②按照距离递增次序排序；

③选取与当前点距离最小的 K 个点；

④确定 K 个点所在类别对应的出现频率；

⑤返回前 K 个点出现频率最高的类别作为当前的预测分类.

选取 80%的会员用于构建模型，剩下 20%的会员用于测试模型. KNN 模型在会员入会时间、最后一次购买距现在时间、累计购买次数、累计消费金额和消费积分的平均值的四个特征下对会员进行会员活跃状态预测的准确率为 91.36%. 商场为了更好地对会员进行管理，可以固定在一个时间段提取会员的上述五个特征对会员接下来的状态进行预测.